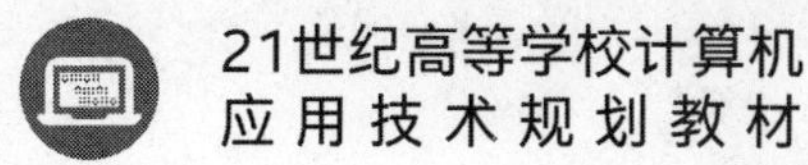

数据库系统开发案例教程（SQL Server 2008）

◎ 杨海艳　余可春　冯理明　主编
刘　芬　杨延华　张根海　副主编

清华大学出版社
北京

内 容 简 介

本书以一个实际的校园网数据库系统案例为背景，将一个大的校园网数据库系统按开发顺序分解成若干个具体的小的工作任务，利用数据库 SQL Server 2008 的功能逐步去实现。本书主要内容包括项目一的数据库系统基础，项目二的校园网管理系统数据库的设计，项目三的校园网管理系统数据库以及数据表的创建，项目四的校园网数据库系统的基本操作，项目五的校园网数据库系统的视图，项目六的校园网数据的各种高级查询、项目七的校园网数据库的安全性管理、项目八的校园网系统的构建。整个内容的安排和组织按照"工作过程系统化"理论组合起来，构成一个逐层递进、渐次加深的设计过程。

本书可作为高职院校计算机相关专业的学生教材，也可作为对数据库技术感兴趣的读者的技术参考书。

图书在版编目(CIP)数据

数据库系统开发案例教程：SQL Server 2008/杨海艳，余可春，冯理明主编. —北京：清华大学出版社，2018 (2021.1重印)
(21 世纪高等学校计算机应用技术规划教材)
ISBN 978-7-302-49657-1

Ⅰ. ①数… Ⅱ. ①杨… ②余… ③冯… Ⅲ. ①关系数据库系统—教材 Ⅳ. ①TP311.132.3

中国版本图书馆 CIP 数据核字(2018)第 028223 号

责任编辑：黄 芝 王冰飞
封面设计：刘 键
责任校对：白 蕾
责任印制：刘海龙

出版发行：清华大学出版社
网 址：http://www.tup.com.cn，http://www.wqbook.com
地 址：北京清华大学学研大厦 A 座 **邮 编**：100084
社 总 机：010-62770175 **邮 购**：010-83470235
投稿与读者服务：010-62776969，c-service@tup.tsinghua.edu.cn
质量反馈：010-62772015，zhiliang@tup.tsinghua.edu.cn
课件下载：http://www.tup.com.cn，010-83470236
印 装 者：三河市少明印务有限公司
经 销：全国新华书店
开 本：185mm×260mm **印 张**：14 **字 数**：332 千字
版 次：2018 年 3 月第 1 版 **印 次**：2021 年 1 月第 4 次印刷
印 数：3501～4500
定 价：39.50 元

产品编号：076479-01

出版说明

随着我国改革开放的进一步深化，高等教育也得到了快速发展，各地高校紧密结合地方经济建设发展需要，科学运用市场调节机制，加大了使用信息科学等现代科学技术提升、改造传统学科专业的投入力度，通过教育改革合理调整和配置了教育资源，优化了传统学科专业，积极为地方经济建设输送人才，为我国经济社会的快速、健康和可持续发展以及高等教育自身的改革发展做出了巨大贡献。但是，高等教育质量还需要进一步提高以适应经济社会发展的需要，不少高校的专业设置和结构不尽合理，教师队伍整体素质亟待提高，人才培养模式、教学内容和方法需要进一步转变，学生的实践能力和创新精神亟待加强。

教育部一直十分重视高等教育质量工作。2007 年 1 月，教育部下发了《关于实施高等学校本科教学质量与教学改革工程的意见》，计划实施“高等学校本科教学质量与教学改革工程(简称‘质量工程’)”，通过专业结构调整、课程教材建设、实践教学改革、教学团队建设等多项内容，进一步深化高等学校教学改革，提高人才培养的能力和水平，更好地满足经济社会发展对高素质人才的需要。在贯彻和落实教育部“质量工程”的过程中，各地高校发挥师资力量强、办学经验丰富、教学资源充裕等优势，对其特色专业及特色课程(群)加以规划、整理和总结，更新教学内容、改革课程体系，建设了一大批内容新、体系新、方法新、手段新的特色课程。在此基础上，经教育部相关教学指导委员会专家的指导和建议，清华大学出版社在多个领域精选各高校的特色课程，分别规划出版系列教材，以配合“质量工程”的实施，满足各高校教学质量和教学改革的需要。

本系列教材立足于计算机公共课程领域，以公共基础课为主、专业基础课为辅，横向满足高校多层次教学的需要。在规划过程中体现了如下一些基本原则和特点。

(1) 面向多层次、多学科专业，强调计算机在各专业中的应用。教材内容坚持基本理论适度，反映各层次对基本理论和原理的需求，同时加强实践和应用环节。

(2) 反映教学需要，促进教学发展。教材要适应多样化的教学需要，正确把握教学内容和课程体系的改革方向，在选择教材内容和编写体系时注意体现素质教育、创新能力与实践能力的培养，为学生的知识、能力、素质协调发展创造条件。

(3) 实施精品战略，突出重点，保证质量。规划教材把重点放在公共基础课和专业基础课的教材建设上；特别注意选择并安排一部分原来基础比较好的优秀教材或讲义修订再版，逐步形成精品教材；提倡并鼓励编写体现教学质量和教学改革成果的教材。

(4) 主张一纲多本，合理配套。基础课和专业基础课教材配套，同一门课程可以有针对不同层次、面向不同专业的多本具有各自内容特点的教材。处理好教材统一性与多样化，基本教材与辅助教材、教学参考书，文字教材与软件教材的关系，实现教材系列资源配套。

(5) 依靠专家，择优选用。在制定教材规划时依靠各课程专家在调查研究本课程教材建设现状的基础上提出规划选题。在落实主编人选时，要引入竞争机制，通过申报、评审确定主题。书稿完成后要认真实行审稿程序，确保出书质量。

繁荣教材出版事业，提高教材质量的关键是教师。建立一支高水平教材编写梯队才能保证教材的编写质量和建设力度，希望有志于教材建设的教师能够加入到我们的编写队伍中来。

21世纪高等学校计算机应用技术规划教材

联系人：魏江江 weijj@tup.tsinghua.edu.cn

前言

早在2014年，国务院印发《关于加快发展现代职业教育的决定》国发[2014]19号文件提出，要牢固确立职业教育在国家人才培养体系中的重要位置，以服务发展为宗旨，以促进就业为导向，适应技术进步和生产方式变革以及社会公共服务的需要。高等职业教育是我国职业教育的重要组成部分，担负着培养高素质劳动者和技术技能人才的重要任务。而现在的高职教育是以能力培养目标为主，以学生能掌握什么样的技能为考核目标，把学生培养成既懂知识，又有过硬的实践技能的应用型人才。在全国高职教育改革如火如荼地进行的同时，"目标行动导向"教学法、"工作过程系统化"教学法等一些创新的教学方法如雨后春笋般涌现，人们已经越来越深刻地感受到高职教育培养技能型人才的重要性。

数据库是按照数据结构来组织、存储和管理数据的仓库。数据库技术在整个计算机技术中是非常重要且不可或缺的，通过数据库才能进行数据的有效组织、存储、处理、交流和共享。

高职学校数据库课程要求学生掌握设计数据库必备的理论知识和基本流程，培养学生获得与数据库设计相关的学习能力、操作能力，强化学生对数据后台的实践操作能力，增强学生的数据库开发设计能力、交流沟通能力。通常，按照传统的"老师讲，学生听"的教学方式，学生在校期间都能完成老师布置的作业并且考试成绩也很优秀，但是到工作岗位上碰到实际的问题却无法独立解决。本书的特点就是打破只讲授知识点的传统教育模式，采用项目引领、情景教学的模式，把学生置身于一个项目的背景、情景任务中，从情景中掌握的技能可以零距离地移植到实际的工作中去；以数据库设计真实的工作任务及工作过程为载体确定每一个模块的学习内容，教、学、做相结合，理论与实践一体化，合理设计理论、实践等教学环节。

本书通过工作任务的形式讲解数据库知识，最大的特点在于以一个实际的校园网数据库系统案例为背景。该案例项目来源于实际并经过作者的加工，使之更适合教学组织和内容安排，将一个大的校园网数据库系统按开发顺序分解成若干个具体的工作任务，利用数据库SQL Server 2008的功能逐步去实现。本书内容的安排和组织按照"工作过程系统化"理论组合起来，构成一个逐层递进、渐次加深的设计过程，使学习者通过巧妙设计的若干个分解任务学习到最后全部整合成完整的项目的学习设计过程，实现全面的专业能力培养。

由于作者的水平有限，书中难免存在遗漏、疏忽之处，恳请大家批评指正。

杨海艳

2017年10月

项目一 数据库系统基础

项目背景

数据库是存放数据及相关信息的仓库，是事务处理、信息管理等应用系统的基础，数据管理系统通过将大量的数据按一定的数据模型组织起来，提供存储、维护、检索数据的功能，使应用系统可以方便地、及时地、准确地从数据库中获取所需的信息。

本书的最终成果是设计开发出一套校园网管理数据库系统，校园网管理数据库系统的设计与开发遵循数据库设计的基本流程，即需求分析、概念结构设计、逻辑数据库设计、物理结构设计、数据库的实施和维护，最后通过 ASP. NET 编程语言实现该校园网管理系统。本项目的主要任务是了解数据库技术的一些基本概念，了解数据库系统管理的工作机会。

项目分析

本项目分以下两个任务来完成。

任务一：了解数据库的相关概念、数据技术库产生的背景、数据库技术的发展、数据模型的概念、关系数据模型的概念、关系数据库、常用的数据库管理系统，认识 SQL Server 2008 数据库系统。

任务二：了解数据库系统管理的工作机会，清楚本系统的目的与意义，强化学习动机，做好自己的职业生涯规划。

项目目标

【知识目标】 ①认识了解数据库系统的基础知识；②理解整本书的项目工程；③学会思考、学会学习、学会规划自己的职业。

【能力目标】 ①具备理解数据库系统基础的能力；②具备软件工程思想的能力；③具备自我学习、自我规划的能力；④具备与数据库管理员等沟通的能力。

【情感目标】 ①培养良好的适应压力的能力；②培养沟通的能力及通过沟通获取关键信息的能力；③培养团队的合作精神；④培养实现客户利益最大化的理念；⑤培养对事物发展是渐进增长的认知。

任务一：了解数据库的相关概念

【任务说明】

本书的编写目的是把校园网信息管理系统的设计、开发与实现始终贯穿在每个任务之中，首先要了解数据库系统本身的相关概念、常用的数据库管理系统等基础知识。

【任务分析】

在进行数据库系统的开发之前首先要了解数据的相关概念，了解数据技术产生的背景、数据库技术的发展历史，然后了解数据的相关概念模型、关系型数据库的概念以及常用的关系型数据库系统等知识。

【实施步骤】

第1步：了解数据、信息、数据处理、数据库、数据库技术等概念

数据(Data)是人们描述客观事物及其活动的抽象符号表示，是人们相互之间进行思想文化交流的工具。根据人们的种族和文化背景的不同，所使用的数据也不同。例如中国人和英国人，其描述客观事物的数据表达形式不同，一个使用汉语，一个使用英语。

数据不但可以为声音和文字，也可以为图形、图像、绘画、录像、视频等形式。

信息(Information)是人们消化理解的数据，是人们进行各种活动所需要的知识。数据与信息既有联系又有区别。信息是一个抽象概念，是反映现实世界的知识，是被加工成特定形式的数据，用不同的数据形式可以表示同样的信息内容。

信息与数据的关系：信息＝数据＋处理，即信息是经过加工处理后的数据。

数据处理(Data Processing)是人们利用手工或机器对数据进行加工的过程。对数据进行的查找、统计、分类、修改、变换等运算都属于加工。

利用计算机进行数据处理，使得数据处理技术不断丰富和发展。

数据库是长期存储在计算机内、有组织的、可共享的数据集合。这种数据集合的特点是：尽可能不重复，以最优方式为某个特定组织的多种应用服务，其数据结构独立于使用它的应用程序，对数据的增、删、改、查由统一软件进行管理和控制。从发展的历史看，数据库是数据管理的高级阶段，它是由文件管理系统发展起来的。

数据库技术研究和管理的对象是数据，所以数据库技术所涉及的具体内容主要包括通过对数据的统一组织和管理按照指定的结构建立相应的数据库和数据仓库；利用数据库管理系统和数据挖掘系统设计出能够对数据库中的数据进行添加、修改、删除、处理、分析、理解、报表和打印等多种功能的数据管理和数据挖掘应用系统；利用管理系统最终实现对数据的处理、分析和理解。

目前，数据库技术是信息系统的一个核心技术；是一种计算机辅助管理数据的方法，它研究如何组织和存储数据，如何高效地获取和处理数据；是研究数据库的结构、存储、设计、管理以及应用的基本理论和实现方法，并利用这些理论来实现对数据库中的数据进行处理、分析和理解的技术。

第 2 步：了解数据技术库产生的背景

数据库技术产生于 20 世纪 60 年代末 70 年代初，其主要目的是有效地管理和存取大量的数据资源。数据库技术主要研究如何存储、使用和管理数据。数年来数据库技术和计算机网络技术的发展相互渗透、相互促进，已成为当今计算机领域发展迅速、应用广泛的两大领域。数据库技术不仅应用于事务处理，并且进一步应用到了情报检索、人工智能、专家系统、计算机辅助设计等领域。

第 3 步：了解数据库技术的发展

数据管理技术的发展大致经过了 3 个阶段，即人工管理阶段、文件系统阶段、数据库系统阶段。

(1) 人工管理阶段：在 20 世纪 50 年代以前，计算机主要用于数值计算。从当时的硬件来看，外存只有纸带、卡片、磁带，没有直接存取设备；从软件来看(实际上当时还未形成软件的整体概念)，没有操作系统以及管理数据的软件；从数据来看，数据量小，数据无结构；由用户直接管理，且数据间缺乏逻辑组织，数据依赖于特定的应用程序，缺乏独立性。

(2) 文件系统阶段：在 20 世纪 50 年代后期到 20 世纪 60 年代中期出现了磁鼓、磁盘等数据存储设备，新的数据处理系统迅速发展起来，这种数据处理系统把计算机中的数据组织成相互独立的数据文件，系统可以按照文件的名称对其进行访问，对文件中的记录进行存取并可以实现对文件的修改、插入和删除，这就是文件系统。文件系统实现了记录内的结构化，即给出了记录内各种数据间的关系，但是文件从整体来看是无结构的。其数据面向特定的应用程序，因此数据共享性、独立性差，且冗余度大，管理和维护的代价也很大。

(3) 数据库系统阶段：在 20 世纪 60 年代后期出现了数据库数据管理技术。数据库的特点是数据不再只针对某一特定应用，而是面向全组织，具有整体的结构性，共享性高、冗余度小，具有一定的程序与数据间的独立性，并且实现了对数据的统一控制。

第 4 步：了解数据模型的概念

数据模型是现实世界在数据库中的抽象，也是数据库系统的核心和基础。数据模型通常包括 3 个要素。

(1) 数据结构：数据结构主要用于描述数据的静态特征，包括数据的结构和数据间的联系。

(2) 数据操作：数据操作是指在数据库中能够进行的查询、修改、删除现有数据或增加新数据的各种数据访问方式，并且包括数据访问的相关规则。

(3) 数据完整性约束：数据完整性约束由一组完整性规则组成，只允许在满足该组织规则的条件下对数据库进行插入、删除和更新等操作。

数据库理论领域中最常见的数据模型主要有层次模型、网状模型和关系模型 3 种。

(1) 层次模型(Hierarchical Model)：层次模型使用树形结构来表示数据以及数据之间的联系。

(2) 网状模型(Network Model)：网状模型使用网状结构表示数据以及数据之间的联系。

(3) 关系模型(Relational Model)：关系模型是一种理论最成熟、应用最广泛的数据模型。在关系模型中,数据存放在一种称为二维表的逻辑单元中,整个数据库又是由若干个相互关联的二维表组成的。

第5步:了解关系数据模型的概念

1970年,美国IBM公司San Jose研究室的研究员E. F. Codd首次提出了数据库系统的关系模型,开创了数据库的关系方法和关系数据理论的研究,为数据库技术奠定了理论基础。由于他的杰出工作,其于1981年获得图灵奖。

关系数据模型有着坚实的理论支持,它是建立在集合论、数理逻辑、关系理论等数学理论基础之上的。关系数据模型结构简单,符合人们的逻辑思维方式,很容易被人们所接受和使用,很容易在计算机上实现并从概念数据模型转换过来。

关系模型是一种简单的二维表格结构,概念模型中的每个实体和实体之间的联系都可以直接转换为对应的二维表形式。每个二维表称为一个关系,一个二维表的表头(即所有列的标题)称为关系的型(结构),其表体(内容)称为关系的值。关系中的每一行数据(记录)称为一个元组,每一列数据称为一个属性,列标题称为属性名。在同一个关系中不允许出现重复元组(即两个完全相同的元组)和相同属性名的属性(列)。

第6步:了解关系数据库

关系数据库是采用关系模型作为数据组织方式的数据库。关系数据库的特点在于它将每个具有相同属性的数据独立地存储在一个表中。对于任一个表,用户可以新增、删除和修改表中的数据,而不会影响表中的其他数据。关系数据库产品一问世,就以其简单清晰的概念、易懂易学的数据库语言深受广大用户喜爱。

关系数据库的层次结构可以分为4级,即数据库(Database)、表(Table)与视图(View)、记录(Record)和字段(Field)。相应的关系理论中的术语是数据库、关系、元组和属性,分别说明如下。

(1) 数据库:关系数据库可按其数据存储方式以及用户访问的方式分为本地数据库和远程数据库两种类型。

① 本地数据库:本地数据库驻留在本机驱动器或局域网中,如果多个用户并发访问数据库,则采取基于文件的锁定(防止冲突)策略,因此本地数据库又称为基于文件的数据库。典型的本地数据库有MySQL、Access等。基于本地数据库的应用程序称为单层应用程序,因为数据库和应用程序处于同一个文件系统中。

② 远程数据库:远程数据库通常驻留于其他机器中,用户通过结构化查询语言来访问远程数据库中的数据,因此远程数据库又称为SQL服务器。有时,来自于远程数据库的数据并不驻留于一个机器而是分布在不同的服务器上。典型的远程数据库有Oracle、Sybase、Informix、MS SQL Server及IBM DB2等。

本地数据库与远程数据库相比,前者的访问速度快,但后者的数据存储容量要大得多,而且适合多个用户并发访问。究竟使用本地数据库还是远程数据库取决于多方面的因素,比如要存储和处理的数据的多少、并发访问数据库的用户个数、对数据库的性能要求等。

(2) 表:关系数据库的基本成分是一些存放数据的表。数据库中的表从逻辑结构上看相当简单,它是由若干行和列简单交叉形成的,不能表中套表。它要求表中的每个单元都只包含一个数据,可以是字符串、数字、货币值、逻辑值、时间等数据。

(3) 视图：为了方便地使用数据库，很多数据库管理系统(DBMS)都提供了对于视图(Access中称为查询)结构的支持。视图是根据某种条件从一个或者多个基表(实际存放数据的表)或其他视图中导出的表，在数据库中只存放其定义，而数据仍存放在作为数据源的基表中，故当基表中的数据有所变化时在视图中看到的数据也随之变化。

(4) 记录：表中的一行称为一个记录。一个记录的内容是描述一类事物中的一个具体事物的一组数据，例如一个雇员的编号、姓名、工资数目，一次商品交易过程中的订单编号、商品名称、客户名称、单价、数量等。一般情况下，一个记录由多个数据项(字段)构成，记录中的字段结构由表的标题(关系模式)决定。

记录的集合(元组集合)称为表的内容，表的行数称为表的基数。值得注意的是，表名以及表的标题是相对固定的，而表中记录的数量是经常变化的。

(5) 字段：表中的一列称为一个字段。每个字段表示表中所描述对象的一个属性，例如产品名称、单价、订购量等。每个字段都有相应的描述信息，例如字段名、数据类型、数据宽度、数值型数据的小数位数等。由于每个字段都包含了数据类型相同的一批数据，因此字段名相当于两种多值变量。字段是数据库操纵的最小单位。

表定义的过程就是指定每个字段的字段名、数据类型及宽度(占用的字节数)。表中的每个字段都只接收所定义的数据类型。

第7步：了解常用的数据库管理系统

(1) Oracle数据库(Oracle Database)又名Oracle RDBMS，或简称Oracle，是甲骨文公司的一款关系数据库管理系统。它是在数据库领域一直处于领先地位的产品，可以说Oracle数据库系统是目前世界上最流行的关系数据库管理系统，系统可移植性好、使用方便、功能强，适用于各类大、中、小、微机环境。它是一种高效率、可靠性好的适应高吞吐量的数据库解决方案。

(2) SQL Server是Microsoft公司推出的关系型数据库管理系统，具有使用方便、可伸缩性好、与相关软件集成程度高等优点，可跨越从运行Microsoft Windows 98的膝上型电脑到运行Microsoft Windows 2012的大型多处理器的服务器等多种平台使用。Microsoft SQL Server是一个全面的数据库平台，使用集成的商业智能(BI)工具提供了企业级的数据管理。Microsoft SQL Server数据库引擎为关系型数据和结构化数据提供了更安全可靠的存储功能，使用户可以构建和管理用于业务的高可用和高性能的数据应用程序。

(3) MySQL是一个关系型数据库管理系统，由瑞典的MySQL AB公司开发，目前属于Oracle的旗下产品。MySQL是最流行的关系型数据库管理系统之一，在Web应用方面，MySQL是最好的RDBMS(Relational Database Management System，关系数据库管理系统)应用软件。MySQL所使用的SQL语言是用于访问数据库的最常用的标准化语言。MySQL软件采用了双授权政策，分为社区版和商业版，由于其体积小、速度快、总体拥有成本低，尤其是开放源码这一特点，一般中小型网站的开发都选择MySQL作为网站数据库。

(4) Microsoft Access是由Microsoft公司发布的关系数据库管理系统。它结合了Microsoft Jet Database Engine和图形用户界面两项特点，是Microsoft Office的系统程序之一。它是Microsoft公司的Office的一个成员，在包括专业版和更高版本的Office版本里面被单独出售。最新的Microsoft Office Access 2016在Microsoft Office 2016里发布。

(5) DB2 是 1983 年 IBM 公司开发的数据库管理系统，主要应用于大型应用系统，可支持从大型机到单用户环境，应用于 OS/2、Windows 等平台下，具有较好的可伸缩性。

DB2 同时提供了 GUI 和命令行两种操作方式，在 Windows NT 和 UNIX、Linux 下的操作相同。和 DB2 同级的还有一个关系型数据库管理系统——Informix，但它在 2001 年被 IBM 公司收购了。

(6) Sybase 是美国 Sybase 公司研制的一种关系型数据库系统，是一种典型的 UNIX 或 Windows NT 平台上的客户机/服务器环境下的大型数据库系统。最初 Sybase 数据库服务器产品名为"Sybase SQL Server"，其与 Microsoft 合作使 Microsoft 使用其源码制作了用于 OS/2 的"SQL Server"。直到 4.9 版本之前，Sybase 与 Microsoft SQL Server 几乎一模一样。由于两家公司对利润分配存在争议，两家公司决定各自发展自己的产品，但两家公司的产品有很多相同之处，如同样使用 Transact-SQL(T-SQL)。较大的不同是 Sybase 产品有较强的 UNIX 背景，而 Microsoft SQL Server 只用于 Windows NT。Sybase 的产品也可用于 Windows、UNIX 及 Linux 等操作系统。

Sybase 公司一直面向电信、证券、金融、政府、交通与能源等领域稳步发展，尤其在电信行业、金融行业中处于领先地位。2010 年 5 月，德国 SAP 公司收购了 Sybase。

第 8 步：认识 SQL Server 2008 数据库系统

SQL 是英文 Structured Query Language 的缩写，意思为结构化查询语言。SQL Server 2008 是 Microsoft 公司在 2008 年推出的一款新版本的数据库产品，是 SQL Server 2000、SQL Server 2005 的延续与发展，它在性能、可靠性、可用性和可编程性等方面都比 SQL Server 2000/2005 有较大的改善。目前最新的 SQL Server 版本是 2012，鉴于当前大部分程序还都是采用 SQL Server 2008 开发，所以本书将采用 2008 版本来讲解。

【实操练习】

1. 上网查找数据库系统的相关介绍资料。
2. 写出当今流行的数据产品以及优/缺点。

任务二：了解数据库系统管理的工作机会

【任务说明】

学习数据库技术当然是想找一份与数据库管理与维护相关的工作，此部分介绍一些数据库的应用场景、数据库相关岗位的职能要求以及应聘与面试等技巧。

【任务分析】

每个人在学习一门技术之前都想能够学以致用，最好能终身受益，数据库的初学者首先要明确的问题是：数据库应用的市场前景怎样？如何才能快速地找到一份数据库方面的工作？学习数据库系统难不难？怎样才能很快地学好数据库常用知识？怎样才能获得大公司的工作机会？如何才能在工作岗位上游刃有余？

【实施步骤】

第 1 步：了解数据库应用的市场前景

数据库管理系统经历了 30 多年的发展演变已经取得了辉煌的成就，发展成为一门内容丰富的学科，形成了总量达数几百亿美元的软件产业。数据库已经发展成为一个规模巨大、增长迅速的市场。目前市场上具有代表性的数据库产品包括 Oracle 公司的 Oracle、IBM 公司的 DB2 以及 Microsoft 公司的 SQL Server 等。在一定意义上这些产品的特征反映了当前数据库产业界的最高水平和发展趋势，因此分析这些主流产品的发展现状是我们了解数据库技术发展的一个重要方面。

对于信息化的道路，中国刚上路，未来还很远。而数据库领域，在中国正蓬勃发展，所以 DBA(数据库管理员)的工作看起来并不那么稀有，同时很多公司也不觉得那么重要，这是因为很多公司还没有感受到数据对他们的重要性，刚发展起来还没有积累到一定程度，同时 IT 系统带给企业的价值并未得到充分理解。很多企业都找一个人，从数据库培训、管理数据库到做网线再到安装 Windows 什么都做，这恰恰是初期的特征。

当然中国很大，即使是在初期，这个市场也已经够大了，由于缺乏重视，问题也很多，提供相关服务的机会也随之而来。但回到具体的 DBA 身上，笔者认为不是这个工作会消失，而是工作机会越来越多，同时需求也在不断提高，不管软件如何完善，终究是要人去做决定。高薪的机会始终存在，5 年前年薪 30 万元的 DBA 机会很少，现在 30 万元以上的工作机会倒是一大把，由于求职人员多了，竞争使得获得职位越来越难了。

第 2 步：如何快速地找到一份数据库方面的工作

在网上看到很多数据库招聘的要求，比如工作经验要求 3 年以上，了解什么，熟悉什么，掌握什么，看到那些苛刻的要求已经把大批的人吓退了，其实不仅数据库管理岗位需要经验，就是很普通的文员也要求有工作经验，但是每个人都有第一次接触工作的情况，不可能一开始就有工作经验，所以一般的招聘信息都是个伪命题。有这样一个小故事：两个人在森林里遇见了老虎，一个人忙着穿鞋，另一个不解地问：“你穿鞋干嘛？为啥不赶紧跑？”。穿鞋的那个人回答道：“穿上鞋比你跑得快！”。穿鞋的那位最终得以幸存。这个故事和找工作一样，切记不必满足所有要求，而是在面试的人当中你比他们优秀一点点就可以了。

第 3 步：明确学习数据库系统是如此简单

面对新的事物，只要勇敢地走出第一步，就没有什么可怕的。世上无难事，只怕有心人，不管你有没有计算机方面的基础知识，只要你对它感兴趣，你想不会都难。学习任何技术都跟学开车一样，学开车时经常感觉自己很笨，经常熄火，而教练却能够熟练驾驭，原因在于教练天天与车打交道。学习数据库也是这样，只要你天天与它打交道，也会像教练驾驭车那样熟悉它。

第 4 步：明确数据库的工作岗位

数据库工程师是一种职业，主要工作是设计并优化数据库物理建设方案；制定数据库备份和恢复策略及工作流程与规范；在项目实施中承担数据库的实施工作；针对数据库应用系统运行中出现的问题提出解决方案；对空间数据库进行分析、设计并合理开发，实现有效管理；监督数据库的备份和恢复策略的执行；为应用开发、系统知识等提供技术咨询服务。

通过数据库系统工程师级别(中级资格/工程师)考试的合格人员能参与应用信息系统的规划、设计、构建、运行和管理,能按照用户需求设计、建立、运行、维护高质量的数据库和数据仓库;作为数据管理员管理信息系统中的数据资源,作为数据库管理员建立和维护核心数据库;担任数据库系统有关的技术支持,同时具备一定的网络结构设计及组网能力;具有工程师的实际工作能力和业务水平,能指导计算机技术与软件专业助理工程师(或技术员)工作。

第5步:学会应聘与面试

数据库岗位招聘都需要几年经验,我们还有机会吗?

在网上看到许多数据库岗位有诸多要求,经常看到的要求如下:

(1) 精通数据库原理,维护数据库工作经验3年以上。

(2) 熟悉对数据库进行安装、迁移、日常维护、调优、检查等。

(3) 熟悉 Oracle、DB2、Sybase、SQL Server、MySQL 等多种数据库。

(4) 能编写 SQL 语句、各种函数、储存过程等。

(5) 了解 Linux、UNIX、Windows 等多种操作系统。

(6) 计算机相关专业毕业,有两年以上的程序开发经验。

(7) 有很好的团队合作精神,有编写一流文档的能力。

看到上面的这些苛刻要求已经把大部分人吓退了,其实每个人都有第一次接触工作的情况,不可能一开始就有工作经验,所以这是个伪命题。

实际上不必去满足所有的工作岗位要求,而是在所有的面试人当中你比他们优秀一点点、大胆自信一点点就可以了。

【实操练习】

1. 了解校园网系统的作用以及功能,并形成文字报告。
2. 大型数据库管理系统、小型数据库管理系统有哪些?说出它们的特点。
3. 上网查找数据库工程师的岗位要求及平均薪资。
4. 学习制作一份简历。

校园网管理系统数据库的设计

项目背景

校园网管理系统数据库的设计大致分为以下几个阶段。

(1) 概念设计阶段：概念设计阶段的任务是根据用户需求设计数据库的概念数据模型(简称概念模型，可用 E-R 图描述)，概念设计应在系统分析阶段进行。

(2) 逻辑设计阶段：逻辑设计阶段将概念模式转换成 DBMS 支持的数据模型(例如关系模型)，形成数据库的逻辑模式。

(3) 物理设计阶段：物理设计阶段根据 DBMS 的特点和处理的需求选择存储结构，建立索引，形成数据库的内模式。

(4) 数据库的实施与维护阶段：数据库的实施与维护阶段根据需要创建数据库、数据表、视图等数据对象，并在使用中对数据库进行维护。

校园网管理系统的最终实现需要前期的系统详细设计，本项目主要完成数据库系统的安装、校园网系统的需求分析、校园网系统 E-R 图的绘制与系统关系模式设计、校园网管理系统的物理结构设计等。

项目分析

本项目分为以下 4 个任务。

任务一：数据库系统的安装、启动与配置。此任务是后续工作的基础，通过数据系统的安装与配置过程加深对数据库系统中最基本的几个概念的认识。

任务二：校园网系统的需求分析。该任务主要针对校园网管理系统进行需求分析，在软件工程当中的“需求分析”就是确定要计算机“做什么”，要达到什么样的效果。需求分析是数据库系统开发的重要一环，因为只有明确了做什么才能有计划、有目标地做出什么。

任务三：校园网系统 E-R 图的绘制与系统关系模式设计。该任务是数据库系统的概要设计，通过对实体的抽象建立系统的基础数据模型，为后续的物理结构设计做基础。

任务四：校园网管理系统的物理结构设计。数据库系统物理结构的设计是数据库系统开发靠后的一环，物理结构设计的好与坏直接关系数据库系统开发的成败。

项目目标

【知识目标】 ①加深对数据库系统基础知识的认识；②掌握数据库 SQL Server 2008 的安装、启动与基本的配置；③学会做信息系统的需求分析以及分析报告；④学会数据库系统 E-R 图的绘制；⑤学会数据库系统的物理结构设计。

【能力目标】 ①具备安装与维护数据库系统的能力；②具备做信息系统开发需求报告的能力；③具备绘制系统 E-R 图的能力；④具备设计数据库物理结构的能力。

【情感目标】 ①培养良好的适应压力的能力；②培养沟通的能力及通过沟通获取关键信息的能力；③培养团队的合作精神；④培养实现客户利益最大化的理念；⑤培养对事物发展是渐进增长的认知。

任务一：数据库系统的安装、启动与配置

【任务说明】

SQL Server 最初是由 Microsoft、Sysbase、Ashton-Tate 三家公司开发的基于 OS/2 的数据库系统，后由 Microsoft 公司将 SQL Server 移植到 Windows NT 系统上，并不断对其完善和扩充，SQL Server 经历了 SQL Server 7.0、SQL Server 2000、SQL Server 2005、SQL Server 2008、SQL Server 2014 等重要版本。鉴于目前市场上的大部分软件采用 SQL Server 2008 做后台数据，本书采用 SQL Server 2008 来讲述数据库系统的开发，其实各版本之间的差异并不是很大。

本任务是后续任务的基础，主要是数据库系统的安装、数据库系统服务的启动，以及数据库最基本的配置。

【任务分析】

目前已知的 SQL Server 2008 R2 版本有企业版、标准版、工作组版、Web 版、开发者版、Express 版、Compact 3.5 版。

这个次序也是各版本功能的强大程度从高到低的一个排序。具体使用哪个版本，并非越强大越好，而是应该使用适合的版本。很多初级开发者对这些版本的具体含义并不是十分清楚，在此笔者从几篇博文中将自己所看到的精华部分进行总结，以期初级开发者少走弯路。

(1) SQL Server 2008 企业版：SQL Server 2008 企业版是一个全面的数据管理和业务智能平台，为关键业务应用提供了企业级的可扩展性、数据仓库、安全、高级分析和报表支持。这一版本将为用户提供更加坚固的服务器和执行大规模在线事务处理。

(2) SQL Server 2008 标准版：SQL Server 2008 标准版是一个完整的数据管理和业务智能平台，为部门级应用提供了最佳的易用性和可管理特性。

(3) SQL Server 2008 工作组版：SQL Server 2008 工作组版是一个值得信赖的数据管理和报表平台，用于实现安全的发布、远程同步和对运行分支应用的管理能力。这一版本拥

有核心的数据库特性，可以很容易地升级到标准版或企业版。

(4) SQL Server 2008 Web版：SQL Server 2008 Web版是针对运行于Windows服务器中的要求高可用、面向Internet Web服务的环境而设计的。这一版本为实现低成本、大规模、高可用性的Web应用或客户托管解决方案提供了必要的支持工具。

(5) SQL Server 2008开发者版：SQL Server 2008开发者版允许开发人员构建和测试基于SQL Server的任意类型应用。这一版本拥有所有企业版的特性，但只限于在开发、测试和演示中使用。基于这一版本开发的应用和数据库可以很容易地升级到企业版。

(6) SQL Server 2008 Express版：SQL Server 2008 Express版是SQL Server的一个免费版本，它拥有核心的数据库功能，其中包括了SQL Server 2008中最新的数据类型，但它是SQL Server的一个微型版本。这一版本是为了用户学习、创建桌面应用和小型服务器应用而发布的，也可供ISV(Independent Software Vendors，独立软件开发商)再发行使用。

(7) SQL Server Compact 3.5版：SQL Server Compact是一个针对开发人员而设计的免费嵌入式数据库，这一版本的意图是构建独立、仅有少量连接需求的移动设备、桌面和Web客户端应用。SQL Server Compact可以运行于所有的微软Windows平台之上，包括Windows XP、Windows Vista、Windows 7操作系统，以及Pocket PC和SmartPhone设备。

在安装SQL Server 2008 R2之前，为了防止出现问题，用户需要先了解SQL Server 2008 R2系统的安装需求。这些软/硬件需求因客户使用的操作系统而异，与他们添加使用的特定软件组件也很有关系，例如不能在压缩卷或者只读卷上安装SQL Server 2008 R2，这是一般性的需求。与此类似，新部署的R2需要被安装在格式化为NTFS格式的磁盘上。FAT32格式只有在升级更早版本的SQL Server时才支持；SQL Server 2008 R2的安装需要微软的.NET Framework 3.5 SP1支持，如果没有安装该组件，安装程序会自动安装该组件。如果安装的是SQL Server Express版本，那么必须手工安装.NET Framework 3.5 SP1。

【实施步骤】

下面以安装"SQL_08_R2_CHS(64位)"为例介绍数据库系统的安装。

第1步：开始安装

微软官网中提供了SQL Server 2008 R2供用户下载(下载Express免费版的具体网址为"https://www.microsoft.com/zh-cn/download"，下载的是ISO文件。使用虚拟光驱打开，执行setup.exe文件，在弹出的窗口中选择"安装"，如图2.1.1所示。

在"安装"页面的右侧单击"全新安装或向现有安装添加功能"按钮，弹出"安装程序支持规则"页面，检测安装是否能顺利进行，通过就单击"确定"按钮，否则可单击"重新运行"按钮来检查，如图2.1.2所示。

第2步：输入产品密钥

在弹出的"产品密钥"页面中选择"输入产品密钥"单选按钮，并输入SQL Server 2008 R2安装光盘的产品密钥，单击"下一步"按钮，如图2.1.3所示。

第3步：接受许可条款

在弹出的"许可条款"页面中选择"我接受许可条款"复选框，并单击"下一步"按钮，如图2.1.4所示。

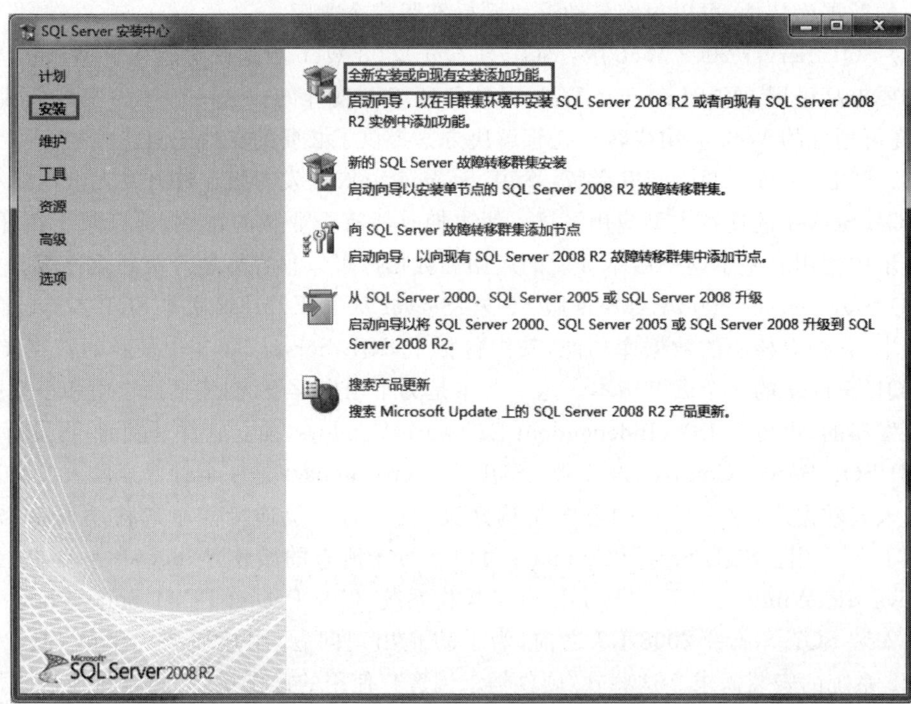

图 2.1.1　SQL Server 安装中心

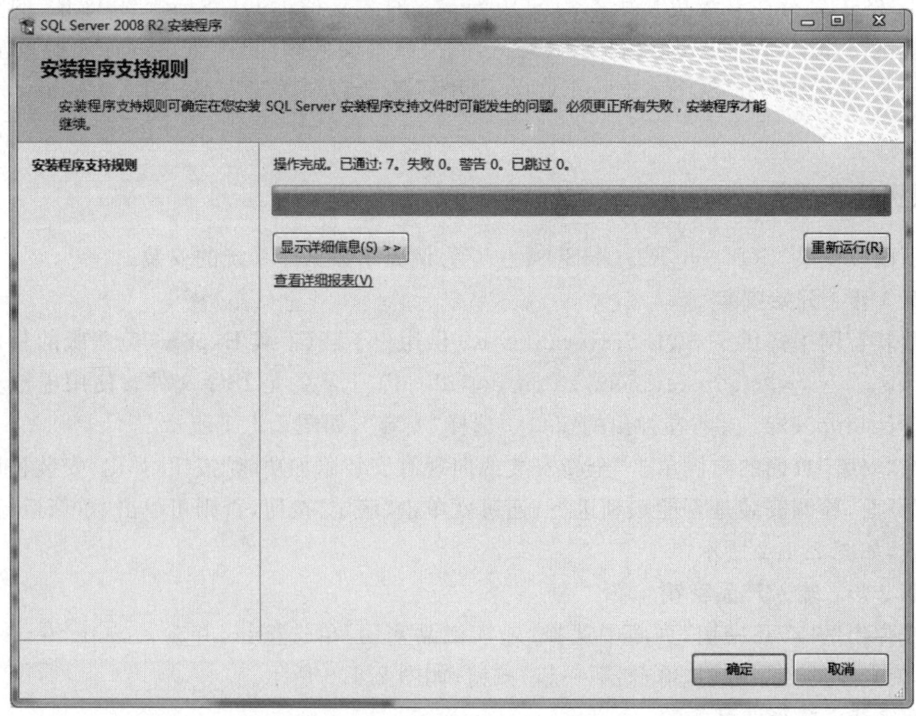

图 2.1.2　安装程序支持规则

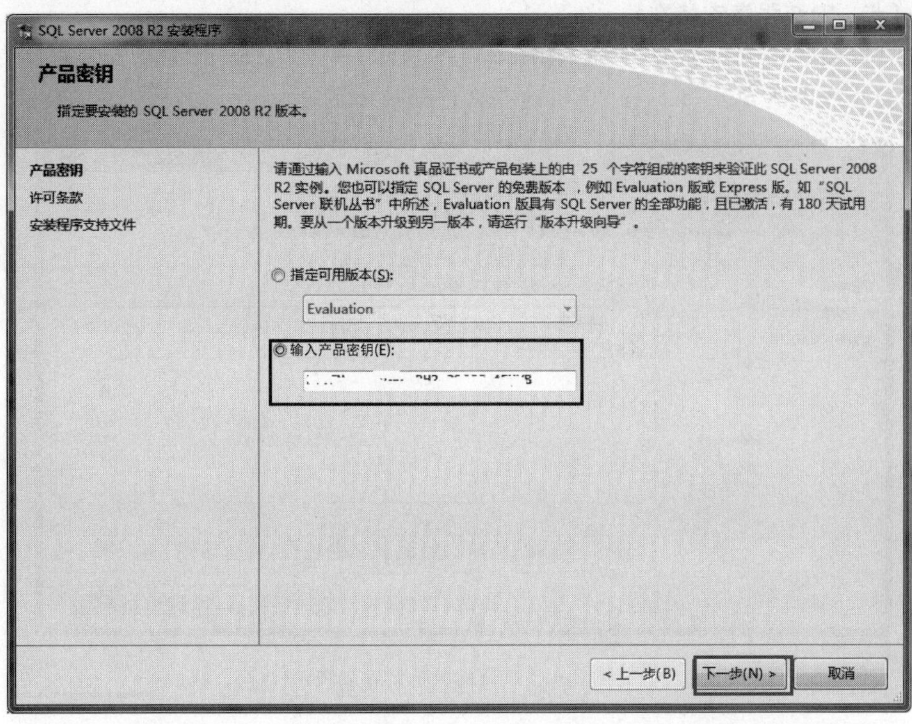

图 2.1.3　产品密钥

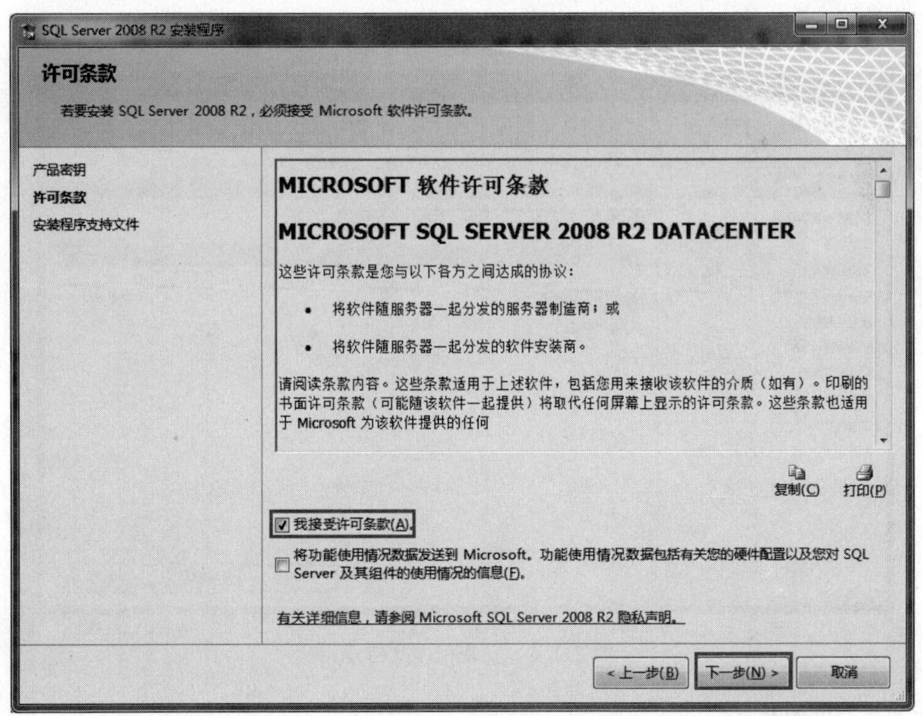

图 2.1.4　许可条款

第 4 步：安装程序支持文件

弹出“安装程序支持文件”页面，如图 2.1.5 所示，单击“安装”按钮以安装程序支持文件，若要安装或更新 SQL Server 2008，这些文件都是必需的。

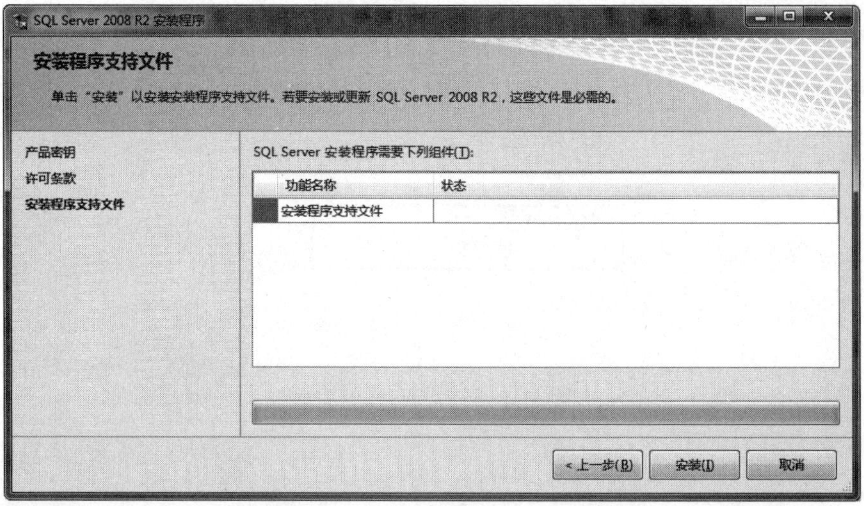

图 2.1.5　安装程序支持文件

单击“下一步”按钮弹出“安装程序支持规则”页面，如图 2.1.6 所示，安装程序支持规则可确定在用户安装 SQL Server 安装程序文件时可能发生的问题，必须更正所有失败后安装程序才能继续，通过单击“下一步”按钮确认。

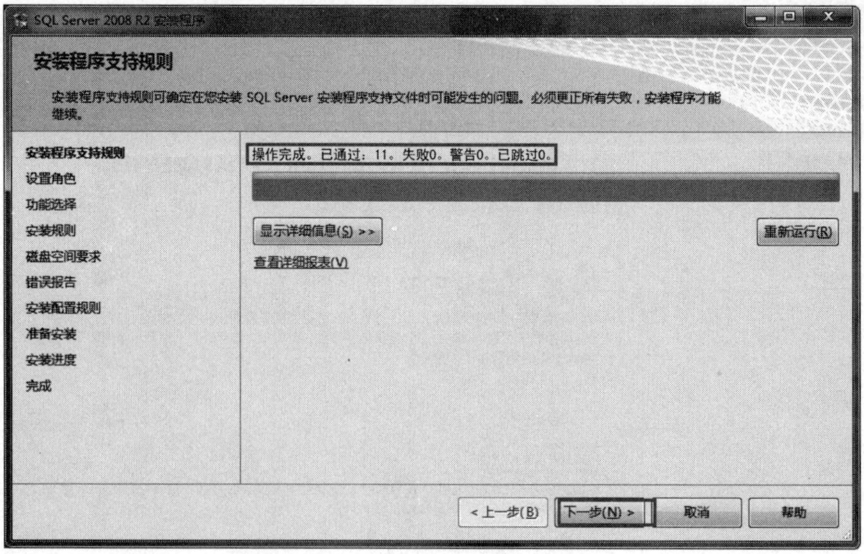

图 2.1.6　安装程序支持规则

第 5 步：设置角色

在弹出的“设置角色”页面中选择“SQL Server 功能安装”单选按钮，如图 2.1.7 所示，单击“下一步”按钮。

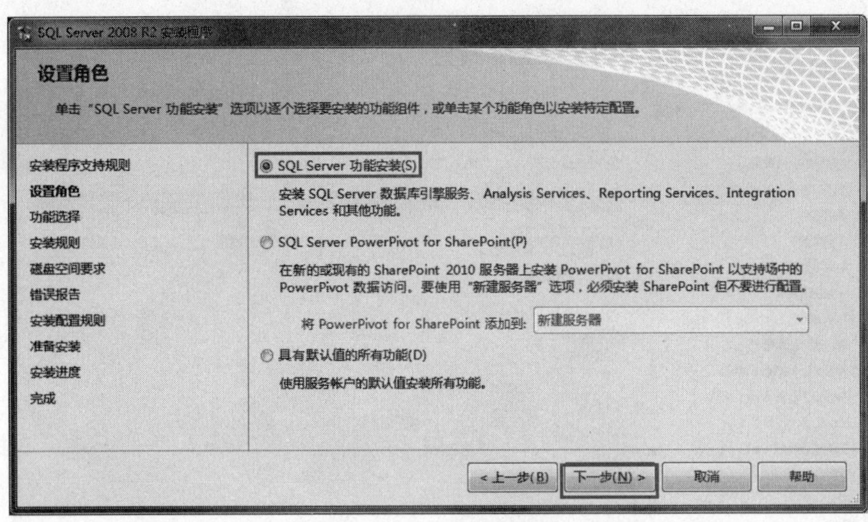

图 2.1.7　设置角色

第 6 步：选择功能

在弹出的"功能选择"页面中选择要安装的功能并选择共享功能目录，单击"下一步"按钮，如图 2.1.8 所示。

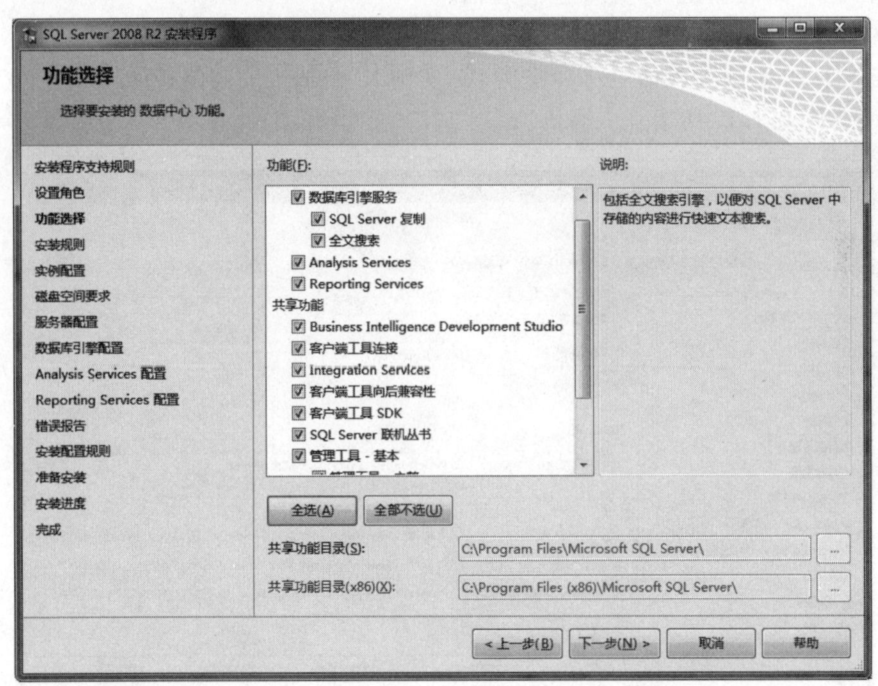

图 2.1.8　功能选择

第 7 步：安装规则

在弹出的"安装规则"页面中安装程序正在运行规则以确定是否要阻止安装过程，有关详细信息请用户单击"帮助"按钮，如图 2.1.9 所示。

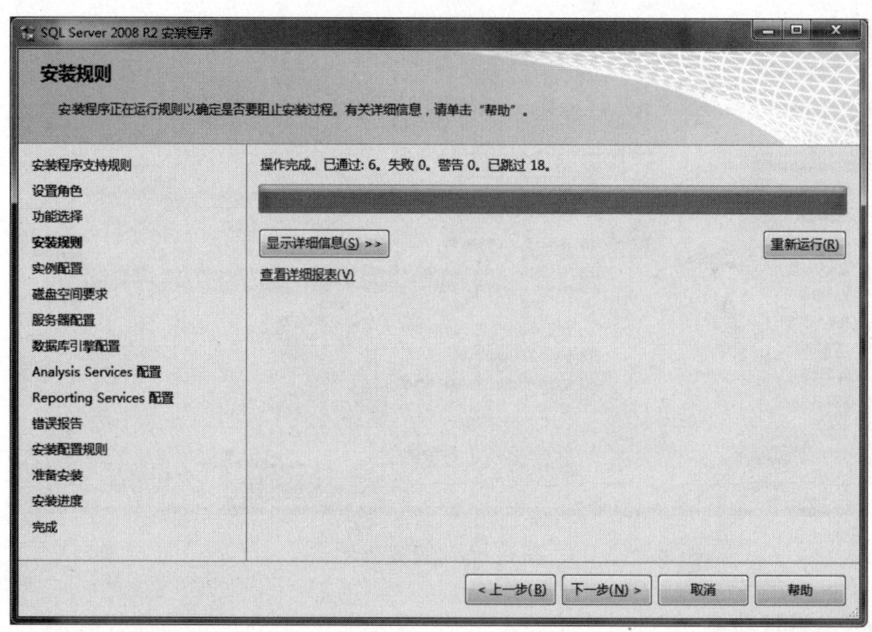

图 2.1.9　安装规则

单击"下一步"按钮出现"实例配置"页面。

第 8 步：配置实例与磁盘空间要求

指定 SQL Server 实例的名称和实例 ID，实例 ID 将成为安装路径的一部分，这里选择默认实例，如图 2.1.10 所示。

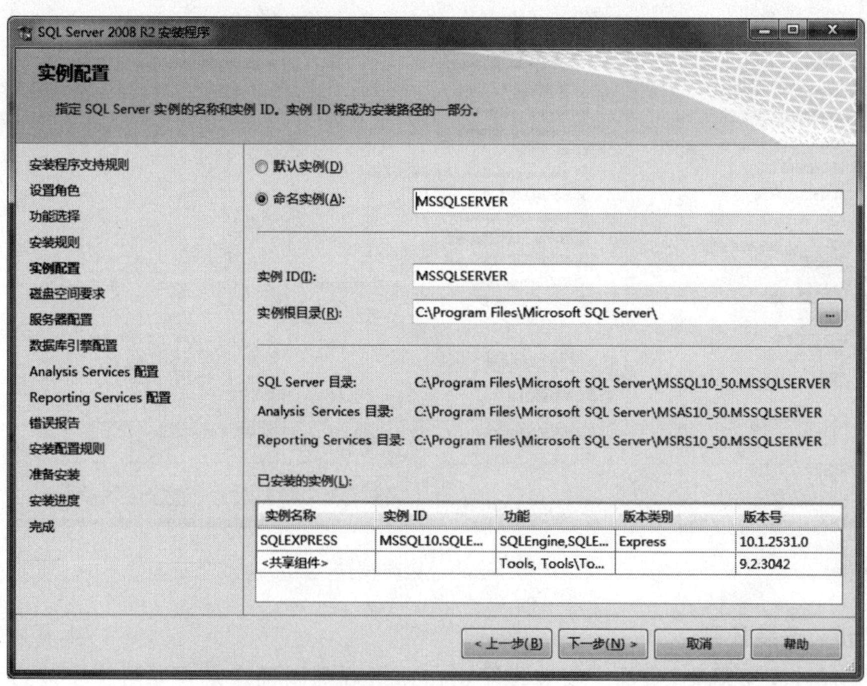

图 2.1.10　实例配置

单击“下一步”按钮弹出“磁盘空间要求”页面，用户可以查看选择的 SQL Server 功能所需的磁盘摘要，如图 2.1.11 所示，单击“下一步”按钮。

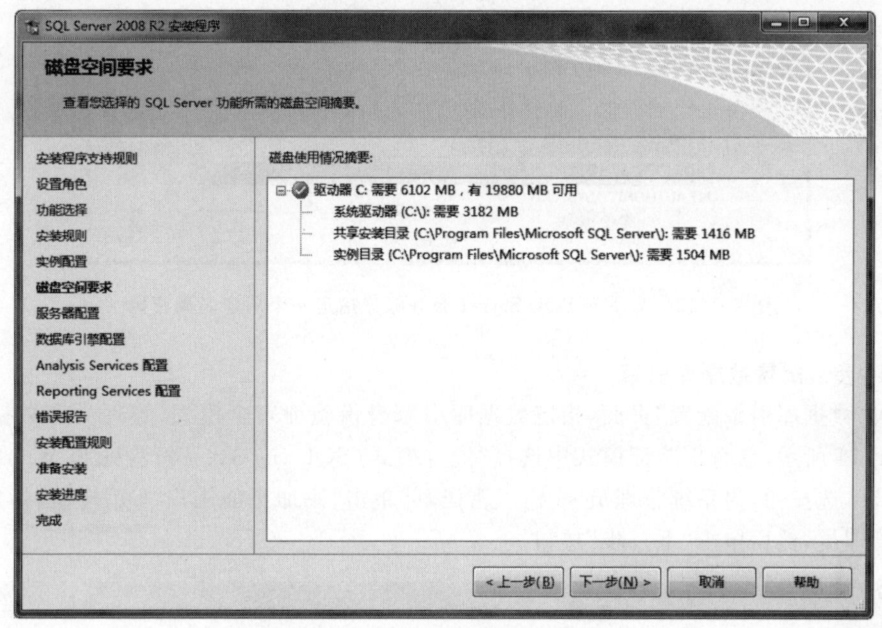

图 2.1.11　磁盘空间要求

第 9 步：配置服务器

在弹出的“服务器配置”页面中指定服务账户和排序规则配置，然后单击“对所有 SQL Server 服务使用相同的账户”按钮，如图 2.1.12 所示。

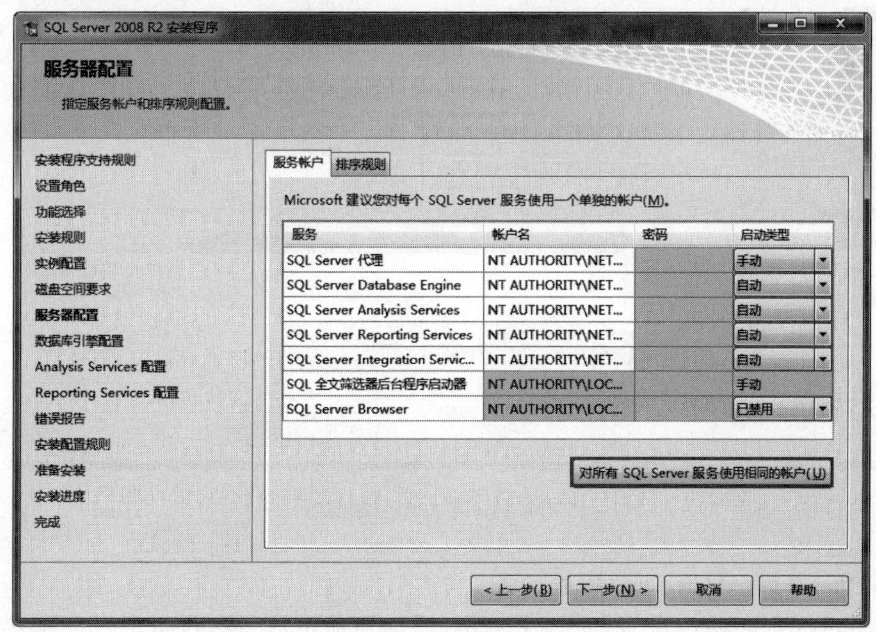

图 2.1.12　服务器配置

在弹出的对话框中为所有 SQL Server 服务账户指定一个用户名和密码，如图 2.1.13 所示，单击“下一步”按钮。

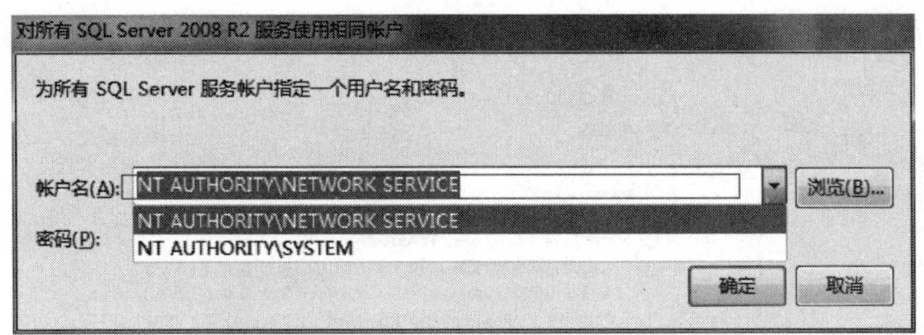

图 2.1.13　为所有 SQL Server 服务账户指定一个用户名和密码

第 10 步：配置数据库引擎

进入“数据库引擎配置”页面，指定数据库引擎身份验证安全模式、管理员和数据目录，如图 2.1.14 所示，在身份验证模式中选择“混合模式(SQL Server 身份验证和 Windows 身份验证)”单选按钮，为系统管理员 sa 输入密码，并单击“添加当前用户(C)”按钮，指定 SQL Server 管理员，然后单击“下一步”按钮。

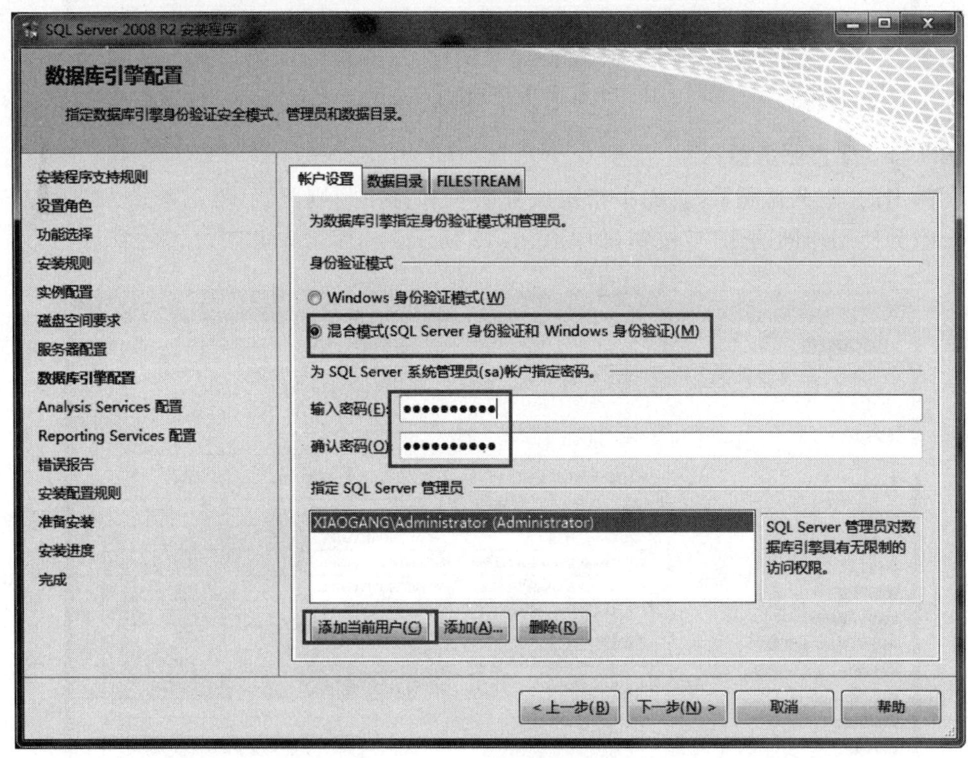

图 2.1.14　数据库引擎配置

第 11 步：Analysis Services 配置

在“Analysis Services 配置”页面中单击“添加当前用户”按钮，指定当前账户具有对 Analysis Services 的管理权限，如图 2.1.15 所示。

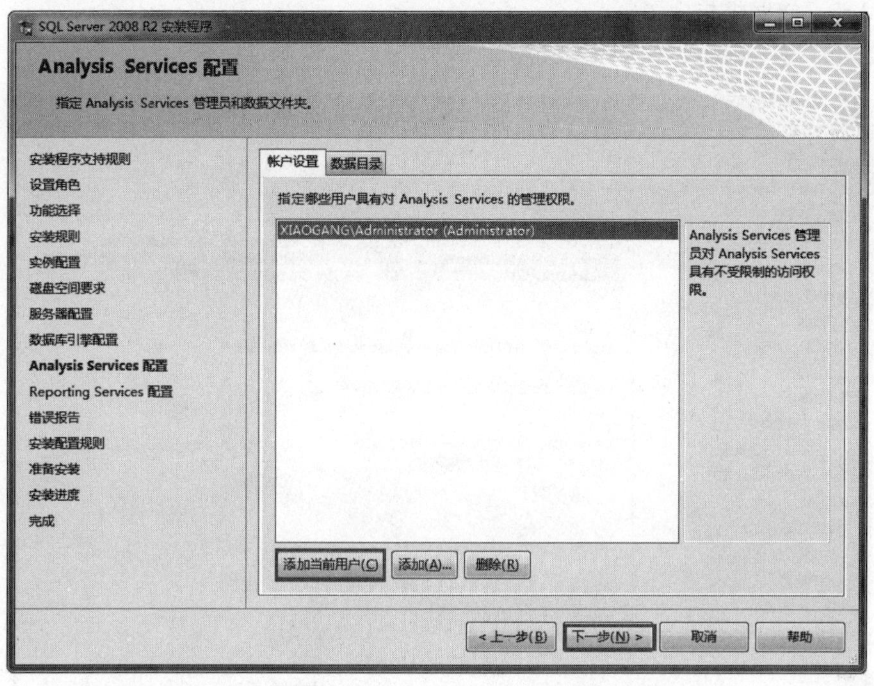

图 2.1.15　Analysis Services 配置

第 12 步：Reporting Services 配置

单击“下一步”按钮，弹出“Reporting Services 配置”页面，选择“安装本机模式默认配置”单选按钮，如图 2.1.16 所示。

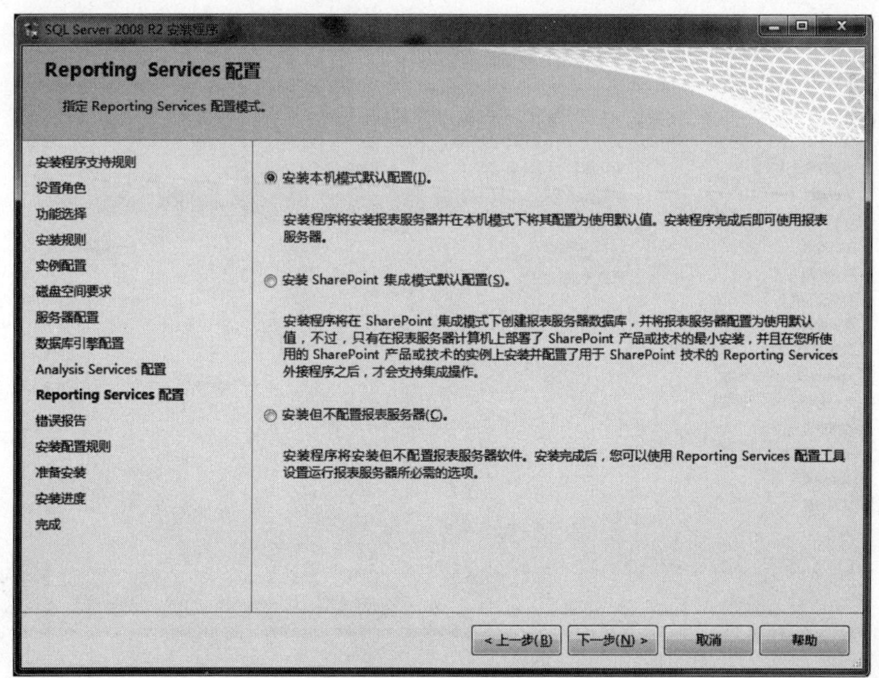

图 2.1.16　Reporting Services 配置

第 13 步：错误报告设置

单击“下一步”按钮弹出“错误报告”页面，如图 2.1.17 所示。

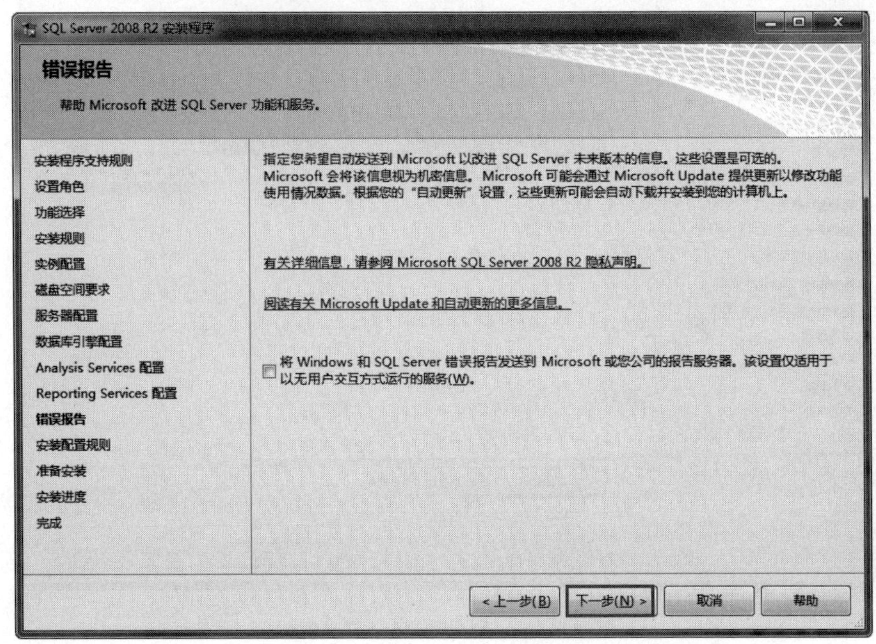

图 2.1.17　错误报告

第 14 步：安装配置规则与查看安装进度

单击“下一步”按钮弹出“安装配置规则”页面，如图 2.1.18 所示。

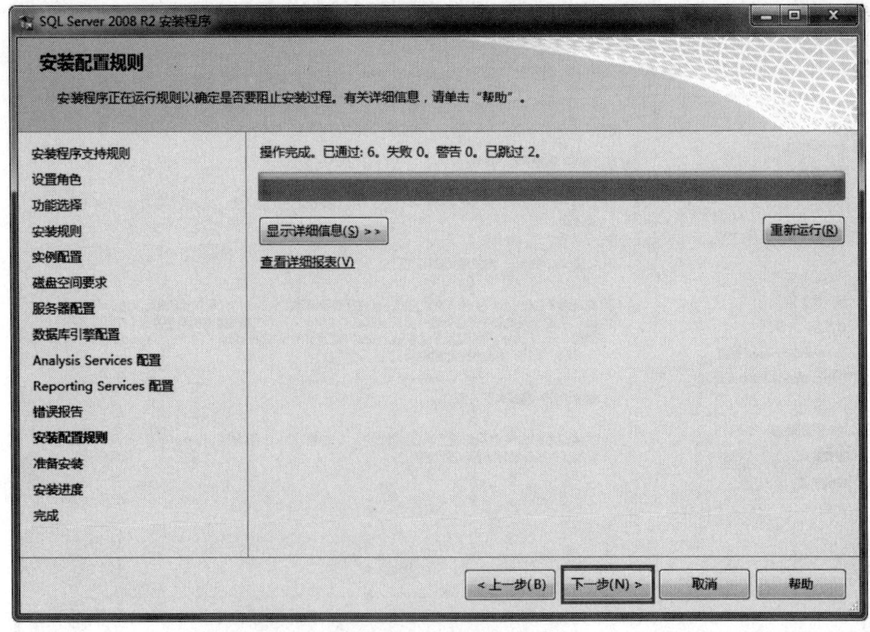

图 2.1.18　安装配置规则

单击“安装”按钮，如图 2.1.19 所示。等待安装过程的完成，如图 2.1.20 所示。

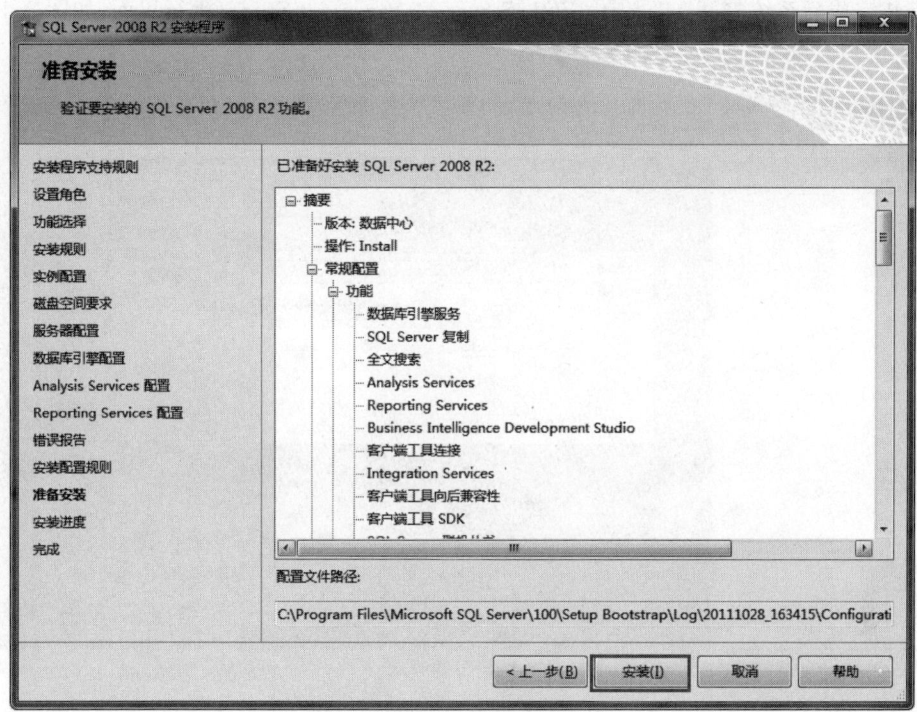

图 2.1.19　准备安装

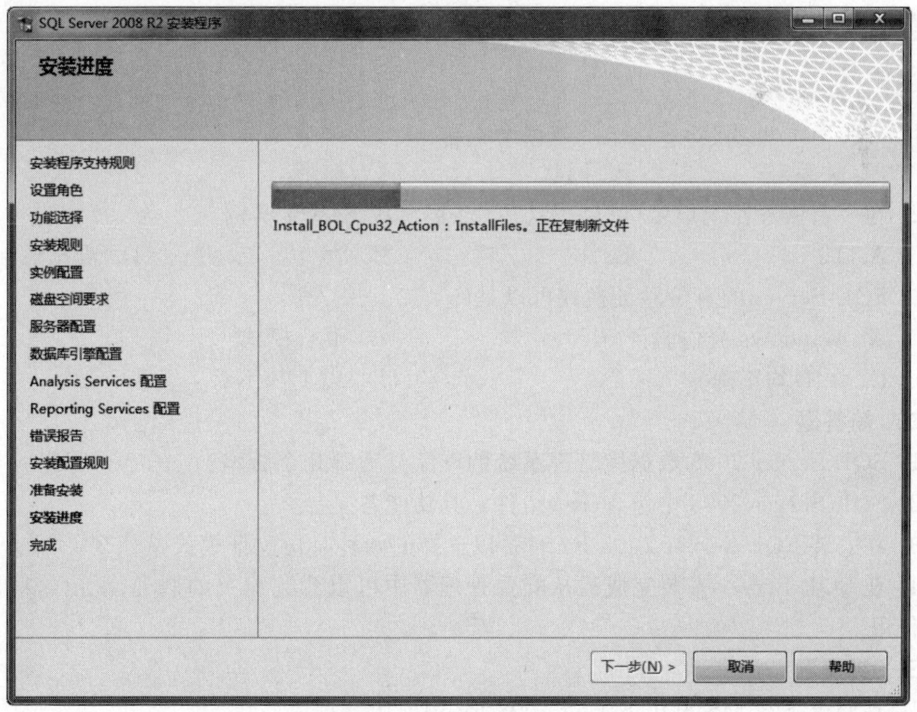

图 2.1.20　安装进度

第 15 步：完成安装

安装完成后系统打开 Microsoft SQL Server Management Studio 运行界面，如图 2.1.21 所示，等待用户登录。

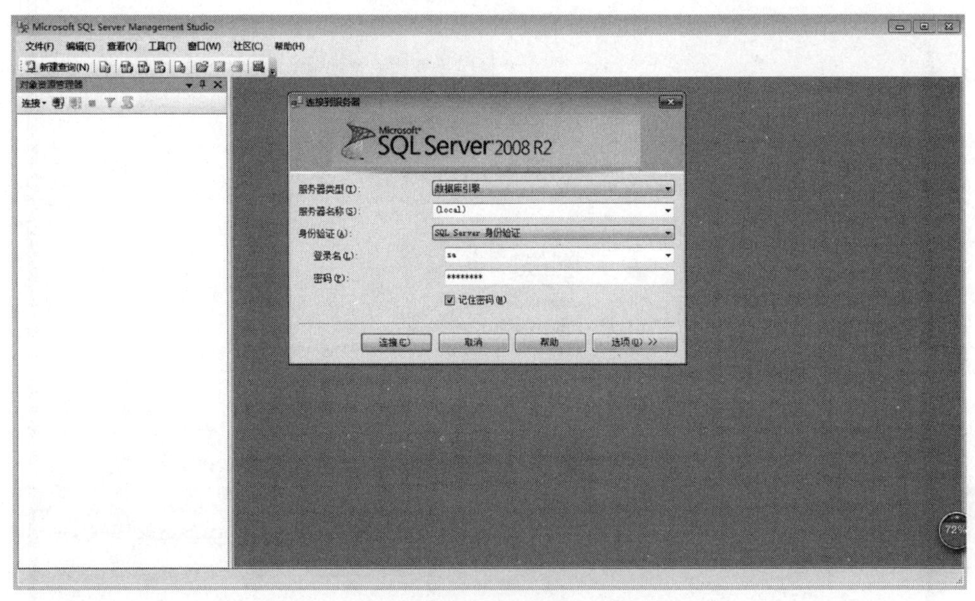

图 2.1.21　安装完成运行界面

至此 SQL Server 2008 R2 企业版已经安装完毕，此任务完成。

【实操练习】

一、选择题

1. SQL Server 2008 是(　　)数据库。
   A. 关系　　B. 网状　　C. 树形　　D. 层次
2. 在一台服务器上最多可以安装(　　)个 SQL Server 实例。
   A. 1　　B. 10　　C. 16　　D. 没有限制
3. SQL Server 的身份验证模式可以是(　　)。
   A. Windows 身份验证　　B. 混合模式
   C. A、B 均正确　　D. 以上都不对

二、简答题

1. SQL Server 2008 数据库管理系统的产品分为哪几个版本？
2. SQL Server 2008 中包含哪些组件？其功能各是什么？
3. 在安装 SQL Server 2008 R2 时可以选择的两种身份验证模式是什么？
4. 在 SQL Server 安装完成后从配置管理器中可以看到相关的服务，说出这些服务有什么作用。

三、实操题

1. 在网上下载 MS SQL Server 2008 R2 中文版数据库系统。
2. 在自己的计算机上安装 MS SQL Server 2008 R2 中文版数据库系统。

任务二：校园网系统的需求分析

【任务说明】

需求分析是指对要解决的问题进行详细分析，弄清楚问题的要求，包括需要输入什么数据，要得到什么结果，最后应输出什么。可以说在软件工程当中"需求分析"就是确定要计算机"做什么"，要达到什么样的效果。需求分析是在做系统之前必须做的。近几年来，越来越多的人认识到需求分析是整个过程中最关键的一个部分。假如在需求分析时分析者们未能正确地认识到顾客的需要，那么最后的软件实际上不可能达到顾客的需要，或者软件项目无法在规定的时间里完工。需求分析阶段的主要任务有以下几点：

(1) 调查分析用户的业务活动，理清数据需求和数据处理的业务活动。

(2) 收集用户活动所涉及的数据，理清数据处理任务涉及的所有数据。

(3) 确定系统处理的范围，理清属于计算机处理问题的范畴。

(4) 分析并形成系统数据，明确应用系统涉及的所有数据类型、宽带、约束条件等。

本任务主要是分析校园网系统的需求，全面了解用户的诉求，并转化成开发人员的专业术语，在此过程中应掌握管理信息系统的需求分析方法。

【任务分析】

校园网管理系统的最终设计结果呈现是根据用户的需求来完成的，任何信息系统的开发都是建立在用户的需求之上的，所以开发校园网数据库系统首先要做的就是系统的需求分析。

如果要完成系统需求分析的任务，首先要搞清楚 5 个"W"，即 What、Why、Who、Where、When，也就是需求分析需要做什么、为什么要这样做、由谁来做、在什么地方做以及什么时候做。

如果要很好地完成需求分析的任务，需要找到系统的参与者，系统参与者是指所有存在于系统外部并与系统进行交互的人或其他系统，通俗地讲，参与者就是系统开发完成之后有哪些人会使用这个系统。

【实施步骤】

第 1 步：设计调查问卷

校园网管理系统主要涉及的参考者是系统管理员、教师和学生，可以针对这 3 类人员设计 3 份调查问卷，格式自定，也可以参照图 2.2.1。

第 2 步：定义用例图（Use Case Diagram）

根据校园网管理系统的用户可以确定系统的角色包括系统管理员角色、教师角色和学生角色。系统管理员主要负责日常的学籍管理工作，各种基本信息的录入、修改和删除等操作。教师使用该系统可完成教学班级的信息查询和成绩管理等操作。学生使用该系统主要完成选课和成绩查询等操作。具体的需求如表 2.2.1 所示。

问卷调查
1．你的工作部门是什么? 2．你的主要工作任务是什么? 3．你的兼职任务是什么? 4．你的工作结果同前、后续工作如何联系? 5、……
XXX先生/女士： 您好！请您抽空准备一下，我们将于××日与您会面 谢谢 校园网开发研究课题组

图 2.2.1 调查问卷设计效果图

表 2.2.1 系统角色功能对应表

角　色	功　能
系统管理员	管理课程列表、管理教师列表、管理学生列表、查看所有选课情况
教师	查看选课的学生信息、管理选课学生的考试成绩
学生	查看可选课程列表、学生选课、查看选课情况、查看课程考试成绩情况

第 3 步：绘制用例关系图

用例(Use Case)表示参与者与系统的交互过程，如图 2.2.2 所示。用例图用来描述软件需求模型中的系统功能，通过一组用例可以描述软件系统能够给用户提供的功能。

图 2.2.2 所示的是校园网管理信息系统的功能总体用例图，参与者包括学生、教师和管理员，主要功能包括信息查询、成绩查询、个人信息修改、登录、学生注册信息以及成绩录入等功能。

第 4 步：创建系统类图

在 UML 的静态机制中类图是一个重点，它不仅是设计人员关心的核心，更是实现人员关注的核心。建模工具也主要根据类图来产生代码。James Rumbaugh 对类的定义是：类是具有相似结构、行为和关系的一组对象的描述符。类是面向对象系统中最重要的构造块。类图显示了一组类、接口、协作及它们之间的关系。在 UML 中问题域最终要被逐步转化，通过类来建模，通过编程语言构建这些类，从而实现系统。类加上它们之间的关系就构成了类图，在类图中还可以包含接口、包等元素，也可以包括对象、链等实例。

在校园网系统模型的建模中通过包图把模型组织联系起来，形成各种功能的各个子模块，结合总体用例分析得出总体功能包图，利用各个子用例分析得出各个子功能包图，通过包图来描述设计高阶的需求，反映系统的高层架构。

在完成以上业务和实现软件功能时所需要的数据分析就需要用到类图，由类图得出系统数据库的数据表以及表的详细数据字段。

校园网管理系统的整体类图如图 2.2.3 所示。

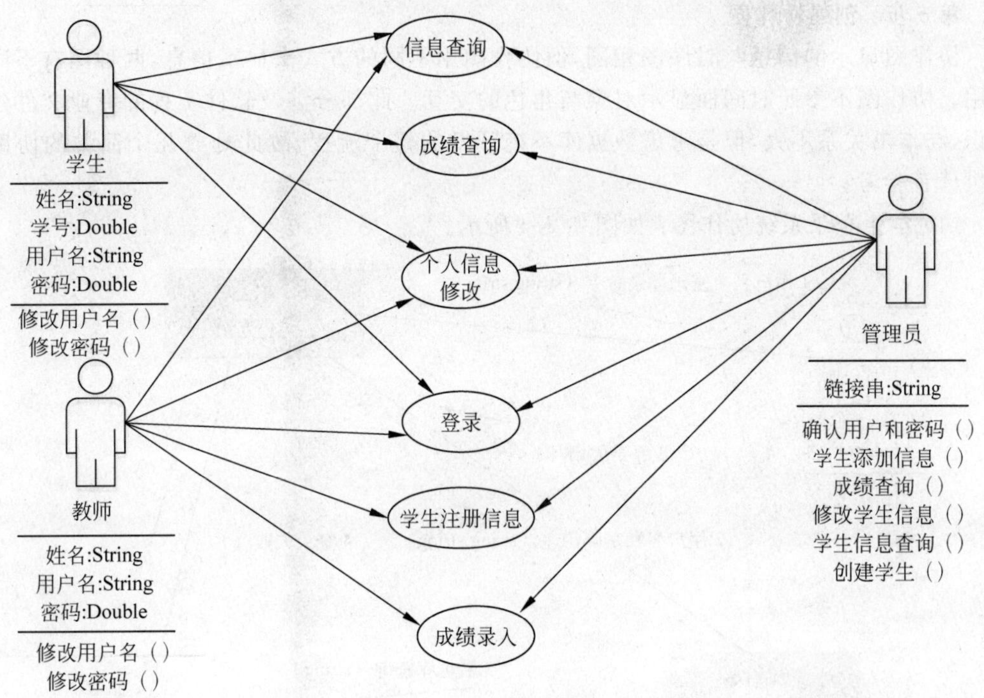

图 2.2.2　用例关系图

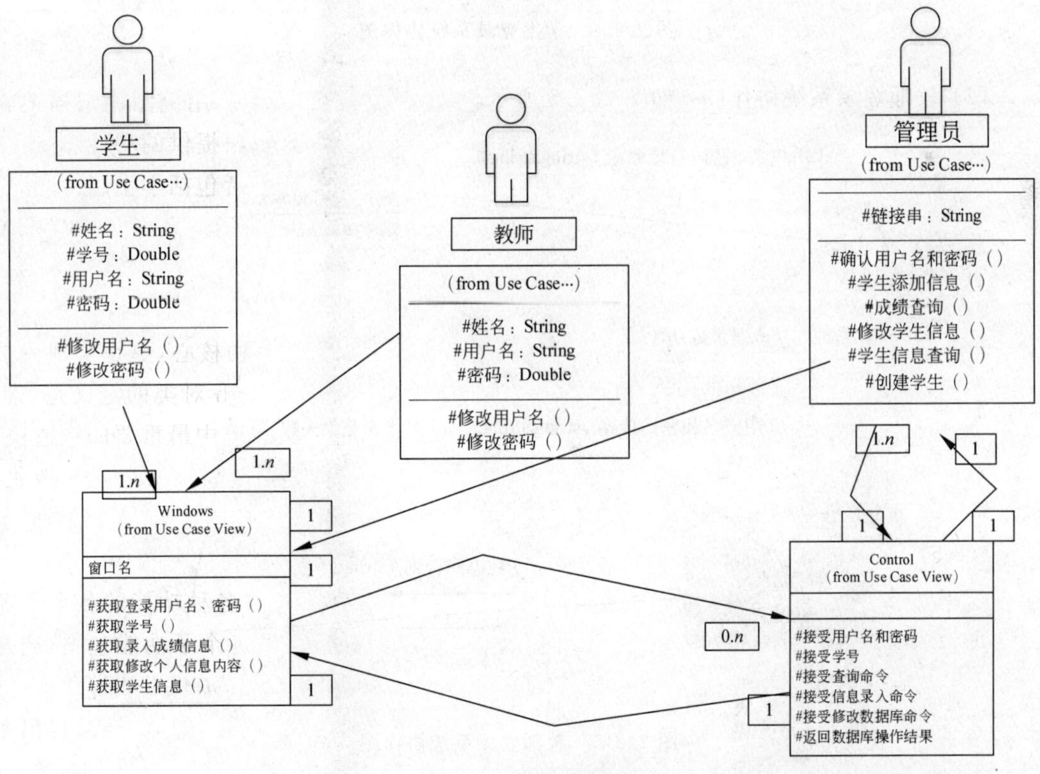

图 2.2.3　整体类图

第 5 步：创建协作图

协作图显示的信息与时序图相同，但协作图用不同的方式来显示信息，两种图有不同的作用。协作图不参照时间而显示对象与角色的交互。此部分涉及软件工程的专业文件建设知识，与本书关系不大，但是考虑数据库系统开发的整个流程，故此处放几个简单的协助图以供读者参考。

(1) 学生登录系统协作图：如图 2.2.4 所示。

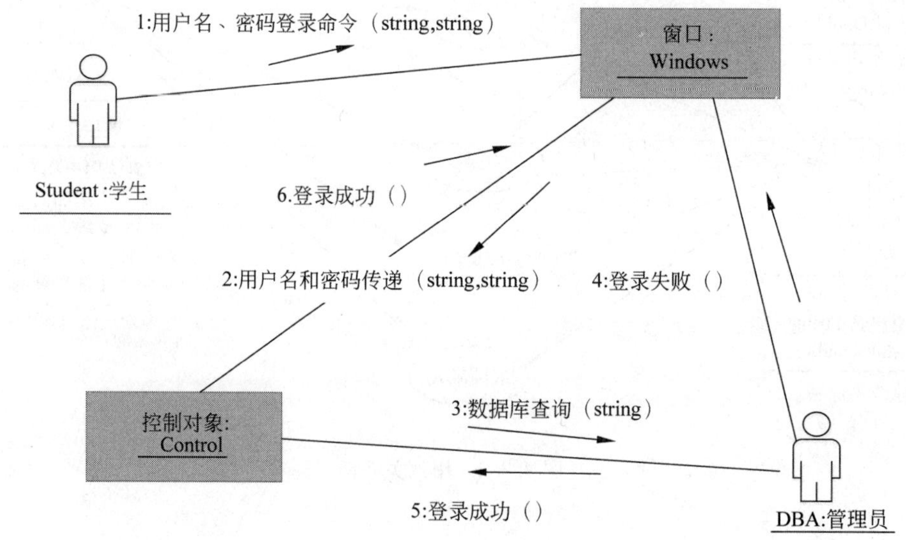

图 2.2.4　学生登录系统协作图

(2) 教师登录系统协作图：如图 2.2.5 所示。

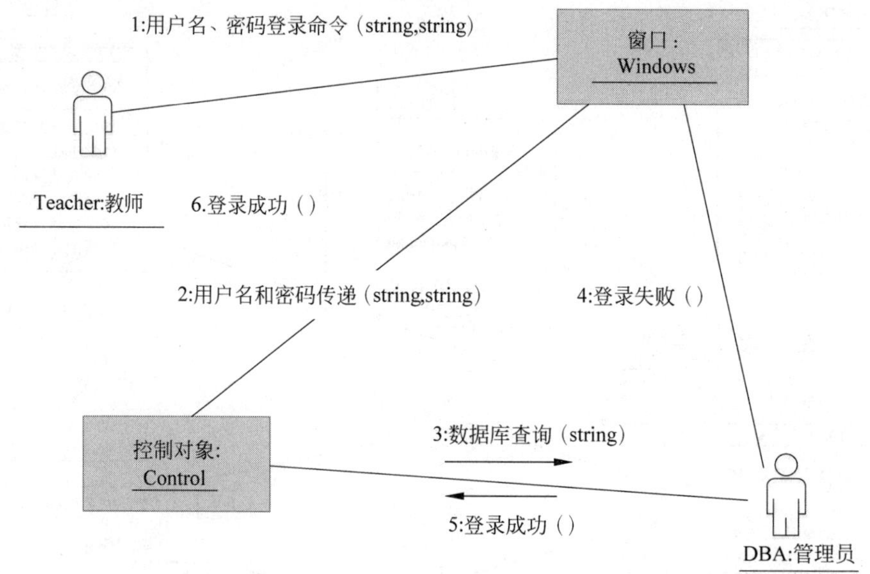

图 2.2.5　教师登录系统协作图

(3) 教师查询学生信息协作图：如图 2.2.6 所示。

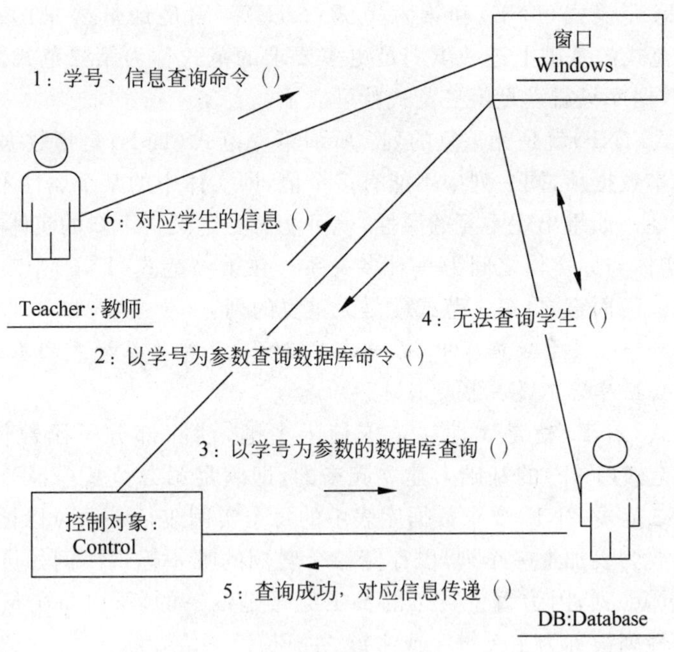

图 2.2.6　教师查询学生信息协作图

至此任务结束。

【实操练习】

1. 查找资料，编写校园网管理系统数据库设计说明书。
2. 根据对校园网管理系统的分析编写该系统的需求规格说明书。

任务三：校园网系统 E-R 图的绘制与系统关系模式设计

【任务说明】

E-R 模型直接从现实世界中抽取出实体间联系图(Entity-Relationship 图)，简称 E-R 图。E-R 图由实体、属性和联系 3 种基本要素组成。实体是现实世界中存在的可以相互区别的事物。在 E-R 图中实体用矩形表示，属性用椭圆形表示，联系用菱形表示，实体属性同样用椭圆形表示，然后用无向边连接起来。

数据库规范化理论是进行数据库设计的理论基础，只有在数据库设计过程中按照规范化理论方法才能设计出科学合理的数据库逻辑结构和物理结构，避免数据冗余、数据冲突和数据不一致性等问题。数据库的结构必须遵循一定的规则，在关系数据库中这种规则就是范式。

范式的目标主要有两个：一是减少数据冗余；二是消除异常，包括插入异常、更新异常、删除异常。

目前关系数据库有6种范式，即第一范式(1NF)、第二范式(2NF)、第三范式(3NF)、第四范式(4NF)、第五范式(5NF)和第六范式(6NF)。满足最低要求的范式是第一范式(1NF)。在第一范式的基础上进一步满足更多要求的范式称为第二范式，其余范式以此类推。一般来说，数据库只需满足第三范式就可以了。

(1) 第一范式(1NF)就是无重复的列：所谓第一范式(1NF)是指数据库表的每一列都是不可分割的基本数据项，同一列中不能有多个值，即实体中的某个属性不能有多个值或者不能有重复的属性。如果出现重复的属性，就可能需要定义一个新的实体，新的实体由重复的属性构成，新实体与原实体之间为一对多关系。在第一范式(1NF)中表的每一行只包含一个实例的信息。简而言之，第一范式就是无重复的列。

说明：*在任何一个关系数据库中，第一范式(1NF)是对关系模式的基本要求，不满足第一范式(1NF)的数据库就不是关系数据库。*

(2) 第二范式(2NF)就是属性完全依赖于主键[消除部分子函数依赖]：第二范式(2NF)是在第一范式(1NF)的基础上建立起来的，即满足第二范式(2NF)必须先满足第一范式(1NF)。第二范式(2NF)要求数据库表中的每个实例或行必须可以被唯一地区分。为实现区分通常需要为表加上一个列，以存储各个实例的唯一标识。例如员工信息表中加上了员工编号(emp_id)列，因为每个员工的员工编号是唯一的，所以每个员工可以被唯一区分。这个唯一属性列被称为主关键字或主键、主码。

第二范式(2NF)要求实体的属性完全依赖于主关键字。所谓完全依赖是指不能存在仅依赖主关键字一部分的属性，如果存在，那么这个属性和主关键字的这一部分应该分离出来形成一个新的实体，新实体与原实体之间是一对多的关系。为实现区分通常需要为表加上一个列，以存储各个实例的唯一标识。简而言之，第二范式就是属性完全依赖于主键。

(3) 第三范式(3NF)就是属性不依赖于其他非主属性[消除传递依赖]：满足第三范式(3NF)必须先满足第二范式(2NF)。简而言之，第三范式(3NF)要求一个数据库表中不包含已在其他表中包含的非主关键字信息。例如存在一个部门信息表，其中每个部门有部门编号(dept_id)、部门名称、部门简介等信息。那么在员工信息表中列出部门编号后就不能再将部门名称、部门简介等与部门有关的信息加入员工信息表中。如果不存在部门信息表，则根据第三范式(3NF)也应该构建它，否则就会有大量的数据冗余。简而言之，第三范式就是属性不依赖于其他非主属性。

本任务主要完成校园网系统E-R图的绘制，充分理清数据库系统中各个实体之间的关系。

【任务分析】

根据需求分析阶段收集到的材料，首先利用分类、聚集和概括等方法抽象出实体，对列举出来的实体一一标注出相应的属性；其次确定实体间的联系类型(一对一、一对多或多对多)；最后使用ER-Designer工具画出E-R图。

然后将E-R模型按规则转化为关系模式，再根据导出的关系模式按照功能要求增加关系、属性并规范化得到最终的关系模式。

【实施步骤】

第 1 步：了解关系模型的基本概念

最常用的数据模型有层次模型、网状模型和关系模型，目前主流的是关系模型。

关系模型就是用二维表格结构来表示实体及实体之间联系的模型。

(1) 关系(Relation)：一个关系对应一张二维表，每个关系都有一个关系名。在 SQL Server 中一个关系就是一个表对象。

(2) 元组(Tuple)：二维表中水平方向上的一行，有时也称一条记录。

(3) 属性(Attribute)：表格中的一列，相当于记录中的一个字段。

(4) 关键字(Key)：可唯一标识元组的属性或属性集，也称为关系键或主键。

(5) 域(Domain)：属性的取值范围，例如性别的域是(男，女)。

(6) 分量：每一行对应的列的属性值，即元组中的一个属性值。

(7) 关系模式：对关系的描述。一个关系模式对应一个关系结构，一般表示为关系名(属性 1，属性 2，……，属性 n)。

第 2 步：了解关系模型的性质

(1) 关系中不允许出现相同的元组。因为数学的集合中没有相同的元素，而关系是元组的集合，所以作为集合元素的元组应该是唯一的。

(2) 关系中元组的顺序(即行序)是无关紧要的，在一个关系中可以任意交换两行的次序。因为集合中的元素是无序的，所以作为集合元素的元组也是无序的。根据关系的这个性质，可以改变元组的顺序使其具有某种排序，然后按照顺序查询数据，以提高查询速度。

(3) 关系中属性的顺序是无关紧要的，即列的顺序可以任意交换。在交换时应连同属性名一起交换，否则将得到不同的关系。

(4) 同一属性名下的各个属性值必须来自同一个域，是同一类型的数据。

(5) 关系中的各个属性必须有不同的名称，不同的属性可以来自同一个域，即它们的分量可以取自同一个域。

(6) 关系中的每一分量必须是不可分的数据项，或者说所有属性值都是原子的，是一个确定的值，而不是值的集合。

第 3 步：了解关系数据库的完整性

(1) 实体完整性(Entity Integrity)：实体完整性是指主关系键的值不能为空或部分为空。

(2) 参照完整性(Referential Integrity)：如果关系 R2 的外部关系键 X 与关系 R1 的主关系键相符，则 X 的每个值或者等于 R1 中主关系键的某一个值，或者取空值。

(3) 域完整性：域完整性是针对某一具体关系数据库的约束条件。它反映了某一具体应用所涉及的数据必须满足的语义要求。

第 4 步：了解数据库的概念结构设计

数据库概念结构设计主要应用实体-联系图(Entity-Relation Diagram，E-R 图)来完成。

实体-联系图用来建立数据模型，在数据库系统概论中属于概念设计阶段，形成一个独立于机器、独立于 DBMS 的 E-R 图模型。通常将它简称为 E-R 图，相应地，可以把用 E-R 图描绘的数据模型称为 E-R 模型。E-R 图提供了表示实体(即数据对象)、属性和联系的方法，用来描述现实世界的概念模型。

E-R 图是由美籍华人陈平山于 1976 年提出来的，E 表示实体，A 表示属性，R 表示实体和实体之间的关系。其涉及的主要概念如下。

(1) 实体：客观存在并可互相区分的事物。实体可以是人，可以是物，也可以指某些概念。例如一个职工、一个部门、一门课等。

(2) 属性：实体所具有的某一特性。一个实体可以由若干个属性来刻画。例如学生可以由学号、姓名、年龄、性别、系、联系电话等属性组成。

(3) 关键字：唯一标识实体的最小属性集。

(4) 联系：现实世界中的事物之间是有联系的。一般存在两类联系，一是实体内部组成实体的属性之间的联系，二是实体之间的联系。在此讨论实体之间的联系。

两个实体之间的联系可以分为以下 3 类。

① 一对一联系(1∶1)：例如一个系部有一个系主任，而每个系主任只在一个系部任职，则系部与系主任之间具有一对一联系。

② 一对多联系(1∶*n*)：例如一个系部有若干教职工，而每个教职工只在一个系部工作，则系部与教职工之间是一对多联系。

③ 多对多联系(*m*∶*n*)：例如一个项目有多个职工参加，而一个职工可以参加多个项目的工作，则项目与职工之间是多对多联系。

第 5 步：学会 E-R 图的绘制

(1) □：矩形，表示实体，框内注明实体名。

(2) ◇：菱形，表示实体间的联系，框内注明联系名。

(3) ○：椭圆，表示实体的属性，框内注明属性名。

(4) —：无向边，连接实体与属性或者实体与联系。

图 2.3.1 表示学校系部这一实体，图 2.3.2 表示学生这一实体，图 2.3.3 分别表示前面所说的 3 种联系。

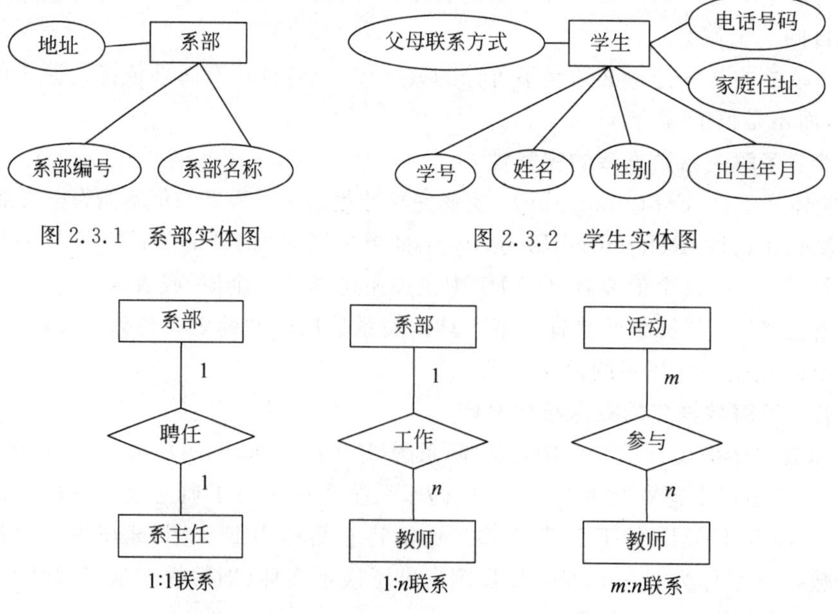

图 2.3.1　系部实体图

图 2.3.2　学生实体图

图 2.3.3　3 种实体间的联系

联系也可以带有属性，例如学生与课程存在学习的关系，学习有"成绩"这一属性；库房存储教具有"库存量"的属性，如图 2.3.4 所示。

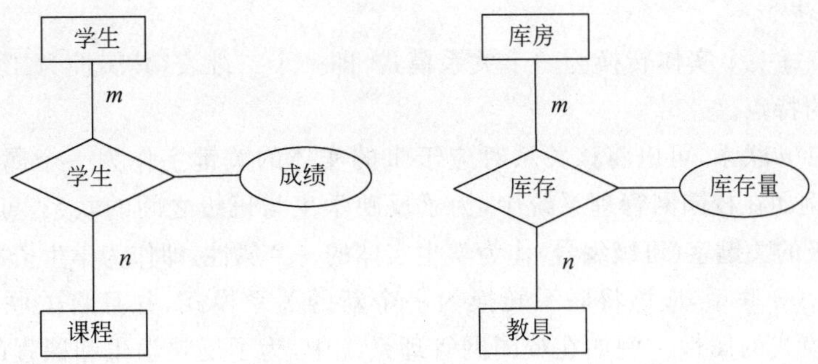

图 2.3.4　带有属性的联系

第 6 步：理解 E-R 图中的三元关系

E-R 图还可以表达更加复杂的关系。图 2.3.5 表示了课程、老师、参考书之间的三元关系：一门课可以由若干老师讲授，用若干本参考书，而某一老师或某一本参考书只对应一门课。图 2.3.6 表示了供应商、班级、教具之间的三元关系：供应商可以供给若干个班级多个教具，而每个班级可以使用不同供应商供应的教具，每种教具可由不同供应商供给，因此供应商、班级和教具之间是多对多联系。

第 7 步：理解同一实体集内的联系

同一实体集内的各实体之间可以存在某种联系，例如职工实体集内具有领导和被领导的关系，学生实体集内具有管理和被管理的关系（如班长管理其他学生），可以用图 2.3.7 表示这里所提的关系。

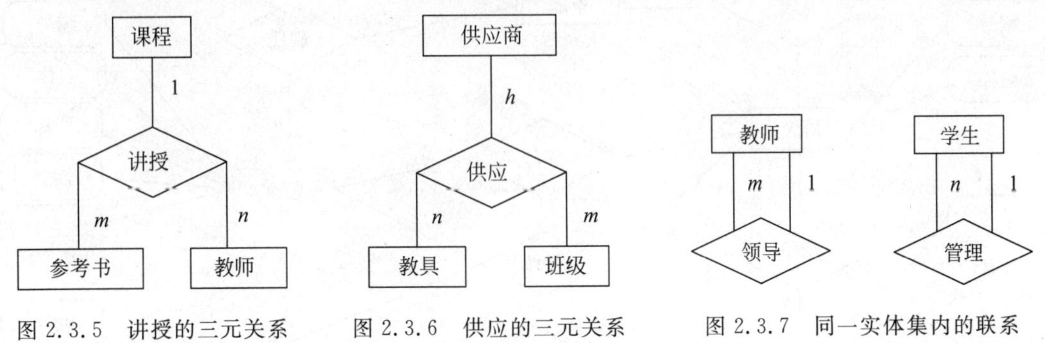

图 2.3.5　讲授的三元关系　　图 2.3.6　供应的三元关系　　图 2.3.7　同一实体集内的联系

第 8 步：理解 E-R 图向关系数据库的转换

1）关系

一个二维表称为一个关系。二维表由行和列组成，一列对应于一个字段，称为属性；一行对应于一条记录，称为一个元组。

关系具有以下性质：

(1) 不允许有两行完全相同的记录。

(2) 行序不重要。

(3) 每一个属性(列)是基本的、不可分裂的。

(4) 每一列都有不同的名称,即在一个关系中属性的名称唯一。

(5) 列序不重要。

2) 转换方法

(1) 实体:每一个实体转换为一个关系模式,即一个二维表,其属性为二维表中的列。

(2) 关系的特点。

① 对于 1∶n 联系,可以将该关系对应于 1 的实体的关键字作为一个属性插入到 n 的实体关系中。例如在校园网管理系统中,为了反映学生与班级之间的联系,可以把该联系中对应于 1 的班级的关键字(班级编号)作为学生实体的一个属性,即作为学生资料表的一个列。

② 对于 m∶n 联系,应该将联系转换为一个新的关系模式,并且将关联实体的关键字作为这个关系模式的属性。例如在校园网管理系统中,为了反映学生和课程的联系(即学生学习课程的成绩),应建立一个新的关系模式,即成绩表(* 学号,* 课程编号,成绩)。

③ 对于 1∶1 联系,则可以根据实际情况看作 1∶n 的特例,任选一方的关键字作为属性,插入到另一个关系中。

④ 对于三元关系,或其他多于两个实体的之间的关系,一般应转换为一个新的关系模式,并且将关联实体的关键字作为这个关系模式的属性。

例如在校园网管理系统中,学校有多个系,每个系包含一定数量的老师和班级,每个班级包含一定数量的学生,一个老师可担任一个或多个本系班级的管理;学生学习多门课程,一位老师可以讲授一门或多门课程,某一门课程也可由多位老师任教,但某一班级的某一门课程只能由一位老师任教。其 E-R 图如图 2.3.8 所示。

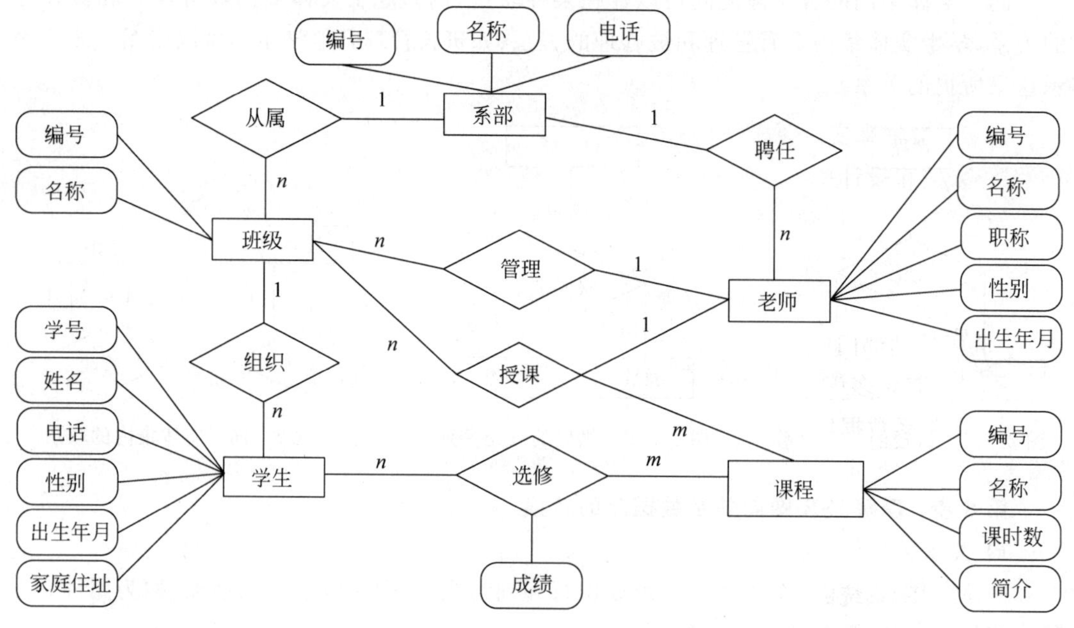

图 2.3.8 校园网概念模型

第 9 步:确定实体

根据校园网概念模型图,经过分析确定系统中存在的实体有系部、班级、课程、学生和老师等。

第 10 步：确定关联关系

根据校园网概念模型图，经过分析确定系统中的各实体存在以下联系：

(1) 系部和班级之间有个“从属”联系，它是一对多的联系；

(2) 班级和学生之间有个“组织”联系，它是一对多的联系；

(3) 系部和教师之间有个“聘任”联系，它是一对一的联系；

(4) 教师和课程之间有个“授课”联系，它是多对多的联系；

(5) 学生和课程之间有个“选修”联系，它是多对多的联系。

根据转换规则，每个实体转换为一个关系模型；在关系转换中注意“学生-选修-课程”是多对多的联系，需要将该联系转换为一个新的关系模型，转换结果如下。

系部资料表(系编号，名称，电话)。

班级资料表(班级编号，班级名称，系编号，班主任)。

学生资料表(学号，姓名，电话，性别，出生年月，家庭住址，班级编号)。

老师资料表(编号，姓名，性别，出生年月，职称，系编号)。

课程资料表(课程编号，名称，课时数，简介)。

班级任课表(班级编号，课程编号，教师编号)。

成绩表(学号，课程编号，成绩)。

注意：下画线标识的为关键字，其中成绩表是由联系转化而来的。

【实操练习】

一、选择题

1. 在数据库设计中使用 E-R 图工具的阶段是(　　)。

A. 需求分析阶段　　B. 数据库物理设计阶段

C. 数据库实施阶段　　D. 概念结构设计阶段

2. 数据库设计中的逻辑结构设计的任务是把(　　)阶段产生的概念数据库模式变换为逻辑结构的数据库模式。

A. 需求分析　　B. 物理设计　　C. 逻辑结构设计　　D. 概念结构设计

3. 公司中有多个部门和多名职员，每个职员只能属于一个部门，一个部门可以有多名职员，从职员到部门的联系类型是(　　)。

A. 多对多　　B. 一对一　　C. 多对一　　D. 一对多

4. 在关系数据库中，一个关系代表一个(　　)。

A. 表　　B. 查询　　C. 行　　D. 列

5. 在关系数据库中，一个元组是一个(　　)。

A. 表　　B. 查询　　C. 行　　D. 列

6. 数据库系统的核心是(　　)。

A. 用户　　B. 数据

C. 数据库管理系统　　D. 硬件

7. DBMS 代表(　　)。

A. 用户　　B. 数据

C. 数据库管理系统　　D. 硬件

8. 建立在操作系统之上，对数据库进行管理和控制的一层数据管理软件是(　　)。

A. 数据库　　B. 数据库系统

C. 数据库管理系统　　D. 数据库应用系统

9. 学生社团可以接纳多名学生参加，但每个学生也可参加多个社团，从社团到学生的联系类型是(　　)。

A. 多对多　　B. 一对一　　C. 多对一　　D. 一对多

10. 下列说法中不正确的是(　　)。

A. 数据库减少了数据冗余　　B. 数据库中的数据可以共享

C. 数据库避免了一切数据的重复　　D. 数据库具有较高的数据独立性

11. 下列不属于数据库特点的是(　　)。

A. 数据共享　　B. 数据完整性

C. 数据冗余很高　　D. 数据独立性高

12. 在数据库系统中数据模型有 3 类，它们是(　　)。

A. 实体模型、实体-联系模型、关系模型

B. 层次模型、网状模型、关系模型

C. 一对一模型、一对多模型、多对多模型

D. 实体模型、概念模型、存储模型

13. 一个学生只能就读于一个班级，而一个班级可以同时容纳多个学生，班级与学生之间是(　　)的关系。

A. 一对一　　B. 一对多　　C. 一对零　　D. 多对多

14. 在 E-R 图中，关系用下面的(　　)来表示。

A. 矩形　　B. 椭圆形　　C. 菱形　　D. 圆形

15. 有以下表结构，下画线的字段代表主键或组合主键，一份订单可以订购多种产品。

产品：产品编号，产品名称，产品价格

订单：订单编号，产品编号，订购日期，订购数量

该表最高符合第(　　)范式。

A. 一　　B. 二

C. 三　　D. 不符合任何范式

二、填空题

1. 已知有课程信息表(课程号，课程名称，课时数)和学生信息表(学号，姓名，性别)两个表，课程信息表的主键是________，学生信息表的主键是________，学生与课程之间是多对多关系，可以用“选课成绩表”这种关系，则“选课成绩表”包含的字段有________，主键为________。

2. 绘制数据库系统 E-R 图的基本符号有________________________。

3. 实体之间的联系可以分为 3 类，即________、________、________。

三、简答题

1. 举例说明什么是一对多关系。

2. 举例说明什么是多对多关系。

3. 数据库设计一般包含哪几个阶段？

4. 某医院的病房管理系统涉及的实体如下。

科室：科室名、科地址、科电话。

病房：病房号、床位号。

医生：姓名、职称、年龄、工作证号。

病人：病历号、姓名、性别。

相关业务规定如下。

① 一个科室有多个病房、多个医生；

② 一个病房只能属于一个科室；

③ 一个医生只属于一个科室，但可负责多个病人的诊治；

④ 一个病人的主管医生只有一个。

根据这些业务规定制作 E-R 图，并将 E-R 图转换为关系模型。

5. 某销售部门子系统涉及的实体如下。

职工：职工号、姓名、地址和所在部门。

部门：部门所有职工、部门名、经理和销售的产品。

产品：产品名、制造商、价格、型号和产品内部编号。

制造商：制造商名称、地址、生产的产品名和价格。

相关业务规定如下。

① 部门有很多职工，职工仅在一个部门工作；

② 部门销售多种产品，这些产品也在其他部门销售；

③ 制造商生产多种产品，其他制造商也制造这些产品。

根据这些业务规定制作该系统的 E-R 模型。

6. 如何将 E-R 图转换为关系模式？

任务四：校园网管理系统的物理结构设计

【任务说明】

数据库设计可以分为概念结构设计、逻辑结构设计和物理结构设计 3 个阶段。

(1) 概念结构设计：这是数据库设计的第一个阶段，在管理信息系统的分析阶段已经得到了系统的数据流程图和数据字典，现在要结合数据规范化的理论用一种数据模型将用户的数据需求明确地表示出来。

概念数据模型是面向问题的模型，反映了用户的现实工作环境，是与数据库的具体实现技术无关的。建立系统概念数据模型的过程叫概念结构设计。

(2) 逻辑结构设计：根据已经建立的概念数据模型以及所采用的某个数据库管理系统软件的数据模型特性，按照一定的转换规则，把概念模型转换为这个数据库管理系统所能够接受的逻辑数据模型。不同的数据库管理系统提供了不同的逻辑数据模型，例如层次模型、网状模型、关系模型等。

(3) 物理结构设计：为一个确定的逻辑数据模型选择一个最适合应用要求的物理结构的过程就叫数据库的物理结构设计。数据库在物理设备上的存储结构和存取方法称为数据库的物理数据模型。

本任务的主要内容是完成校园网数据系统的物理结构设计。

【任务分析】

数据库的物理设计是数据库系统设计的后半段。在将一个给定逻辑结构实施到具体的环境中时,逻辑数据模型要选取一个具体的工作环境,这个工作环境提供了数据存储结构与存取方法,这个过程就是数据库的物理设计。

物理结构依赖于给定的DBMS和硬件系统,因此设计人员必须充分了解所用RDBMS的内部特征、存储结构和存取方法。数据库的物理设计通常分为两步,第一,确定数据库的物理结构,第二,评价实施空间效率和时间效率。确定数据库的物理结构包含以下4个方面的内容:

(1) 确定数据的存储结构。

(2) 设计数据的存取路径。

(3) 确定数据的存放位置。

(4) 确定系统配置。

在数据库物理设计过程中需要对时间效率、空间效率、维护代价和各种用户要求进行权衡,选择一个优化方案作为数据库物理结构。在数据库物理设计中最有效的方式是集中地存储和检索对象。

本任务将根据任务三给出的系统关系模式设计,在计算机上使用特定的数据库管理系统(SQL Server 2008)实现数据库的建立,实现校园网数据库系统的物理结构设计。

【实施步骤】

第1步:设计department(系部)表

设计department(系部)表如表2.4.1所示。

表2.4.1 department(系部)表

字段名	类 型	约 束	备 注
deptno	char(2)	主键	系部编号
deptname	char(20)	非空	系部名称
tel	char(7)		电话

第2步:设计teacher(教师)表

设计teacher(教师)表如表2.4.2所示。

表2.4.2 teacher(教师)表

字段名	类 型	约 束	备 注
tno	char(4)	主键	教师编号
tname	char(10)	非空	教师姓名
tsex	char(2)	只取男、女	性别
tbirthday	datetime(8)		出生日期
ttitle	char(10)		职称

第 3 步：设计 student(学生)表

设计 student(学生)表如表 2.4.3 所示。

表 2.4.3　student(学生)表

字段名	类　型	约　束	备　注
sno	char(10)	主键	学号
sname	char(10)	非空	姓名
ssex	char(2)	只取男、女	性别
sbirthday	datetime(8)		出生日期
sscore	numeric(18,0)		入学成绩
classno	char(8)	与班级表中的 classno 外键关联	班级编号

第 4 步：设计 course(课程)表

设计 course(课程)表如表 2.4.4 所示。

表 2.4.4　course(课程)表

字段名	类 型	约 束	备 注
cno	char(7)	主键	课程编号
cname	char(30)	非空	课程名称
credits	real(4)	非空	学分

第 5 步：设计 choice(选修)表

设计 choice(选修)表如表 2.4.5 所示。

表 2.4.5　choice(选修)表

字段名	类　型	约　束	备　注
sno	char(10)	主键，与学生表中的 sno 外键关联，级联删除	学号
cno	char(30)	主键，与课程表中的 cno 外键关联	课程编号
grade	real(4)		成绩

第 6 步：设计 teaching(授课)表

设计 teaching(授课)表如表 2.4.6 所示。

表 2.4.6　teaching(授课)表

字段名	类　型	约　束	备　注
tno	char(4)	主键，与教师表中的 tno 外键关联，级联删除	教师编号
cno	char(7)	主键，与课程表中的 cno 外键关联	课程编号

第 7 步：设计 class(班级)表

设计 class(班级)表如表 2.4.7 所示。

表 2.4.7 class(班级)表

字段名	类 型	约 束	备 注
classno	char(8)	主键	班级编号
classname	char(16)	非空	班级名称
pno	char(4)	与专业表中的 pno 外键关联	专业编号

第 8 步：设计 professional(专业)表

设计 professional(专业)表如表 2.4.8 所示。

表 2.4.8 professional(专业)表

字段名	类 型	约 束	备 注
pno	char(4)	主键	专业编号
pname	char(30)	非空	专业名称
deptno	char(2)	与系部表中的 deptno 外键关联	系部编号

至此,任务全部完成。

【实操练习】

根据自己的特长任选一个管理信息系统进行数据库设计,完成用例图、数据流图和功能结构图,完成 E-R 图、关系模型、数据库中数据表的创建,撰写数据库设计说明书。

项目二 校园网管理系统数据库以及数据表的创建

项目背景

本项目是在系统详细设计的基础上进行具体的实现，主要完成校园网数据库的建立与数据表的创建等任务。

项目分析

本项目的完成分成 4 个任务。

任务一：数据库理论基础。

任务二：使用命令或图形界面创建校园网数据库。

任务三：使用命令或图形界面创建校园网数据表并添加数据。

任务四：校园网系统数据表的完整性约束。

建立数据的完整性约束，确立系统的物理结构，为后续操作提供数据基础。

项目目标

【知识目标】 ①掌握校园网数据库的创建命令以及图形操作步骤；②掌握数据表的创建方法；③理解数据库中数据的约束条件。

【能力目标】 ①具备创建数据库系统的能力；②具备使用基本的命令创建数据库以及数据表的能力；③具备向数据表中添加数据的能力；④具备设计数据表约束的能力。

【情感目标】 ①培养良好的适应压力的能力；②培养沟通的能力及通过沟通获取关键信息的能力；③培养团队的合作精神；④培养对事物发展是渐进增长的认知；⑤培养细心的态度及自纠错的能力。

任务一：数据库理论基础

【任务说明】

在前面的任务中已经安装好 SQL Server，接下来需要先建立数据库，然后在数据库的基础上建立数据表。在 SQL Server 中提供了管理器和 T-SQL 语句的方式建立数据库,在建立数据库之前需要先了解数据文件、日志文件、文件组等概念。

【任务分析】

在 SQL Server 中数据库是有组织的数据的集合,这种数据集合具有逻辑结构并得到了数据库系统的管理和维护。数据库中的数据按不同的形式组织在一起,构成不同的数据库对象,例如表、视图、存储过程等,这些数据库对象都是逻辑对象,并不对应存放在物理磁盘中的文件;数据库是数据库对象的容器,整个数据库对应磁盘上的文件或者文件组。

如果要完成本任务,需要对 SQL Server 数据库类型、文件、文件结构、文件组、T-SQL 等有一定的认识。

【实施步骤】

第 1 步:了解 SQL Server 数据库类型

在 SQL Server 中数据库包括两类,一类是系统数据库,另一类是用户数据库。系统数据库在 SQL Server 安装时就被自动安装,每个系统数据库都有特定的用户;用户数据库由用户创建,专门用来存储和管理用户的特定业务信息。

系统数据库主要包括以下几个。

(1) Master:Master 数据库保存了放在 SQL Server 实体上的所有数据库,它还是将引擎固定起来的黏合剂。如果不使用主数据库,SQL Server 就不能启动,所以用户必须小心地管理这个数据库。对这个数据库进行常规备份是十分必要的,建议在数据库发生变更的时候备份 Master 数据库。

这个数据库包括系统登录、配置设置、已连接的 Server 等信息,以及用于该实体的其他系统和用户数据库的一般信息。主数据库中还存有扩展存储过程,它能够访问外部进程,从而使用户能够与磁盘子系统和系统 API 调用等特性交互。这些过程一般都用像 C++这样的现代编程语言实现。

(2) Model:Model 是一个用来在实体上创建新用户数据库的模板数据库。用户可以把任何存储过程、视图、用户等放在模板数据库里,这样在创建新数据库时新数据库就会包含用户放在模板数据库里的所有对象。因此新建的数据库最小应该有 Model 数据库那么大,一般在创建数据库时会指定数据库的大小,通常会大于 Model 数据库,这是因为里面填充了空的 page。

(3) Tempdb:Tempdb 存有临时对象,例如全局和本地临时表格与存储过程。这个数据库在 SQL Server 每次重启的时候都会被重新创建,而其中包含的对象是依据模板数据库里定义的对象被创建的。除了这些对象,Tempdb 还存有其他对象,例如表格变量、来自表格值函数的结果集,以及临时表格变量。由于 Tempdb 会保留 SQL Server 实体上所有数据库的对象类型,所以对数据库进行优化配置是非常重要的。

(4) Msdb:Msdb 数据库用来保存数据库备份、SQL Agent 信息、DTS 程序包、SQL Server 任务等信息,以及日志转移等复制信息。

第 2 步:了解数据库的文件结构

数据库的文件结构分为逻辑结构与物理结构。

(1) 逻辑结构：数据库的逻辑结构是指数据库由何种性质的信息组成，它们构成了数据库的逻辑结构，如表 3.1.1 所示。

表 3.1.1　数据库的逻辑结构

数据库对象	说　明
表	用于存放数据，由行和列组成
视图	可以看成是虚拟表或储存查询
索引	用于快速查找所需信息
存储过程	用于完成特定功能的 SQL 语句集
触发器	一种特殊类型的存储过程

(2) 物理结构：数据库的物理结构也称为储存结构，表示数据库文件是如何在磁盘中存放的。SQL Server 2008 中的数据库文件在磁盘中是以文件的形式存放的，由数据文件和事务日志文件组成。根据文件作用的不同，又可以将它们分 3 类，即主数据库文件、辅助数据库文件和事务日志文件，各类文件的功能如表 3.1.2 所示。

表 3.1.2　数据库的物理结构

数据库文件	功　能	扩展名
主数据库文件	存放数据库的启动信息、部分或全部数据和数据库对象	.mdf
辅助数据库文件	存放除主数据库文件以外的数据和数据库对象	.ndf
事务日志文件	用来存放恢复数据库所需的事务日志信息，记录数据库的更新情况	.ldf

注意：(1) 一个数据库至少要有一个主数据库文件和一个事务日志文件，即主数据库文件是必需的，辅助数据库文件可以根据需要设置一个或者多个。事务日志文件至少有一个，也可以设置多个。

(2) SQL Server 不强制使用.mdf、.ndf 和.ldf 文件扩展名，但使用它们有助于标识文件的各种类型和用途。

第 3 步：了解数据库系统中的文件

在 SQL Server 2008 系统中可管理的最小物理空间以页为单位，每一个页的大小是 8KB，即 8192 字节。在表中每一行数据都不能跨页存储，这样表中每一行的字节数不能超过 8192 字节。在每一个页上，由于系统占用了一部分空间来记录与该页有关的系统信息，每一页可用的空间是 8060 字节。每 8 个连续页为一个区，即区的大小是 64KB。1MB 的数据有 16 个区。

SQL Server 文件可以从它们最初指定的大小开始自动增长。在定义文件时用户可以指定一个特定的增量，在每次填充文件时其大小均按此增量来增长。如果文件组中有多个文件，则它们在所有文件被填满之前不会自动增长，填满后这些文件会循环增长。每个文件还可以指定一个最大值，如果没有指定最大值，文件可以一直增长到用完磁盘上的所有可用空间为止。如果 SQL Server 作为数据库嵌入某应用程序，而该应用程序的用户无法迅速与系统管理员联系，则此功能会特别有用。用户可以使文件根据需要自动增长，以减轻监视数据库中的可用空间和手动分配额外空间的管理负担。

第 4 步：了解数据库系统中的文件组

用户可以在首次创建数据库时创建文件组，也可以在数据库中添加更多文件时创建文件组，一旦将文件添加到数据库中，就不能再将这些文件移到其他文件组中。

文件组只能包含数据文件，事务日志文件不能是文件组的一部分。文件组不能独立于数据库文件创建，文件组是在数据库中组织文件的一种管理机制。为便于分配和管理，可以将数据库对象和文件一起分成文件组。

对文件、文件组总结如下：

(1) 一个文件或者文件组只能用于一个数据库，不能用于多个数据库。

(2) 一个文件只能是某一个文件组的成员，不能是多个文件组的成员。

(3) 数据库的数据信息和日志信息不能放在同一个文件或文件组中，数据文件和日志文件总是分开的。

(4) 日志文件不能是任何文件组的一部分。

在创建数据库时必须根据数据库中预期的最大数据量创建尽可能大的数据文件，同时允许数据文件自动增长，但要有一定的限度。为此需要指定数据文件增长的最大值，以便在硬盘上留出一些可用空间，这样便可以使数据库在添加超过预期的数据时增长，而不会填满磁盘驱动器。如果已经超过了初始数据文件的大小并且文件开始自动增长，则重新计算预期的数据库大小的最大值。然后根据计划添加更多的磁盘空间，如果需要，则在数据库中创建并添加更多的文件或文件组。

第 5 步：Transact-SQL (T-SQL)

结构化查询语言(Structured Query Language，SQL)是最重要的关系数据库操作语言，并且它的影响已经超出数据库领域，得到了其他领域的重视和采用，例如人工智能领域的数据检索、第四代软件开发工具中嵌入的 SQL 等。

SQL 是 1986 年 10 月由美国国家标准局(ANSI)通过的数据库语言标准，后来国际标准化组织(ISO)颁布了 SQL 的正式国际标准。1989 年 4 月，ISO 提出了具有完整性特征的 SQL89 标准，1992 年 11 月又公布了 SQL92 标准。

各种不同的数据库对 SQL 的支持与标准存在着细微的不同，这是因为有些产品的开发先于标准的公布。另外，各产品开发商为了达到特殊的性能或新的特性，需要对标准进行扩展。

Microsoft SQL Server 使用的是 T-SQL(标准 SQL 程序设计语言的增强版)。T-SQL 遵循 SQL92 标准，提供了标准 SQL 的 DDL 和 DML 功能，加上延伸的函数、系统预存程序以及程序设计结构(例如 IF 和 WHILE)，使程序设计更有弹性。

【实操练习】

一、选择题

1. SQL Server 上有 4 个系统数据库，它们分别是 Model、Msdb、Tempdb 和(　　)。

   A. Master　　B. Admin　　C. SA　　D. Log

2. 在创建用户数据库时要通过以下(　　)数据库生成。

   A. Master　　B. Model　　C. Msdb　　D. Pubs

3. 用来保存 SQL Agent 信息的系统数据库是(　　)。

   A. Master　　B. Msdb　　C. Tempdb　　D. Model

4. 表的存储空间的基本单位是(　　)。

A. 页　　B. 范围　　C. 行　　D. 字节

5. SQL Server 数据库中日志文件的扩展名是(　　)。

A. .ndf　　B. .ldf　　C. .mdf　　D. .mdb

6. SQL Server 数据库中主数据文件的扩展名是(　　)。

A. .ndf　　B. .ldf　　C. .mdf　　D. .mdb

7. 在 SQL Server 中 Model 是(　　)。

A. 数据库系统表　　B. 数据库模板　　C. 临时数据库　　D. 示例数据库

二、填空题

1. 在 Microsoft SQL Server 2008 中，主数据文件的扩展名是________，日志数据文件的扩展名是________。

2. ________数据库包括了系统登录、配置设置、已连接的 Server 等信息。

3. 每个文件组可以有________个日志文件。

任务二：使用命令或图形界面创建校园网数据库

【任务说明】

在项目二中针对校园网管理平台设计了数据库，在前一个任务中也学习了创建数据库的基本理论知识，在此任务中将通过 SQL Server 2008 分别使用图形工具管理器和 T-SQL 建立符合以下要求的数据库：数据库名称为 xywglxt，数据文件 xywglxt_data.mdf 和日志文件 xywglxt_log.ldf 保存到“C:\db\”目录中，数据库初始大小为 3MB、最大值为 30MB、增长幅度为 3MB；日志文件最小为 3MB、最大值为 30MB、增长幅度为 3MB，也就是文件的增长方式是按百分比，即按 10%的幅度增长。

【任务分析】

数据库的创建可以在 SQL Server Management Studio 的图形工具管理器中进行，也可以通过 T-SQL 语句进行，例如使用 CREATE DATABASE 命令语句实现。在此任务中使用两种方法创建校园网数据库系统，方法一是使用图形工具管理器在 Management Studio 中创建校园网管理系统数据库“xywglxt”，方法二是使用 CREATE DATABASE 命令语句创建数据库“xywglxt”。

【实施步骤】

方法一：使用图形工具管理器在 Management Studio 中创建校园网管理系统数据库“xywglxt”

第 1 步：连接到数据库

单击“开始”按钮，选择“所有程序”→Microsoft SQL Server 2008→SQL Server Management 命令，启动 SQL Server Management Studio，确定服务器连接正确后进入 SQL Server Management Studio 的主界面，如图 3.2.1 所示。

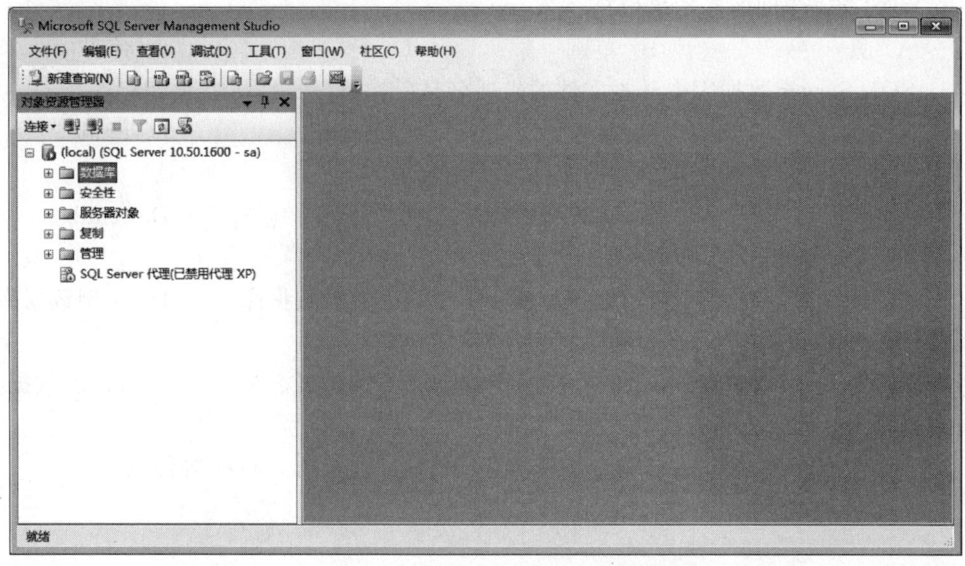

图 3.2.1　SQL Server Management Studio 的主界面

第 2 步：新建数据库

在 SQL Server Management Studio 的窗口中右击“数据库”对象，在弹出的快捷菜单中选择“新建数据库”命令，打开“新建数据库”窗口。在其中输入数据库名称“xywglxt”，并按要求分别修改数据库文件的逻辑名称、文件类型、文件组、初始大小、自动增长和路径等相关属性，设置完的效果如图 3.2.2 所示。

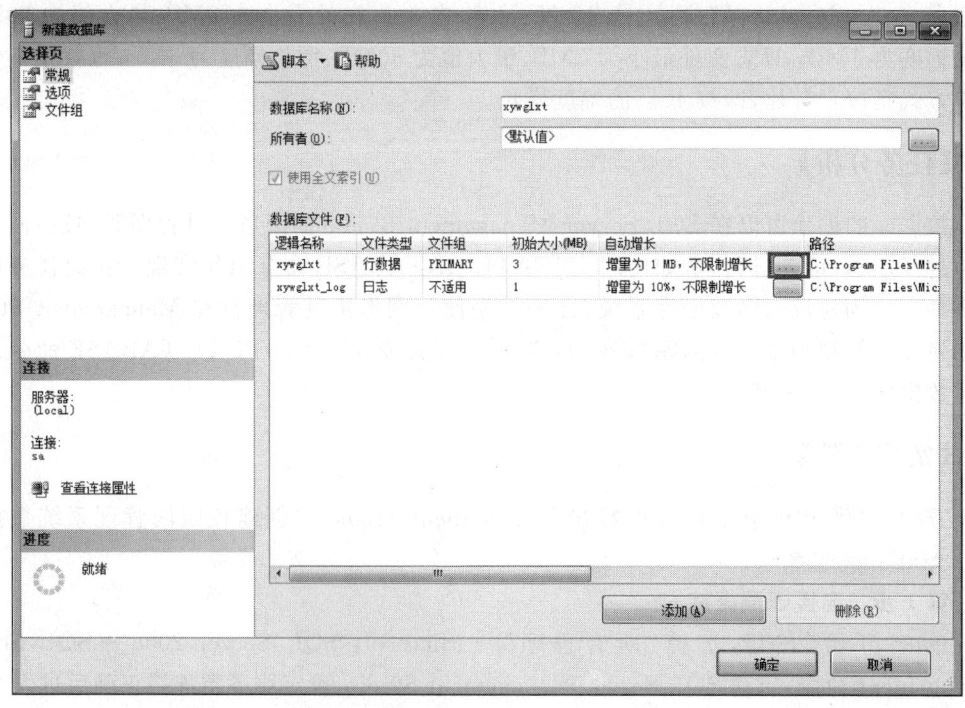

图 3.2.2　新建数据库

第 3 步：更改数据库 xywglxt 的自动增长设置

单击“自动增长”按钮，打开“更改 xywglxt 的自动增长设置”对话框，在该对话框中可以更改文件的自动增长方式是按兆字节或者按百分比，如图 3.2.3 所示。

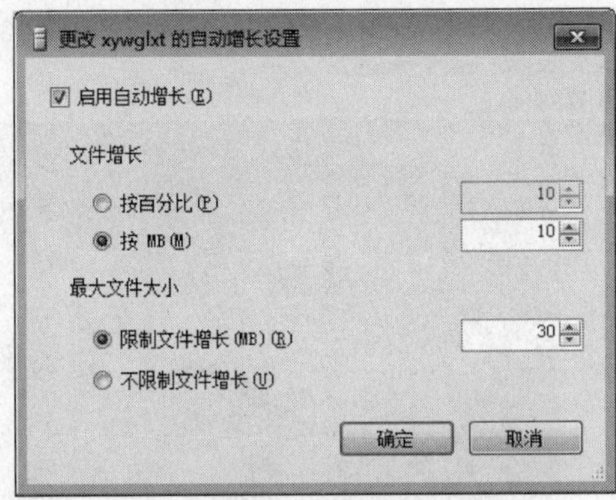

图 3.2.3　更改数据库的自动增长设置

第 4 步：设置数据库选项

单击“新建数据库”窗口左上角的“选项”，该窗口右半边会出现“选项”选项卡，可以用来设置数据库的排序规则、恢复模式、兼容级别等选项。例如在“排序规则”下拉列表框中选择 Chinese_PRC_CI_AS，其他项采用默认值，如图 3.2.4 所示。

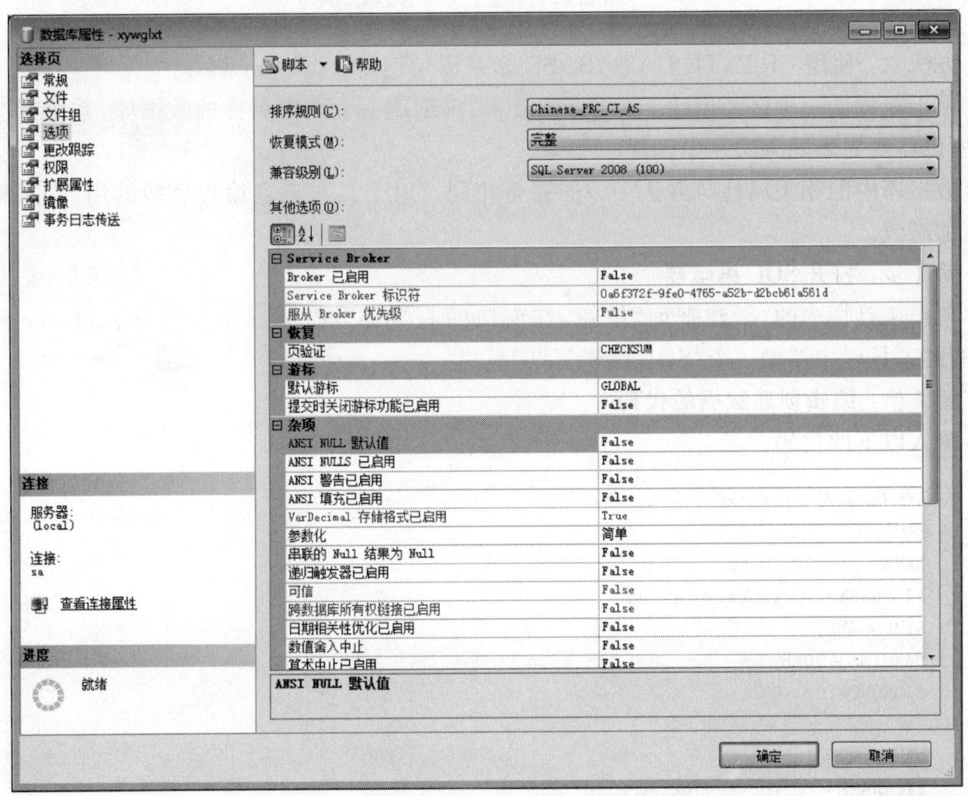

图 3.2.4　数据库属性

第 5 步：正式创建数据库

单击“确定”按钮，显示创建进度。创建成功后会自动关闭“新建数据库”窗口，并在“对象资源管理器”中增加名为“xywglxt”的子结点，如图 3.2.5 所示。

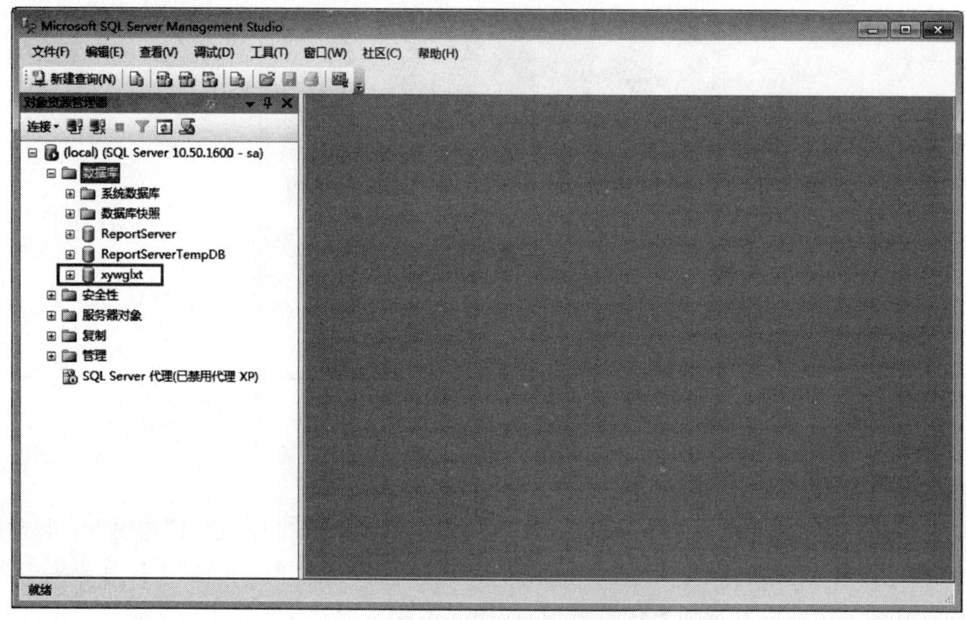

图 3.2.5 对象资源管理器

方法二：使用 CREATE DATABASE 命令语句创建数据库 xywglxt

由于在方法一中已经创建了一个 xywglxt，再创建一个同样名称的数据库，系统就会报错，所以需要先删除方法一中创建的 xywglxt。

数据库中的相关属性与方法一中的完全相同。对于具有丰富编程经验的用户，这种方法更加高效。

第 1 步：打开 SQL 编辑器

单击工具栏中的“新建查询”按钮，在窗口的右半部分打开一个新的 SQLQuery 标签页，同时工具栏中新增一个“SQL 编辑器”工具栏。

第 2 步：编辑创建数据的代码

输入以下的代码：

```
CREATE DATABASE xywglxt
ON PRIMARY
(   NAME = xywglxt_data,
    FILENAME = 'C:\db\xywglxt.mdf',
    SIZE = 3MB,
    MAXSIZE = 30MB,
    FILEGROWTH = 10MB )
LOG ON
(   NAME = xywglxt_log,
    FILENAME = 'C:\db\xywglxt_log.ldf',
    SIZE = 1MB,
```

```
    MAXSIZE = 10MB,
    FILEGROWTH = 10 %  )
COLLATE Chinese_PRC_CI_AS
GO
```

第 3 步：执行代码

单击工具栏中的"执行"按钮，可以看到下方的"消息"栏显示命令已经完成，代表数据库创建成功，结果如图 3.2.6 所示。

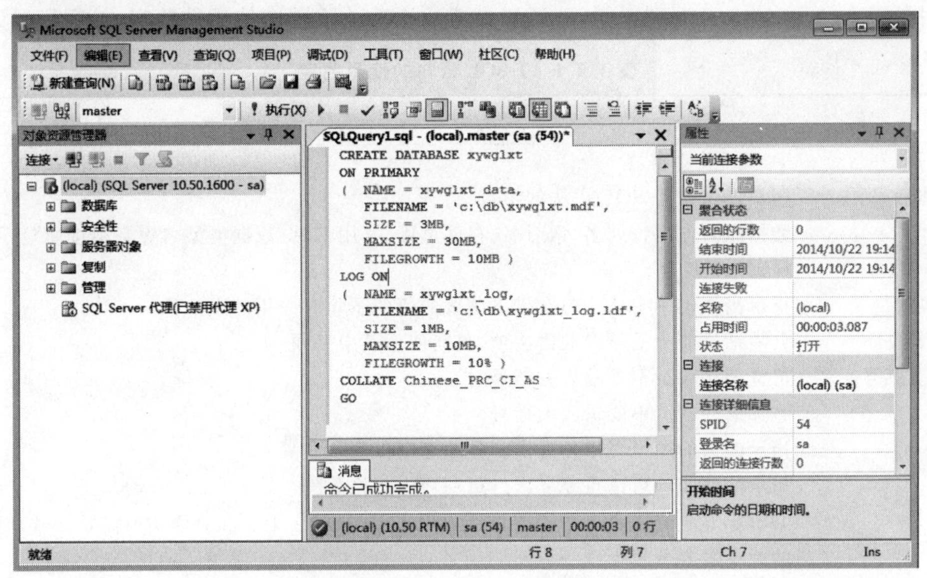

图 3.2.6　查询分析器

第 4 步：理解创建数据库的代码

以上程序的功能是使用关键字"CREATED DATABASE"的命令语句创建名为"xywglxt"的数据库。程序代码分为两个部分，即创建数据文件部分和日志文件部分，分别用"ON PRIMARY"和"LOG ON"来标识。

在程序中依次定义它的逻辑文件名（NAME）为 xywglxt_data、系统文件名（FILENAME）为"C:\db\xywglxt.mdf"、文件大小（SIZE）为 3MB、最大容量（MAXSIZE）为 30MB，文件的增长方式是按百分比，即按 10%的幅度增长。

代码的最后部分"COLLATE Chinese_PRC_CI_AS"定义了数据库的排序规则为简体中文，其中"Chinese_PRC"是中文简体字符集，"CI"表示不区分大小写，"AS"表示区分重音。

第 5 步：总结 CREATE DATABASE 语句的语法格式

SQL92 标准提供了标准 SQL 的 DDL 和 DML 功能，加上延伸的函数、系统预存程序以及程序设计结构（例如 IF 和 WHILE），使程序设计更有弹性。创建数据库的 T-SQL 语句是 CREATE DATABASE 语句，该语句的语法格式如下：

```
CREATE DATABASE database_name
[ON [ <filespec> [, …n] ] ]
[ LOG ON { <filespec> [, …n ] } ]
```

其中：

```
<filespec>::={
(  [NAME = logical_file_name ,]
   FILENAME = 'os_file_name'
   [,SIZE = size ]
   [,MAXSIZE = { max_size | UNLIMITED }]
   [,FILEGROWTH = growth_increment ]
)[,…n] }
```

对于以上语法,表 3.2.1 列出了 T-SQL 参考的语法关系图中使用的约定,并进行了说明。

表 3.2.1　T-SQL 语句的使用约定

约　　定	含　　义
大写	T-SQL 关键字
斜体	用户提供的 T-SQL 语法的参数
粗体	数据库名、表名、列名、索引名、存储过程、实用工具、数据类型名等必须按所显示的原样键入的文本
下画线	指示当语句中省略了包含带下画线的值的子句时应用的默认值
|(竖线)	分隔括号或大括号中的语法项,只能使用其中一项
[](方括号)	可选语法项。不要输入方括号
{}(大括号)	必选语法项。不要输入大括号
[,…n]	指示前面的项可以重复 *n* 次。各项之间以逗号分隔
[…n]	指示前面的项可以重复 *n* 次。每一项由空格分隔
;	T-SQL 语句终止符。虽然在此版本的 SQL Server 中大部分语句不需要分号,但将来的版本需要分号
<label>::=	语法块的名称。此约定用于对可以在语句中的多个位置使用的过长语法段或语法单元进行分组和标记。可以使用语法块的每个位置由括在尖括号内的标签指示,例如<#签>。集是表达式的集合,例如<分组集>。列表是集的集合,例如<组合元素列表>

根据该语法约定可以知道创建数据库最简单的情况如下：

```
CREATE DATABASE testDB
```

执行该语句就可以创建名称为 testDB 的数据库,其他都使用默认设置。

【实操练习】

1. 以图形界面的形式添加名为 yhy 的数据库,它以固定容量(10MB)增长,建立后将数据库文件复制出提交。

2. 创建一个数据库,通过编写代码实现。

任务三：使用命令或图形界面创建校园网数据表并添加数据

【任务说明】

SQL Server 数据库中的表是一个非常重要的数据对象,用户所关心的数据都存储在各个表中,对数据的访问、验证、关联性连接、完整性维护等都是通过对表的操作实现的。在上一个任务中已经创建了数据库 xywglxt,本任务将学习表的创建和数据表中数据的添加、修改、查询等最基本的操作。

【任务分析】

限于篇幅,在本任务中将主要介绍 student 表和 class 表的创建过程,并建立相关约束来实现数据的完整性。校园网数据库系统中的表将直接使用,需要读者自己手动创建,需要说明的是,数据表的约束在创建表时就已经在程序代码中定义了,而不是后续添加的。数据表的约束将在下一任务中详细讲解,其中两张数据表的结构在项目二中已经设计完毕,具体结构如表 3.3.1 和表 3.3.2 所示。

表 3.3.1　student(学生)表

字段名	类　型	约　束	备　注
sno	char(10)	主键	学号
sname	char(10)	非空	姓名
ssex	char(2)	只取男、女	性别
sbirthday	datetime		出生日期
sscore	numeric(18,0)		入学成绩
classno	char(8)	与班级表中的 classno 外键关联	班级编号

表 3.3.2　class(班级)表

字段名	类　型	约　束	备　注
classno	char(8)	主键	班级编号
classname	char(16)	非空	班级名称
pno	char(4)	与专业表中的 pno 外键关联	专业编号

然后使用图形界面或 INSERT 语句为数据表 student 和 class 添加相关数据,部分数据如表 3.3.3 和表 3.3.4 所示。

表 3.3.3　student 表的部分记录

sno	sname	ssex	sbirthday	sscore	classno
c14F1701	刘备	男	1988-6-04	123	c14F17
c14F1702	貂蝉	女	1987-6-10	234	c14F17
c14F1703	张飞	男	1989-2-11	345	c14F17
c14F1704	关羽	男	1988-2-16	456	c14F17
c14F1705	赵龙	男	1987-1-23	567	c14F17

表 3.3.4　class 表的部分记录

classno	classname	pno
c14F13	计应	0101
c14F14	物流	0201
c14F15	会计	0202
c14F16	应用	0301
c14F17	网络	0120

【实施步骤】

第 1 步：理解 SQL Server 数据表的基本概念

(1) 关系模型：关系模型是现在广泛采用的数据模型，它与层次模型、网状模型相比具有显著的特点，它主要采用二维表格的方式表示实体之间的关系，一个表就代表一个实体，表由行和列组成，一行代表一个对象，一列代表实体的一个属性。关系模型数据库也称为关系数据库。

(2) 数据表：SQL Server 是关系数据库，它是将关系模型理论具体化的一种数据库管理系统，其基本概念也与关系模型类似。SQL Server 中的数据表类似于 Excel 中的电子表格，有行和列等对象，其中每行代表一条数据记录，每列代表一个具体的域，表 3.3.3 所示的第 1 行(即第 1 条记录)就表示“刘备”这位同学的基本信息，即学生编号、姓名、性别、出生日期、入学成绩和班级成绩编号等；而 sscore 列(即字段)表示的是所有学生的入学成绩信息。在 SQL Server 中创建表需要注意以下限制：

① 每个数据库创建的数据表的数目不超过 20 亿；

② 每个表中创建的字段不超过 1024 个；

③ 每条记录最多可占的空间为 8060 字节。

第 2 步：理解 SQL Server 2008 中的数据类型

(1) 字符数据类型：字符数据类型包括 varchar、char、nvarchar、nchar、text 以及 ntext。这些数据类型用于存储字符数据。varchar 和 char 类型的主要区别是数据填充。如果有一个表列名为 FirstName 且数据类型为 varchar(20)，同时将值 haiyan 存储到该列中，则物理上只存储 6 字节。但如果在数据类型为 char(20)的列中存储相同的值，将使用全部 20 字节。SQL 将插入拖尾空格来填满 20 个字符。

如果要节省空间，为什么还要使用 char 数据类型呢？因为使用 varchar 数据类型会稍微增加一些系统开销。例如，存储两字母形式的列名缩写，最好使用 char(2)列。尽管有些 DBA 认为应最大可能地节省空间，但一般来说好的做法是在组织中找到一个合适的阈值，并指定低于该值的采用 char 数据类型，反之采用 varchar 数据类型。通常的原则是任何小于或等于 5 字节的列应存储为 char 数据类型，而不是 varchar 数据类型。如果超过这个长度，使用 varchar 数据类型的好处将超过其额外开销。

nvarchar 数据类型和 nchar 数据类型的工作方式与对应的 varchar 数据类型和 char 数据类型相同，但这两种数据类型可以处理国际性的 Unicode 字符。它们需要一些额外开销。以 Unicode 形式存储的数据为一个字符，占两个字节。如果要将值 haiyan 存储到 nvarchar 列，它将使用 12 字节；如果将它存储为 nchar(20)，则需要使用 40 字节。由于这些额外开销和增加的空间，应该避免使用 Unicode 列，除非确实有使用它们的业务或语言的需求。

接下来要提的数据类型是 text 和 ntext。text 数据类型用于在数据页内外存储大型字符数据。一般应尽可能少用这两种数据类型，因为可能影响性能，但可在单行的列中存储多达 2GB 的数据。与 text 数据类型相比，更好的选择是使用 varchar(max)类型，因为将获得更好的性能。另外，text 和 ntext 数据类型在 SQL Server 的一些未来版本中将不可用，因此从现在开始还是最好使用 varchar(max)和 nvarchar(max)，而不是 text 和 ntext 数据类型。

表 3.3.5 列出了这些类型，对其进行简单描述，并说明了要求的存储空间。

表 3.3.5　字符数据类型

数据类型	描　述	存储空间
char(*n*)	n 为 1～8000 字符	*n* 字节
nchar(*n*)	n 为 1～4000 Unicode 字符	(2*n* 字节)+2 字节额外开销
ntext	最多为 $2^{30}-1$(1 073 741 823)Unicode 字符	每字符 2 字节
nvarchar(max)	最多为 $2^{30}-1$(1 073 741 823)Unicode 字符	2×字符数+2 字节额外开销
text	最多为 $2^{31}-1$(214 748 3647)字符	每字符 1 字节
varchar(*n*)	n 为 1～8000 字符	每字符 1 字节+2 字节额外开销
varchar(max)	最多为 $2^{31}-1$(2 147 483 647)字符	每字符 1 字节+2 字节额外开销

(2) 精确数值数据类型：数值数据类型包括 bit、tinyint、smallint、int、bigint、numeric、decimal、money、float 以及 real，这些数据类型用于存储不同类型的数字值。第 1 种数据类型 bit 只存储 0 或 1，在大多数应用程序中被转换为 true 或 false。bit 数据类型非常适合用于开关标记，且它只占据一个字节空间。其他常见的数值数据类型如表 3.3.6 所示。

表 3.3.6　精确数值数据类型

数据类型	描　述	存储空间
bit	0、1 或 Null	1 字节(8 位)
tinyint	0～255 的整数	1 字节
smallint	−32 768～32 767 的整数	2 字节
int	−2 147 483 648～2 147 483 647 的整数	4 字节
bigint	−9 223 372 036 854 775 808～9 223 372 036 854 775 807 的整数	8 字节
numeric(*p*, *s*)或 decimal(*p*,*s*)	−1038+1～1038−1 的数值	最多 17 字节
money	−922 337 203 685 477.5808～922 337 203 685 477.5807	8 字节
smallmoney	−214 748.3648～214 748.3647	4 字节

例如 decimal 和 numeric 等数值数据类型可存储小数点右边或左边的变长位数。s(scale)是小数点右边的位数。精度 p(precision)定义了总位数，包括小数点右边的位数。例如，由于 14.885 31 可以为 numeric(7,5)或 decimal(7,5)，如果将 14.25 插入到 numeric(5,1)列中，它将被舍入为 14.3。

(3) 近似数值数据类型：在这个分类中包括数据类型 float 和 real。它们用于表示浮点数据。但是，由于它们是近似的，所以不能精确地表示所有值。

float(*n*)中的 *n* 是用于存储该数尾数(mantissa)的位数。SQL Server 对此只使用两个值。如果指定位于 1～24，SQL 就使用 24；如果指定 25～53，SQL 就使用 53。当指定 float()时(括号中为空)，默认为 53。

表 3.3.7 列出了近似数值数据类型，对其进行简单描述，并说明了要求的存储空间。

注意：real 的同义词为 float(24)。

表 3.3.7　近似数值数据类型

数据类型	描　述	存储空间
float[(n)]	−1.79E+308～−2.23E−308、0、2.23E−308～1.79E+308	n<=24−4 字节 n>24−8 字节
real()	−3.40E+38～−1.18E−38、0、1.18E−38～3.40E+38	4 字节

(4) 二进制数据类型：varbinary、binary、varbinary(max)、image 等二进制数据类型用于存储二进制数据，如图形文件、Word 文档或 MP3 文件。其值为十六进制的 0x0 到 0xf。image 数据类型可在数据页外部存储最多 2GB 的文件。image 数据类型的首选替代数据类型是 varbinary(max)，可保存最多 8KB 的二进制数据，其性能通常比 image 数据类型好。SQL Server 2008 的新功能是可以在操作系统文件中通过 FileStream 存储选项存储 varbinary(max)对象。这个选项将数据存储为文件，同时不受 varbinary(max)的 2GB 大小的限制。

表 3.3.8 列出了二进制数据类型，对其进行简单描述，并说明了要求的存储空间。

表 3.3.8　二进制数据类型

数据类型	描　述	存 储 空 间
binary(n)	n 为 1～8000 十六进制数字	n 字节
image	最多为 $2^{31}-1$(2 147 483 647)十六进制数位	每字符 1 字节
varbinary(n)	n 为 1～8000 十六进制数字	每字符 1 字节　+2 字节额外开销
varbinary(max)	最多为 $2^{31}-1$(2 147 483 647)十六进制数字	每字符 1 字节　+2 字节额外开销

(5) 日期和时间数据类型：datetime 和 smalldatetime 数据类型用于存储日期和时间数据。smalldatetime 为 4 字节，存储从 1900 年 1 月 1 日到 2079 年 6 月 6 日的时间，且只精确到最近的分钟。datetime 数据类型为 8 字节，存储 1753 年 1 月 1 日到 9999 年 12 月 31 日的时间，且精确到最近的 3.33 毫秒。

SQL Server 2008 中有 4 种与日期相关的新数据类型，即 datetime2、dateoffset、date 和 time。用户通过 SQL Server 联机丛书可找到使用这些数据类型的示例。

datetime2 数据类型是 datetime 数据类型的扩展，有着更广的日期范围，时间总是用时、分钟、秒形式来存储。用户可以定义末尾带有可变参数的 datetime2 数据类型，例如 datetime2(3)。这个表达式中的 3 表示存储时秒的小数精度为 3 位，或 0.999，有效值为 0～9，默认值为 3。

datetimeoffset 数据类型和 datetime2 数据类型一样，带有时区偏移量。该时区偏移量最大为+/−14 小时，包含了 UTC 偏移量，因此可以合理化不同时区捕捉的时间。

date 数据类型只存储日期，这是一直需要的功能。time 数据类型只存储时间，它也支持 time(n)声明，因此可以控制小数秒的粒度。与 datetime2 和 datetimeoffset 一样，n 可以为 0～7。

表 3.3.9 列出了日期/时间数据类型，对其进行简单描述，并说明了要求的存储空间。

表 3.3.9　日期和时间数据类型

数据类型	描　述	存储空间
date	9999 年 1 月 1 日～12 月 31 日	3 字节
datetime	1753 年 1 月 1 日～9999 年 12 月 31 日,精确到最近的 3.33 毫秒	8 字节
datetime2(*n*)	9999 年 1 月 1 日～12 月 31 日 0～7 的 *n* 指定小数秒	6～8 字节
datetimeoffset(*n*)	9999 年 1 月 1 日～12 月 31 日 0～7 的 *n* 指定小数秒＋/－偏移量	8～10 字节
smalldatetime	1900 年 1 月 1 日～2079 年 6 月 6 日,精确到 1 分钟	4 字节
time(*n*)	小时：分钟：秒.9999999 0～7 的 *n* 指定小数秒	3～5 字节

(6) 其他系统数据类型：还有一些用户之前未见过的数据类型。表 3.3.10 列出了这些数据类型。

表 3.3.10　其他系统数据类型

数据类型	描　述	存储空间
cursor	包含一个对光标的引用 可以只用作变量或存储过程参数	不适用
hierarchyid	包含一个对层次结构中位置的引用	1～892 字节＋2 字节的额外开销
sql_variant	可能包含任何系统数据类型的值,除了 text、ntext、image、timestamp、xml、varchar(max)、nvarchar(max)、varbinary(max)、sql_variant 以及用户定义的数据类型,最大尺寸为 8000 字节数据＋16 字节(或元数据)	8016 字节
table	存储用于进一步处理的数据集。某定义类似于 CREATE TABLE,主要用于返回表值函数的结果集,它们也可用于存储过程和批处理中	取决于表定义和存储的行数
timestamp or rowversion	对于每个表来说是唯一的、自动存储的值。通常用于版本戳,该值在插入和每次更新时自动改变	8 字节
uniqueidentifier	可以包含全局唯一标识符(Globally Unique Identifier,GUID)。guid 值可以从 Newid()函数获得。这个函数返回的值对所有计算机来说是唯一的。尽管存储为 16 位的二进制值,但它显示为 char(36)	16 字节
xml	可以以 Unicode 或非 Unicode 形式存储	最多 2GB

注意：cursor 数据类型可能不用于 CREATE TABLE 语句中。

hierarchyid 列是 SQL Server 2008 中新出现的,可以将这种数据类型的列添加到这样的表中——其表行中的数据可以用层次结构表示,就像组织层次结构或经理/雇员层次结构一样。存储在该列中的值是行在层次结构中的路径。层次结构中的级别显示为斜杠,斜杠间的值是这个成员在行中的数字级别,例如/1/3。用户可以运用一些与这种数据类型一起使用的特殊函数。

xml 数据类型存储 XML 文档或片段。根据文档中使用的是 UTF-16 或 UTF-8,它在尺寸上像 text 或 ntext 一样存储。XML 数据类型使用特殊构造体进行搜索和索引。

(7) CLR 集成：在 SQL Server 2008 中还可以使用公共语言运行库(Common Language Runtime,CLR)创建自己的数据类型和存储过程。用户可以使用 Visual Basic 或 C# 编写更复杂的数据类型,以满足业务需求。这些类型被定义为基本的 CLR 语言中的类结构。

在完成上面理论知识的学习步骤后,下面的步骤中将采用两种方法来创建表以及为表添加数据信息。

第 3 步(方法一):利用图形界面创建数据表 student

(1) 打开"对象资源管理器",展开需要创建表的数据库 xywglxt,右击"表",在弹出的快捷菜单中选择"新建表"命令,如图 3.3.1 所示,打开表设计器。

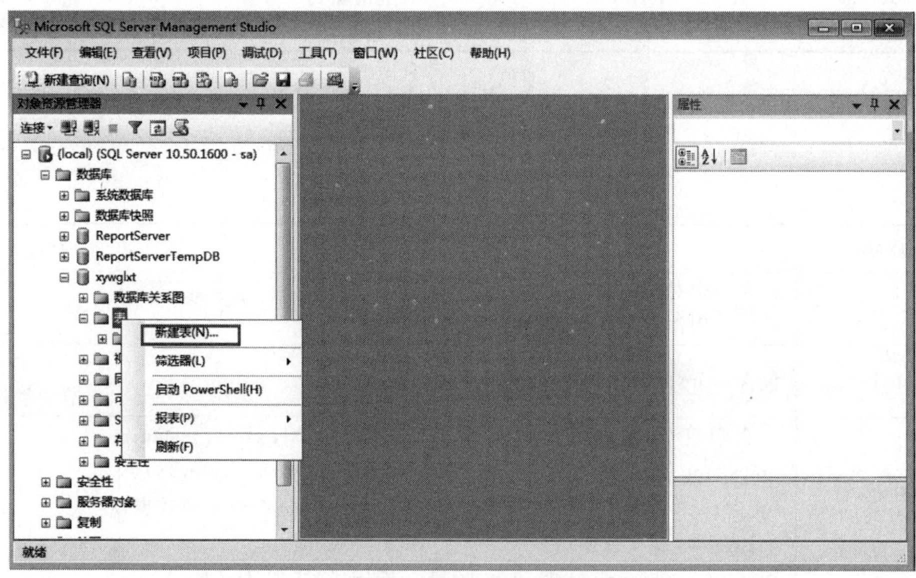

图 3.3.1 打开表设计器

(2) 在打开的表设计器中按照任务要求设置 student 表各列的列名(字段名)、数据类型、允许 Null 值(非空约束)等,如图 3.3.2 所示。

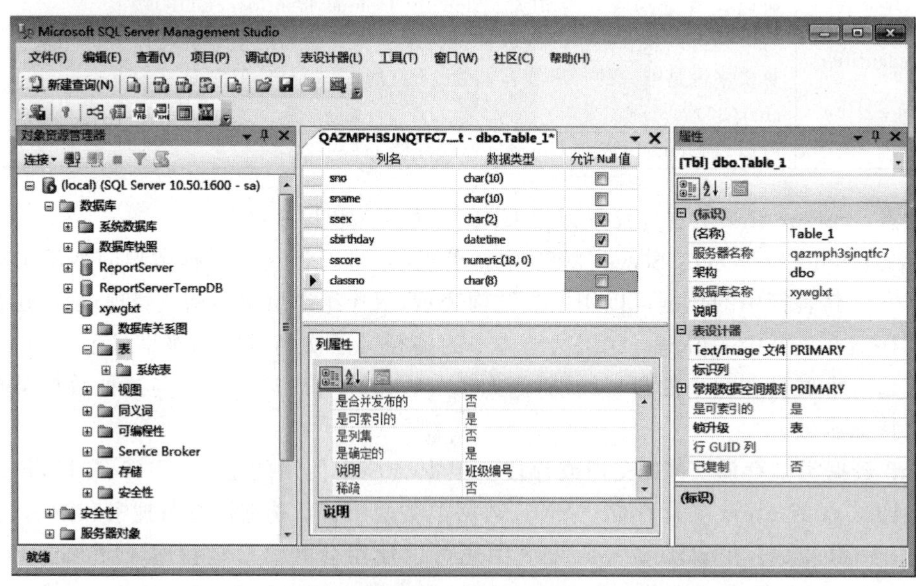

图 3.3.2 设置约束

(3) 在各列创建完成后单击工具栏中的“保存”按钮,系统自动打开“选择名称”对话框,输入新创建表的名称 student,如图 3.3.3 所示。

图 3.3.3　设置表名

(4) 单击“确定”按钮,则在数据库中新建了 student 表。在“对象资源管理器”中展开数据库 xywglxt 下的“表”结点,并展开新建的数据表 student 的列,可以看到创建的数据表的基本定义,如图 3.3.4 所示。

图 3.3.4　对象资源管理器

(方法二):利用 CREATE TABLE 语句创建数据表 student

(1) 删除已经建立的 student 数据表,对于同一个数据库已经存在了 student 表,要想再创建同样名称的表,就需要先把原表删除掉,对于数据库中不再需要的表,也可以将其删除。在删除表的操作完成后,表的结构、表中的数据都将被永久性删除。删除表既可以在图形化界面中完成,也可以通过执行 DROP TABLE 语句来实现。

删除表的第一种方法:在 SQL Server Management Studio 中删除 student 表。

首先右击需要删除的表,在弹出的快捷菜单中选择“删除”命令,打开“删除对象”对话框,如图 3.3.5 所示。然后单击“确定”按钮即可删除该表。

删除表的第二种方法:用 DROP TABLE 语句删除表,语法格式为“DROP TABLE table-name”,其中参数 table-name 为要删除的数据表的名称。

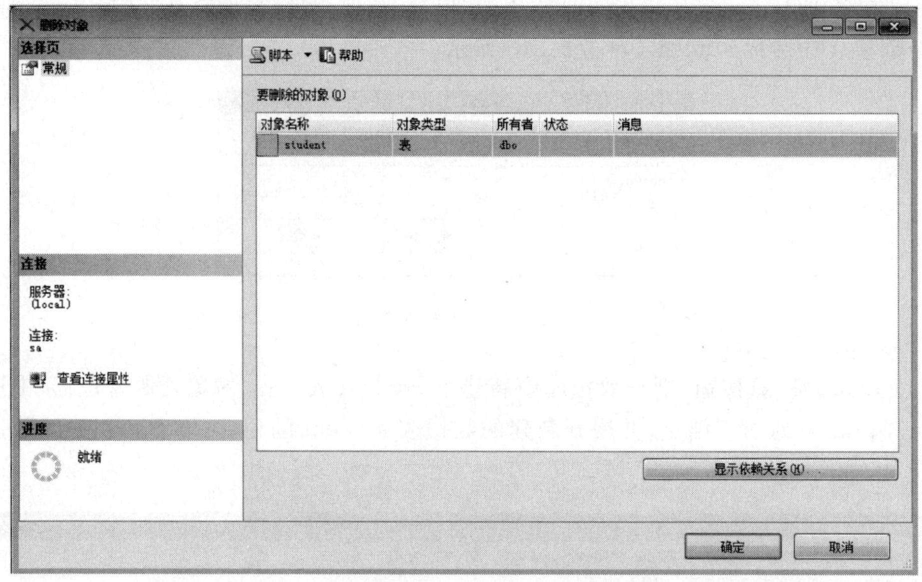

图 3.3.5　删除对象

删除数据表 student 的程序代码如下：

```
USE xywglxt
GO
DROP TABLE student
GO
```

(2) 单击工具栏上的“新建查询”按钮，在窗口的右半部分打开一个新的 SQLQuery 标签页，同时工具栏中新增“SQL 编辑器”工具栏，如图 3.3.6 所示。

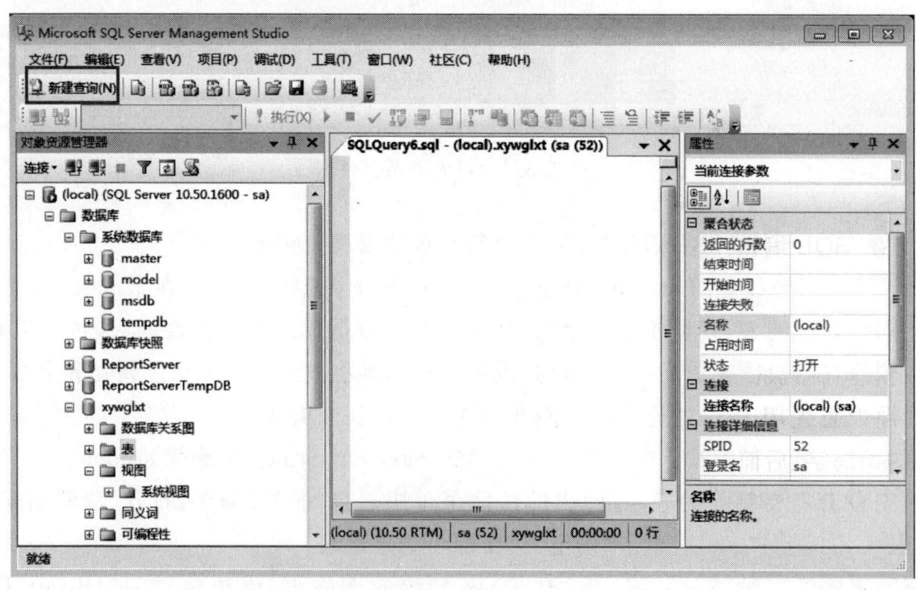

图 3.3.6　新建查询

(3) 在 SQLQuery 标签页的窗口中输入以下程序代码，效果如图 3.3.7 所示。

```
USE xywglxt
GO
CREATE TABLE student
(
    sno          char(10)          NOT NULL,
    sname        char(10)          NOT NULL,
    ssex         char(2)           NULL,
    sbirthday    datetime          NULL,
    sscore       numeric(18, 0)    NULL,
    classno      char(8)           NOT NULL
)
GO
```

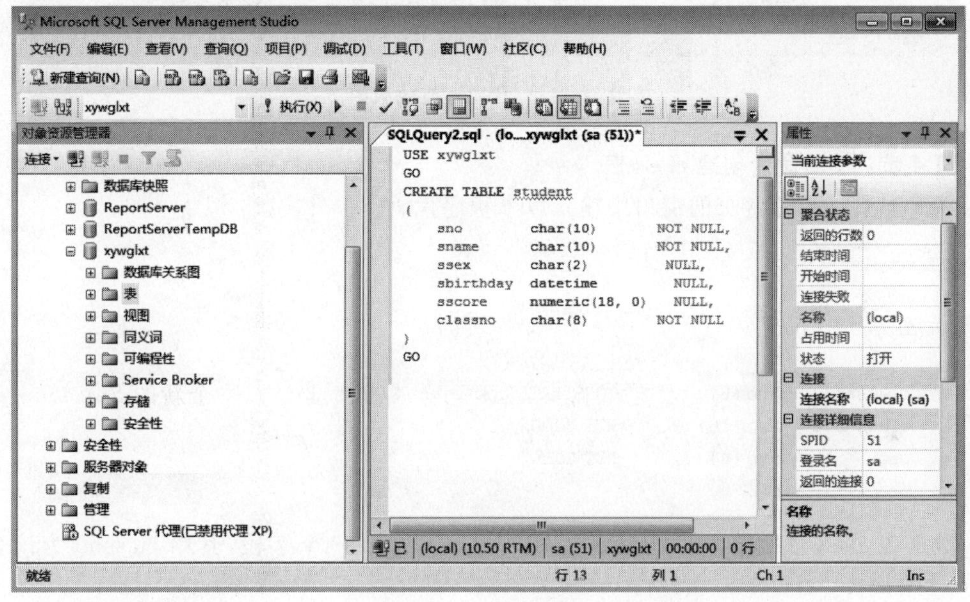

图 3.3.7　查询分析器

(4) 在“SQL 编辑器”工具栏上单击“执行”按钮，则执行该程序代码，并在“消息”标签页中显示“命令已成功完成”。在“对象资源管理器”中逐级展开数据库的各结点，可以看到刚创建的新表 student 的结构，如图 3.3.8 所示。

以上程序代码的主要功能是创建 student 表的结构。由于要在数据库 xywglxt 中创建数据表，所以首先用 USE xywglxt 打开数据库 xywglxt，之后出现在 CREATE TABLE 是创建表的关键字，后面紧跟的是要创建的数据表的名称 student，后面括号中的是表结构的具体定义，它是创建表的主要部分。根据任务要求依次创建 sno、sname、ssex、sbirthday、sscore、classno 6 个字段，并且为每个字段定义各自的数据类型、字段长度以及是否允许为空的属性，各个字段的定义用西文符号“,”分隔。例如“sno char(10)NOT NULL”，含义是字段的名称是 sno，数据类型是 char，长度为 10 字节，不允许空值。

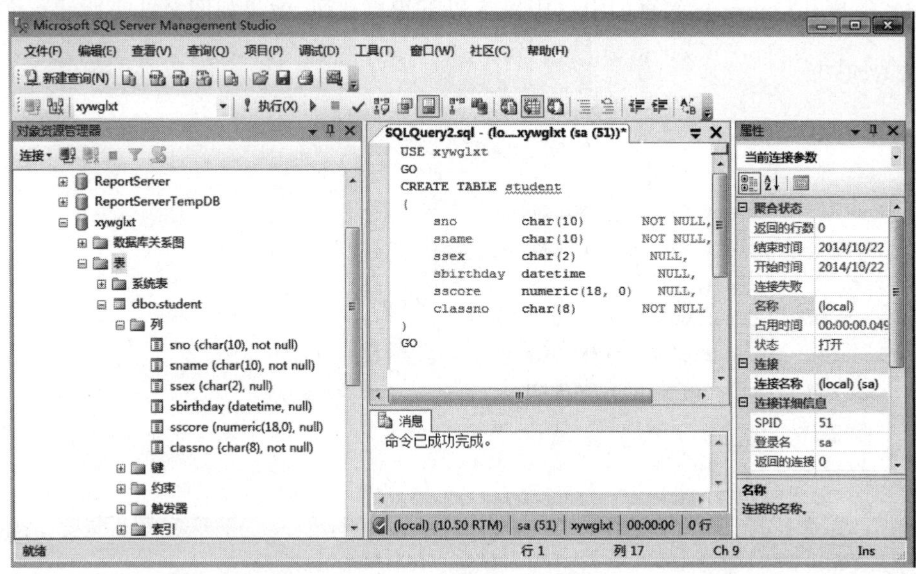

图 3.3.8 代码运行效果图

第 4 步：使用命令创建 class 表

在 SQLQuery 标签页的窗口中输入以下程序代码。

```
USE xywglxt
GO
CREATE TABLE class
{
    classno     char(8)      CONSTRAINT pk_bjbh PRIMARY KEY,
    classname   char(16)     NOT NULL,
    pno         char(4)      NOT NULL,
}
```

数据表 class 依次定义了 classno、classname 和 pno 三个字段，其中 classno 为该表的主键。

第 5 步(方法一)：在 SQL Server Management Studio 图形化界面中添加数据

前面虽然使用了两种方法创建数据表 student 的结构，但该表还只是一张没有任何数据的空表，要实现数据表存储数据的功能，还需向表中添加相应的数据。下面为已创建的 student 表添加数据，student 表中的部分数据如表 3.3.11 所示。其中的每行代表 student 表中的一条记录，而每列代表 student 表中的一个字段。

表 3.3.11 student 表中的部分数据

sno	sname	ssex	sbirthday	sscore	classno
c14F1701	刘备	男	1988-6-04	123	c14F17
c14F1702	貂蝉	女	1987-6-10	234	c14F17
c14F1703	张飞	男	1989-2-11	345	c14F17
c14F1704	关羽	男	1988-2-16	456	c14F17
c14F1705	赵龙	男	1987-1-23	567	c14F17

(1) 在打开的“对象资源管理器”中右击“表”下的 dbo.student，在弹出的快捷菜单中选择“编辑前 200 行”命令，如图 3.3.9 所示。

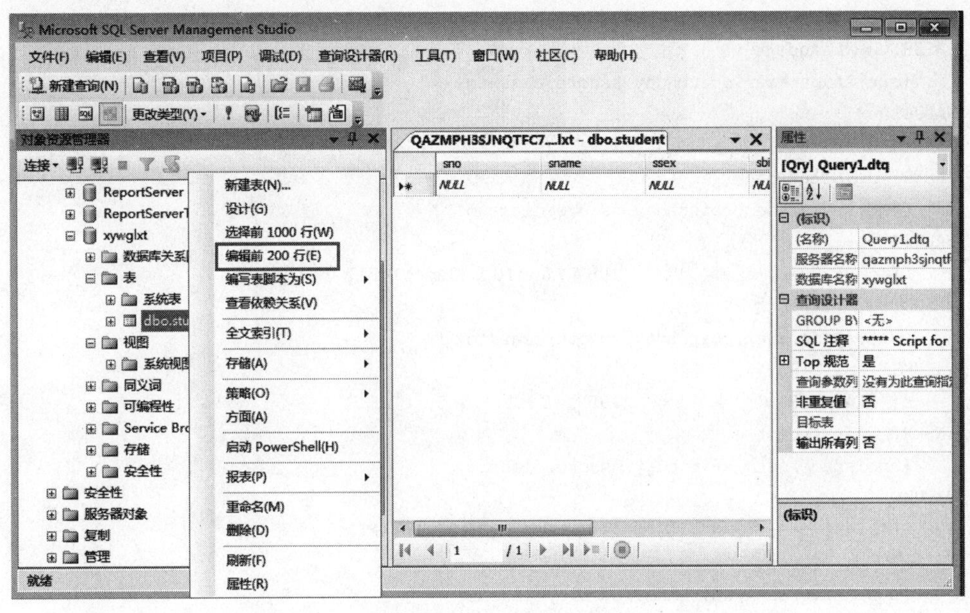

图 3.3.9　对象资源管理器

(2) 在打开的表内容标签页中按照要求逐条输入 student 表中的每条记录，其中 sbirthday 字段是日期时间类型(datetime)数据，在录入时可以使用斜杠(/)、连字符(-)或句号(.)作为年月日的分隔符，记录正确输入后如图 3.3.10 所示。

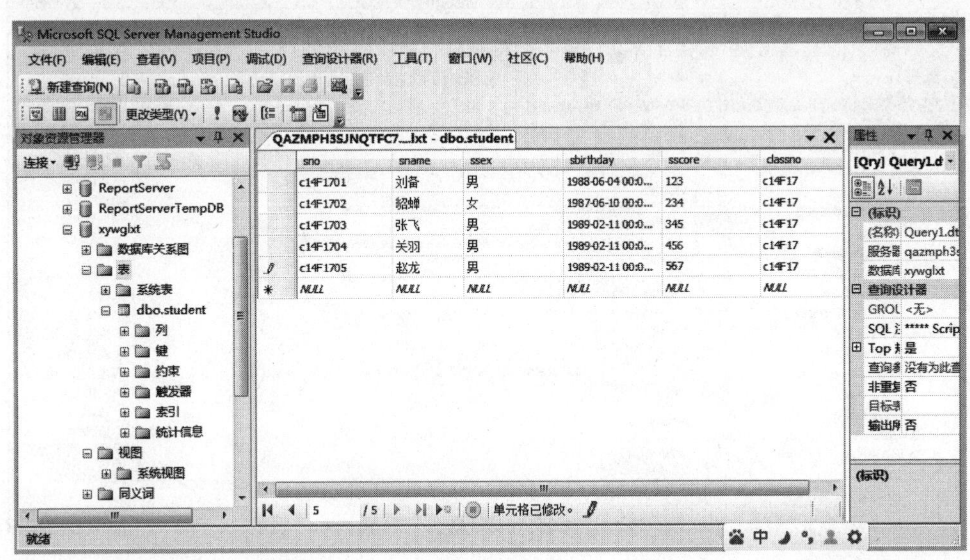

图 3.3.10　表内容标签页

(方法二)：使用 INSERT INTO 语句为数据表 student 添加数据

(1) 单击工具栏上的“新建查询”按钮，在窗口的右半部分打开一个新的 SQLQuery 标签页,在窗口中输入程序代码。

```
USE xywglxt
    GO
INSERT INTO student
    (sno,sname,ssex,sbirthday,sscore,classno)
VALUES
     ('c14F1701','刘备','男','1988-6-4',123,'c14F17')
INSERT INTO student
    (sno,sname,ssex,sbirthday,sscore,classno)
VALUES
     ('c14F1702','貂蝉','女','1987-6-10',234,'c14F17')
INSERT INTO student
    (sno,sname,ssex,sbirthday,sscore,classno)
VALUES
     ('c14F1703','张飞','男','1989-2-11',345,'c14F17')
INSERT INTO student
    (sno,sname,ssex,sbirthday,sscore,classno)
VALUES
     ('c14F1704','关羽','男','1988-2-16',456,'c14F17')
INSERT INTO student
    (sno,sname,ssex,sbirthday,sscore,classno)
VALUES
('c14F1705','赵龙','男','1987-1-23',567,'c14F17')
```

(2) 在"SQL 编辑器"工具栏上单击"执行"按钮,执行该程序代码,并在下方的"消息"标签页中显示执行结果,如图 3.3.11 所示。

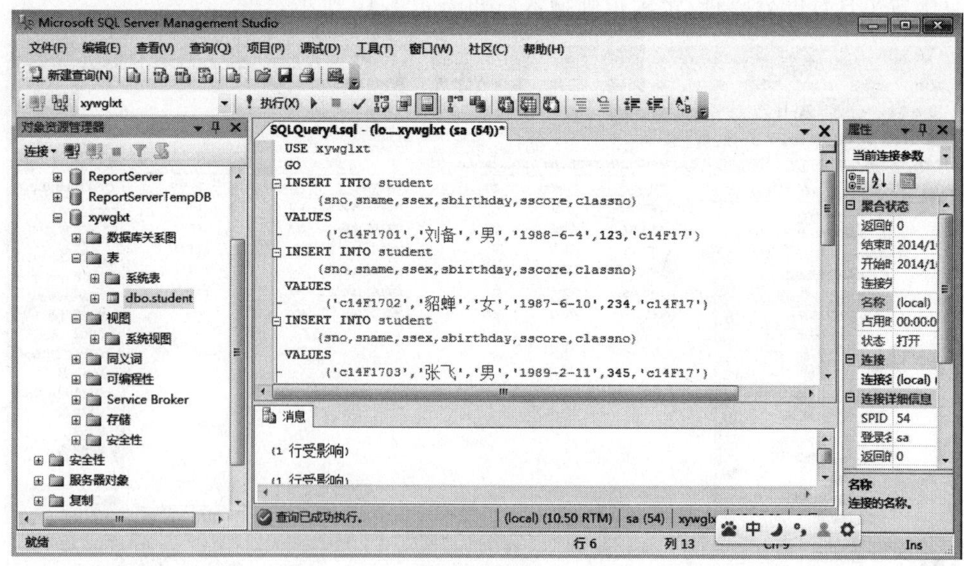

图 3.3.11 代码运行效果图

(3) 在"对象资源管理器"中逐渐展开数据库的结点,并右击 student 表,选择"编辑前 200 行"命令,可以看到表中新增了 5 条记录。

以上程序代码的功能是使用 INSERT INTO 语句向 student 表中插入 5 条记录。INSERT INTO 是数据添加语句的关键字，其后紧跟的是数据表的名称以及用括号说明的表中字段的名称，VALUES 后面则依次为各字段对应的具体数据，其中数据的具体数据类型与顺序应该与上面的 INSERT INTO 后的列表字段一一对应，否则将无法完成记录的添加。需要注意的是，字符型数据要加上引号。

第 6 步：使用命令为 class 表添加数据

具体程序代码如下：

```
INSERT INTO class
VALUES
       ('c14F13','计应','0101')
INSERT INTO class
VALUES
       ('c14F14','物流','0201')
INSERT INTO class
VALUES
       ('c14F15','会计','0202')
INSERT INTO class
VALUES
       ('c14F16','应用','0101')
INSERT INTO class
VALUES
        ('c14F17','网络','0102')
```

以上程序代码的功能是为 class 表添加 5 条记录。必须注意的是，在使用这种方法时必须严格按照这些列在表中定义的顺序来提供每个列的值，否则会因出错而无法正确添加记录。

第 7 步：数据表的修改

(1) 当需要对表进行修改时在“对象资源管理器”中展开“数据库”结点，在需要修改的数据表上右击，在弹出的快捷菜单中选择“设计”命令，打开“修改表的结构”对话框，在其中对表中各列的属性进行修改，可以修改列的名称、数据类型、是否为空值等，如图 3.3.12 所示。

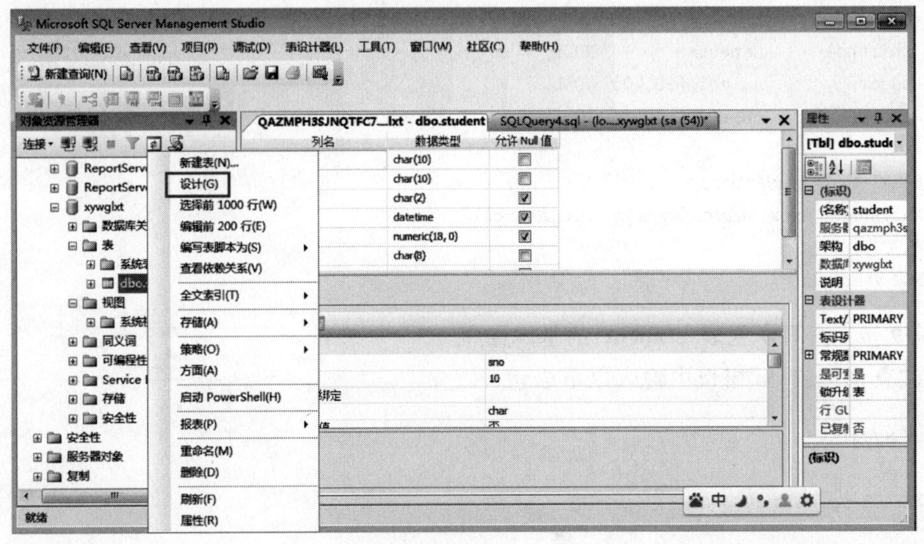

图 3.3.12　表的结构编辑页面 1

(2) 如果要添加、删除或改变列的顺序,可以继续右击表的某列,通过弹出的快捷菜单对表进行相关操作,如图 3.3.13 所示。

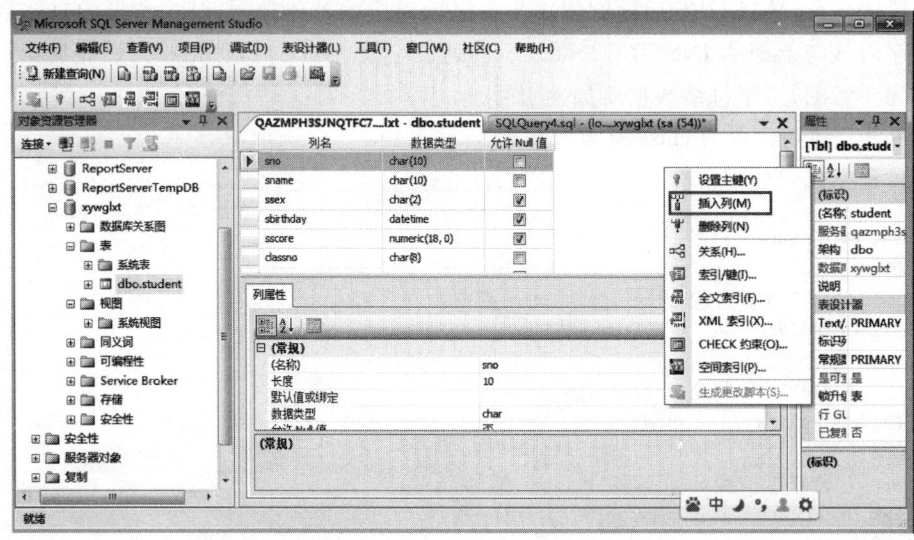

图 3.3.13　表的结构编辑页面 2

第 8 步:数据表的备份,创建 student 表的副本 studentcopy

创建 student 表的副本 studentcopy,将 student 表的全部数据添加到 studentcopy 表中。程序代码如下:

```
USE xywglxt
GO
CREATE TABLE studentcopy
{
  sno         char(10)        CONSTRAINT pk_xh PRIMARY KEY,
  sname       char(10)        NOT NULL,
  ssex        char(2)         CONSTRAINT uk_xb CHECK(ssex = '男' OR ssex = '女'),
  sbirthday   datetime        NULL,
  sscore      numeric(18, 0)  NULL,
  classno     char(8)         CONSTRAINT fk_bh REFERENCES class(classno)
}
INSERT INTO studentcopy
(sno,sname,ssex,sbirthday,sscore,classno)
SELECT *
FROM student
```

第 9 步:查看学生表(student)的基本结构

在"查询编辑器"窗口中输入以下语句:

```
USE xywglxt
   GO
EXECUTE sp_help student
```

程序运行效果如图 3.3.14 所示。

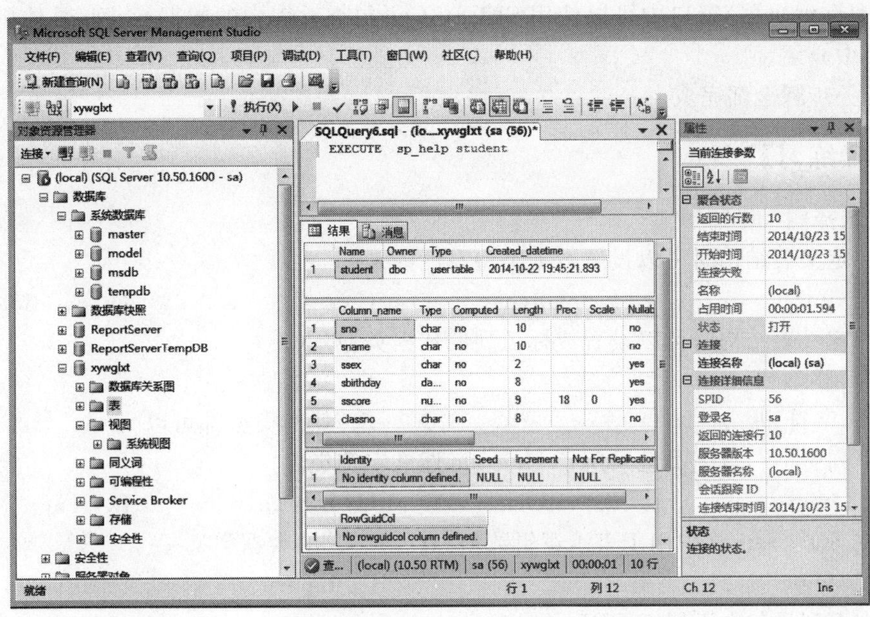

图 3.3.14　程序运行效果图

第 10 步：查看学生表(student)的数据

在"查询编辑器"窗口中输入以下语句：

```
USE xywglxt
   GO
SELECT *
FROM student
GO
```

程序运行效果如图 3.3.15 所示。

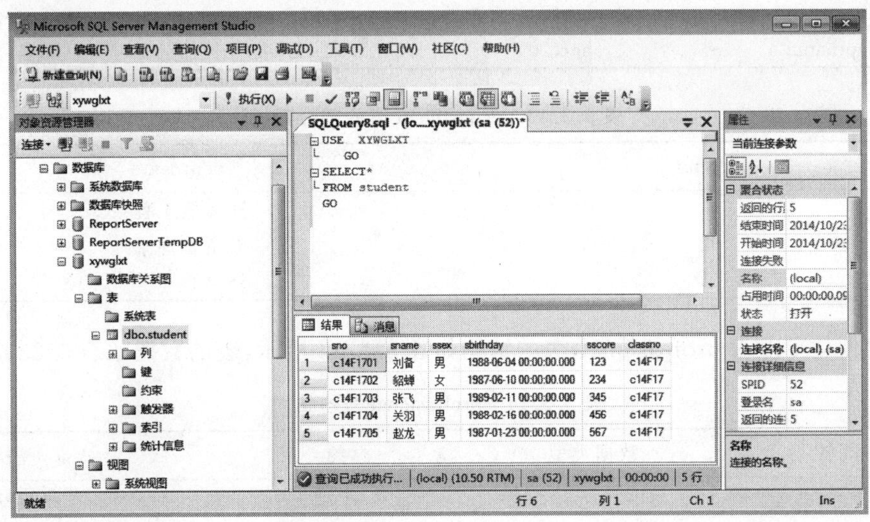

图 3.3.15　程序运行效果图

在“查询编辑器”窗口中可以使用 SELECT 语句查看表中的数据行、列，具体用法将在后续项目中介绍。

此任务步骤全部完成。

【实操练习】

一、选择题

1. 在定义表结构时可以设置数据类型宽度的是(　　)。
   A. int　　B. nvarchar　　C. real　　D. datetime
2. 在定义表结构时可以设置成标识列的数据类型是(　　)。
   A. 整型数　　B. 文本型
   C. 字符型　　D. 任何类型都可以
3. 下列(　　)数据类型采用了 Unicode 标准字符集。
   A. char　　B. varchar　　C. nvarchar　　D. text
4. 在 SQL Server 中用于表示逻辑数据“真”与“假”的数据类型是(　　)。
   A. logic　　B. bit　　C. binary　　D. text
5. 在下列语句中不属于 DDL 的是(　　)。
   A. CREATE　　B. ALTER　　C. DELETE　　D. DROP
6. 在下列缩写中表示数据操纵语言的是(　　)。
   A. DDL　　B. DML　　C. DCL　　D. TML
7. 在下列数据类型中表示可变长度字符串的是(　　)。
   A. varchar　　B. char　　C. text　　D. ncha

二、实操题

(1) 创建系部表 department，表的结构如表 3.3.12 所示，表的数据如表 3.3.13 所示。

表 3.3.12　department 表的结构

字段名	数据类型	约　束	备　注
deptno	char(2)	主键	系部编号
deptname	char(20)	唯一约束	系部名称

表 3.3.13　department 表的部分数据

deptno	deptname
01	计算机工程系
02	商贸管理系
03	外语系

(2) 创建专业表 professional，表的结构如表 3.3.14 所示，表的数据如表 3.3.15 所示。

表 3.3.14　professional 表的结构

字段名	数据类型	约　束	备　注
pno	char(4)	主键	专业编号
pname	varchar(50)	唯一约束	系部名称
deptno	char(2)	外键	系部编号

表 3.3.15　professional 表的部分数据

pno	pname	deptno
0101	计算机应用技术	01
0102	计算机网络技术	01
0201	物流管理	02
0202	会计	02
0301	德语	03
0302	商务英语	03

任务四：校园网系统数据表的完整性约束

【任务说明】

需要说明的是，数据表的完整性约束在创建表时就已经在程序代码中定义了，而不是后续添加的。为了对知识点的学习，笔者专门分解出了此任务，在此任务中介绍数据表的完整性约束。

数据完整性是指保持数据库中数据的正确性以及相关数据之间的一致性。在 SQL Server 中数据完整性是通过各类约束、规则和默认等机制来实现的。比如 class 表中的 classname（班级名称）应该是唯一的，如果出现同名的班级，数据就不正确了，可以通过设置唯一约束来解决这个问题。再如 student 表中的 classno（班级编号）字段的值应该是 class 表中存在的，如果能够在 student 表中输入一个“c14F10”，而 class 表中根本不存在这个班级编号，数据库中的数据信息就出现了不一致的情况，解决这个问题可以通过为 student 表和 class 表建立关系，也即外键约束。

【任务分析】

数据完整性的实施是通过添加约束来完成的。在一般数据表中有以下 6 种约束。

(1) PRIMARY KEY：主键约束，对应实体完整性。

(2) FOREIGN KEY：外键约束，对应参照完整性。

(3) UNIQUE：唯一约束，对应实体完整性。

(4) DEFAULT：默认约束，对应域完整性。

(5) CHECK：检查约束，对应域完整性，例如 product 表中规定库存量 stocknum>=0。

(6) NOT NULL：非空约束，对应域完整性，非空约束在本项目的任务一中已经完成。

该任务中具体的工作是为 student 表、class 表建立各类约束以实现数据完整性，创建数据表 student 和 class 之间的关系，并建立数据库的关系图显示两者的关系，根据需要，笔者提炼出了以下具体的工作任务：

(1) 将数据表 student 的 sno 字段设置为主键。

(2) 将数据表 student 的 ssex 字段的默认值设置为“男”。

(3) 将数据表 student 的 sscore 字段的取值范围设置为 100～650。

(4) 将数据表 class 的 classno 字段设置为主键。

(5) 将数据表 class 的 classname 字段的值设成唯一。

(6) 在数据表 class 上创建规则 yhy_rule,并将它绑定在字段 pno 上,用于保证输入的专业代码只能是数字字符。

(7) 创建数据表 class 和 student 之间的关系。

(8) 建立数据库关系图显示表间的关系。

【实施步骤】

在具体操作之前需要理解“数据完整性”和“约束”两个概念,所以具体的操作将从第 3 步开始。

第 1 步:理解数据完整性

数据完整性是指存储在数据库中的数据正确无误并且相关数据具有一致性。数据完整性的类型有以下几种。

(1) 实体完整性:在表中不能存在完全相同的记录;每条记录都要具有一个非空且不重复的主键值。实体完整性的实施方法是添加 PRIMARY KEY 约束和 UNIQUE 约束。

例如,在校园网管理系统的 choice 表(sno,cno,grade)中 sno 和 cno 共同组成主键,而且 sno 和 cno 两个属性都不能为空。

(2) 域完整性:向表中添加的数据必须与数据类型、格式及有效的数据长度相匹配。实现域完整性的方法是添加 CHECK 约束、外键约束、默认值约束、非空定义、规则以及在建表时设置的数据类型。

例如,数据表 student 的 ssxore 字段设置检查约束后的取值范围要求为 306～650 分,那么它就不能超出这个指令的值域范围。

(3) 参照完整性:又称为引用完整性,参照完整性是指表间的规则,作用于有关联的两个或两个以上的表,通过使用主键和外键(或唯一键)之间的关系使表中的键值在相关表中保持一致。

例如,student 表和 class 表设置了关系后,删除 class 表(父表)的记录(c14F17,)后,student 表(子表)的相应记录会自动删除。

(4) 用户定义的完整性:用户自定义完整性指针对某一具体关系数据库的约束条件,它反映某一具体应用所涉及的数据必须满足的语义要求。

SQL Server 2008 提供了约束、默认值、规则、触发器和存储过程等维护机制来保证数据库中数据的正确性和一致性。这里主要介绍约束、默认值和规则的实现方式,对于触发器和存储过程的实现方式将在后续项目中介绍。

第 2 步:理解“约束”的分类

约束是 SQL Server 2008 提供的自动保持数据完整性的一种方式,它通过限制字段中的数据、记录的数据及表之间的数据将表约束在一起,确保在一个表中的数据改动不会使另一个表中的数据失效。

在 SQL Server 2008 中有 6 种约束,分别是非空约束(NOT NULL)、默认约束(DEFAULT)、检查约束(CHECK)、主键约束(PRIMAPY KEY)、唯一约束(UNIQUE)和外键约束(FOREIGN KEY),各种约束的作用如表 3.4.1 所示。

表 3.4.1　约束的作用

约束类型	说　明	约束对象	关　键　字
非空约束	定义某列不接受空值	列	NOT NULL
默认约束	为表中某列建立默认值	列	DEFAULT
检查约束	对表中某列能接受的值进行限定	列	CHECK
主键约束	为表中自定义主键唯一标识每行记录	行	PRIMARY KEY
唯一约束	保证在一个字段或者字段里的数据与表中其他行的数据相比是唯一的	行	UNIQUE
外键约束	可以为两个相互关联的表建立关系	表与表之间	FOREIGN KEY

第 3 步：理解约束的创建

(1) 非空约束(NOT NULL)：非空约束定义表中的列不允许使用空值。当某一字段的值一定要输入才有意义时可以设置为 NOT NULL。例如主键列就不允许出现空值，否则就失去了唯一标识一条记录的作用。空值约束只能用于定义列约束。一般在创建表时非空约束已经设置，如果要修改，可以使用以下两种方法，即使用表设计器和使用 ALTER TABLE 语句。

注意：对于定义为主键的列，系统会自动添加非空约束，其他列则根据需要进行设置。非空约束用来控制是否允许该字段的值为 NULL。NULL 值不是 0 也不是空白，而表示“不确定”或“没有数据”。

(2) 默认约束(DEFAULT)：默认约束指定在插入操作中没有提供输入值时系统自动指定值。默认约束可以包括常量、函数、不带变元的内建函数或者空值。使用默认值可以提高输入数据的速度。在使用默认约束时应该注意以下几点：

① 每个字段只能定义一个默认约束。

② 如果定义的默认值长于其对应字段的允许长度，那么输入到表中的默认值将被截断。

③ 不能加入到带有 IDENTITY 属性的字段上。

④ 如果字段定义为用户定义的数据类型，而且有一个默认绑定到这个数据类型上，则不允许该字段有默认约束。

(3) 检查约束(CHECK)：检查约束对输入列或者整个表中的值设置检查条件，以限制输入值，保证数据库数据的完整性。CHECK 约束使用逻辑表达式来限制表中的列可以接收哪些数据值。例如成绩值应该为 0～100，可以为成绩字段创建 CHECK 约束，使取值在正常范围内。在使用检查约束时应该考虑和注意以下几点：

① 一个列级检查约束只能与限制的字段有关；一个表级检查约束只能与限制的表中字段有关。

② 在一个表中可以定义多个检查约束。

③ 在每个 CREATE TABLE 语句中每个字段只能定义一个检查约束。

④ 在多个字段上定义检查约束时必须将检查约束定义为表级约束。

⑤ 当执行 INSERT 语句或者 UPDATE 语句时检查约束将验证数据。

(4) 主键约束(PRIMARY KEY)：主键约束用于定义基本表的主键，它是唯一确定表中每一条记录的标识符，其值不能为 NULL，也不能重复，以此来保证实体的完整性。

PRIMARY KEY 与 UNIQUE 约束类似，通过建立唯一索引来保证基本表在主键列取值的唯一性，但它们之间存在着很大的区别。

① 在一个基本表中只能定义一个 PRIMARY KEY 约束，但可以定义多个 UNIQUE 约束。

② 对于指定为 PRIMARY KEY 的一个列或多个列的组合，其中任何一个列都不能出现空值，而对于 UNIQUE 约束的唯一键则允许为空。

注意：不能为同一个列或一组列既定义 UNIQUE 约束，又定义 PRIMARY KEY 约束。

(5) 唯一约束(UNIQUE)：唯一约束用于指定一个或者多个列的组合值具有唯一性，以防止在列中输入重复的值。定义了 UNIQUE 约束的那些列称为唯一键，系统自动为唯一键建立唯一索引，从而保证了唯一键的唯一性。

在使用唯一约束时需要考虑以下几个因素：

① 使用唯一约束的字段允许为空值。

② 在一个表中可以允许有多个唯一约束。

③ 可以把唯一约束定义在多个字段上。

④ 唯一约束用于强制在指定字段上创建一个唯一索引。

⑤ 在默认情况下创建的索引类型为非聚集索引。

(6) 外键约束(FOREIGN KEY)：外键约束是指一个表中的一列或列组合，它不是该表的主键，而是另一个表的主键。外键约束用于强制参照完整性。外键的目的是实现两表之间相关数据的一致性。

外键约束提供了字段参照完整性，在使用外键约束时应该考虑以下几个因素：

① 主键和外键的数据类型必须严格匹配。

② 在一个表中最多可以有 31 个外键约束。

③ 外键约束不能自动创建索引，需要用户手动创建。

④ 在临时表中不能使用外键约束。

第 4 步：将数据表 student 的 sno 字段设置为主键

主键约束是最重要的约束类型，它是每条记录的标识符，即该记录与其他记录得以区别开来的唯一字段。例如 student 表中有这样两条记录：(c14F1701，刘备，男，1988-6-4，479，c14F17)、(c14F1711，刘备，男，1988-6-4，479，c14F17)。它们之所以被视为两条不同的记录，是因为 sno 字段不一样。而 name 字段由于现实世界中存在同名的人可能不唯一，不能作为表的主键字段。每个数据表只能设置一个主键，在表中定义的主键列不能有重复的值。下面是创建主键的基本步骤：

(1) 右击“对象资源管理器”中要创建主键的 student 表，在弹出的快键菜单中选择“设计”命令。

(2) 在打开的“表”的 dbo. student 标签页上右击要设置为主键的列名 sno，在弹出的快捷菜单中选择“设置主键”命令，如图 3.4.1 所示。

第 5 步：将数据表 student 的 ssex 字段的默认值设置为“男”

用户在插入某条记录时如果没有为某个字段输入相应的值，该列的值就为空。如果该列设置了默认约束，例如为 student 的 ssex 字段设置了默认值“男”，那么即使该字段没有输

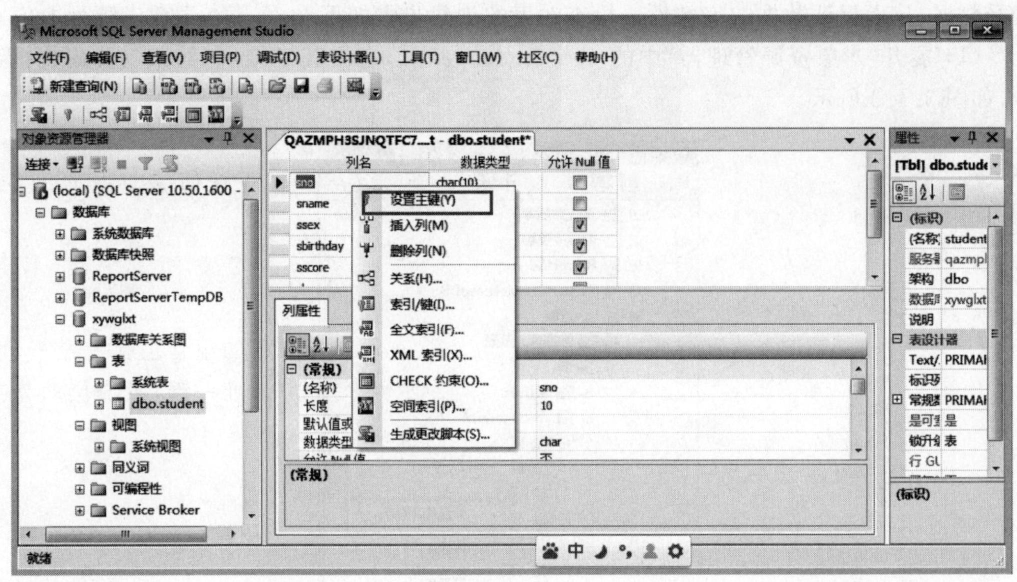

图 3.4.1　设置主键

入任何值，在记录输入完成后也会获得该字段的默认值“男”。默认约束的创建步骤如下：

（1）右击“对象资源管理器”中的 student 表，在弹出的快捷菜单中选择“设计”命令，打开“表设计器”对话框，并在“表”的 dbo. student 标签页上单击列名 ssex。

（2）在“列属性”的“常规”选项组中的“默认值或绑定”选项中输入默认值“男”，如图 3.4.2 所示。

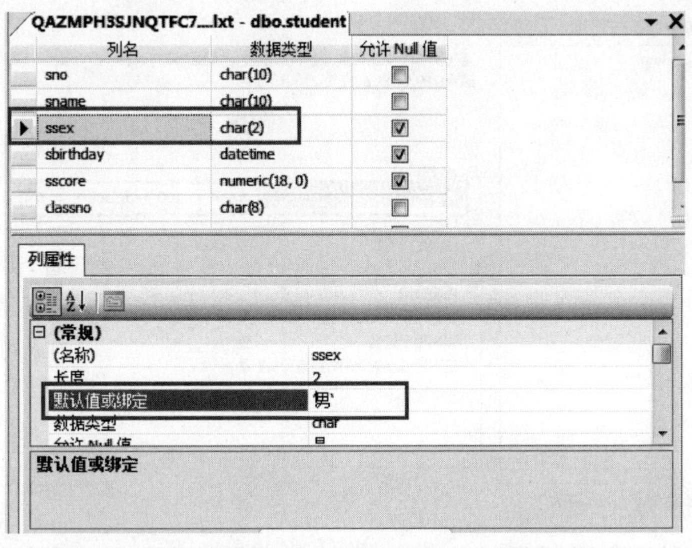

图 3.4.2　默认值或绑定

第 6 步：将数据表 student 的 sscore 字段的取值范围设置在 100～650

该校学生入学成绩的最高分是 650、最低分是 100 分，即在 100～650，该任务要为 sscore 设置检查约束，如果输入的入学成绩超出这个范围，系统会认为输入的信息有误拒绝

接受数据,从而保证数据的完整性。检查约束的创建步骤如下:

(1) 展开"对象资源管理器"中的 dbo. student 结点,右击其子结点"约束",弹出快捷菜单,如图 3.4.3 所示。

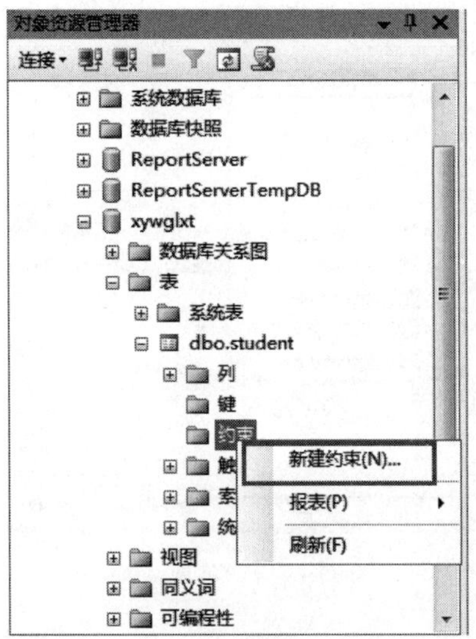

图 3.4.3　新建约束

(2) 选择快捷菜单中的"新建约束"命令,打开"CHECK 约束"对话框,单击"添加"按钮,如图 3.4.4 所示。

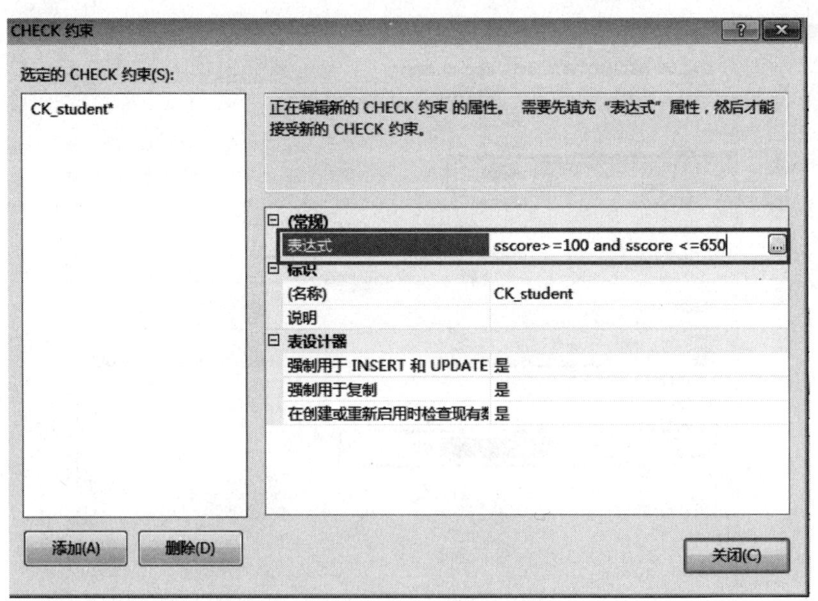

图 3.4.4　表达式

(3) 单击"表达式"框右侧的 [...] 按钮,打开"CHECK 约束表达式"对话框,在其中编辑约束条件"sscore>=100 and sscore<=650",如图 3.4.5 所示。

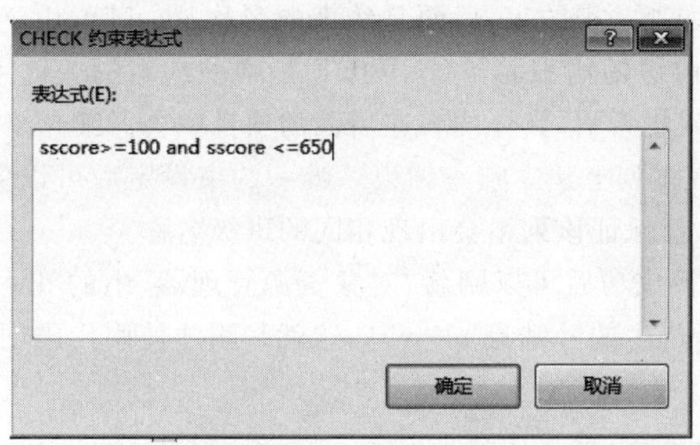

图 3.4.5　约束表达式

(4) 单击“确定”按钮，并单击“CHECK 约束”对话框中的“关闭”按钮，返回 Management Studio 窗口。

第 7 步：将数据表 class 的 classno 字段设置为主键

设置主键的图形界面操作在第 4～5 步已经介绍过了，下面看一下用程序代码实现的方法。在“查询编辑器”窗口中输入以下语句：

```
USE xywglxt
GO
ALTER TABLE class
ADD CONSTRAINT pk_bh
PRIMARY KEY CLUSTERED(classno)
GO
```

主键约束的建立可以在建表的同时进行，也可以先建立数据表的基本结构再添加约束，此段程序的前提是 class 表的表结构已经用操作或编码的方式建立完毕。

ALTER TABLE 是修改表的关键字，紧跟其后的是要修改的数据表的表名。ADD CONSTRAINT 表示增加一类约束，后面是约束的名称 pk_bh，由于这里添加的是主键约束，建议使用 pk 作为前缀的约束名。PRIMARY KEY 是主键约束的关键字，CLUSTERED 表示在该列上建立聚集索引，具体内容在后面的项目中会详细介绍，这里不多展开。括号中的 classno 表示在该列上建立主键约束。

第 8 步：将数据表的 classname 字段的值设成唯一

在“查询编辑器”窗口中输入以下语句：

```
USE xywglxt
GO
ALTER TABLE class
ADD CONSTRAINT uk_yhy
UNIQUE NONCLUSTERED(classname)
GO
```

此段程序的前提是 class 表的表结构已经使用操作或者编码的方式建立完毕。

ALTER TABLE 是修改表的关键字，紧跟其后的是要修改的数据表的表名。ADD

CONSTRAINT 表示增加一类约束，后面是约束的名称 uk_yhy，由于这里添加的是唯一约束，建议使用 uk 作为前缀的约束名。UNIQUE 是唯一约束的关键字，NONCLUSTERED 表示在该列上建立非聚集索引，具体内容在后面的项目中会详细介绍，这里不多展开。括号中的 classname 表示在该列上建立唯一约束。唯一约束设定后可以保证在 classname 列上不会出现重复的值，从而保证该列不会出现相同的班级名称。

以上程序代码执行成功后可以刷新"对象资源管理器"中的 dbo. class 结点，展开其子结点"键"，可以看到新产生的叶结点 uk_yhy，这就是刚才使用代码创建的约束，如图 3.4.6 所示。

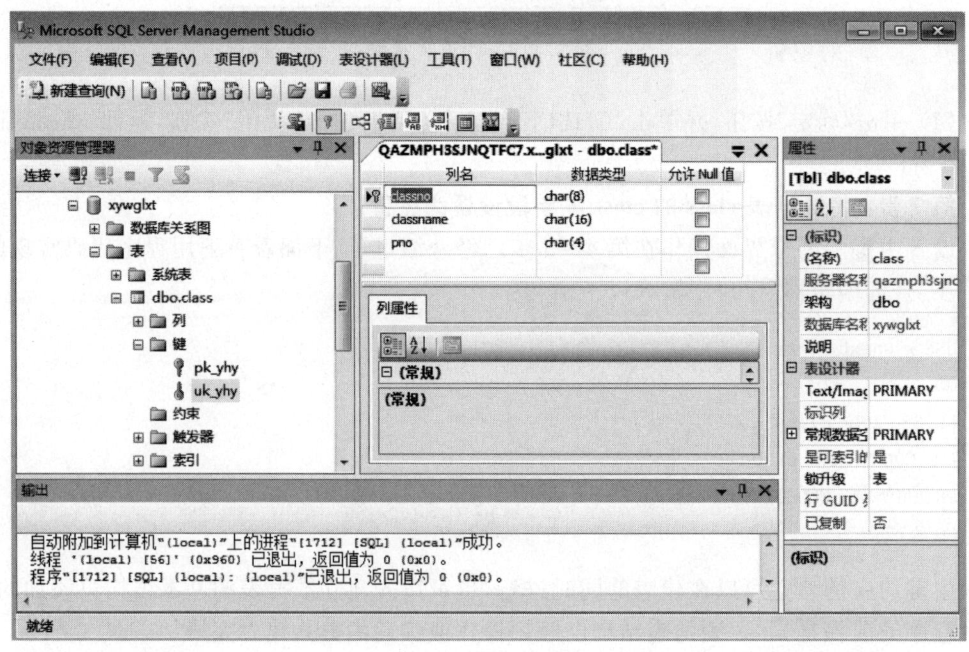

图 3.4.6　查看约束

第 9 步：为数据表 class 创建规则 yhy_rule，并将它绑定在字段 pno 上，用于保证输入的专业代码只能是数字字符

创建规则 yhy_rule，并将它绑定在字段 pno 上，用于保证输入的专业代码只能是数字字符。在"查询编辑器"窗口中输入以下语句：

```
USE xywglxt
GO
CREATE RULE yhy_rule
AS
@ch like '[0-9][0-9][0-9][0-9]'
GO
EXEC sp_bindrule 'yhy_rule','class.pno'
GO
```

规则是与 CHECK 作用类似的一类数据库对象，它可以通过检查某列上数据的取值范围来实现数据库域的完整性。但它又与约束不完全相同，它需要单独创建，而约束的创建可以在创建或修改表的时候进行。

此段程序的前提是 class 表的表结构已经使用操作或者编码的方式建立完毕。

CREATE RULE 是创建规则的关键字，并且将规则命名为 yhy_rule。AS 后面是规则的具体实现，@ch 是被定义的局部变量，like 是匹配符，[0-9]表示字符为 0～9 的任意字符，这里限定了要求输入的字符长度为 4 且为数值型数据。

规则定义后并不立即对数据库中的数据发生作用，必须要将它与具体的列进行绑定才行。这里运用存储过程 sp_bindrule 将定义的规则 yhy_rule 与 class 表的 pno 字段进行了绑定。

第 10 步：创建数据表 class 和 student 之间的关系

(1) 展开"对象资源管理器"中的 dbo. student 结点，右击其子结点"键"，弹出快捷菜单，如图 3.4.7 所示。

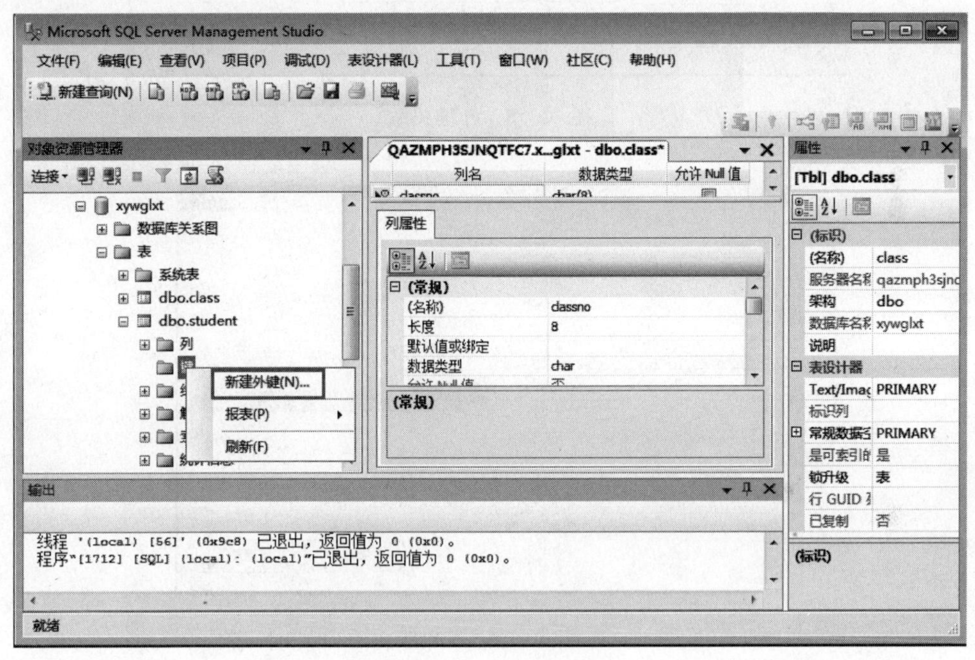

图 3.4.7　新建外键

(2) 选择"新建外键"命令，打开"外键关系"对话框。单击列表框中"表和列规范"左侧的"+"，展开子项目。子项目中为默认定义，如图 3.4.8 所示。

(3) 单击"表和列规范"右边的 ... 按钮，打开"表和列"对话框。在"主键表"下拉列表框中选择 class，选择列为 classno；在"外键表"下拉列表框中输入"student"，选择列为 classno，系统会自动生成关系名 FK_student_class，如图 3.4.9 所示。

(4) 单击"确定"按钮，返回"外键关系"对话框。单击"关闭"按钮，返回 Management Studio 窗口。单击"保存"按钮，提示保存表之间的关系，如图 3.4.10 所示。

(5) 单击"是"按钮，保存对外键的定义。至此，数据表 class 和 student 之间的关系建立完成。

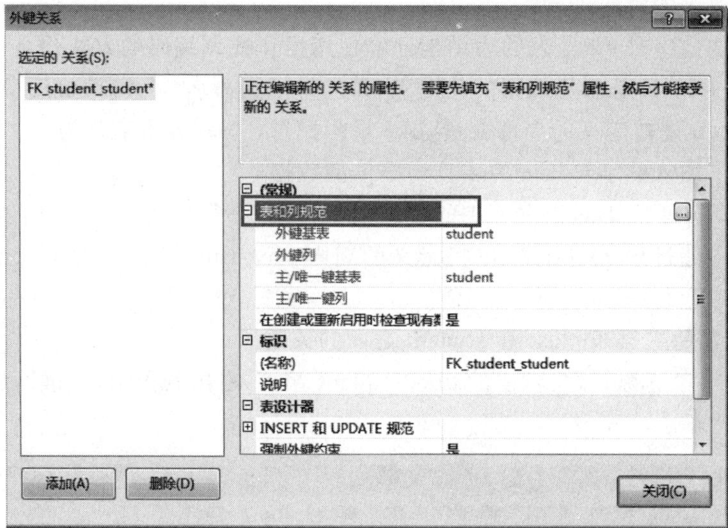

图 3.4.8 外键关系

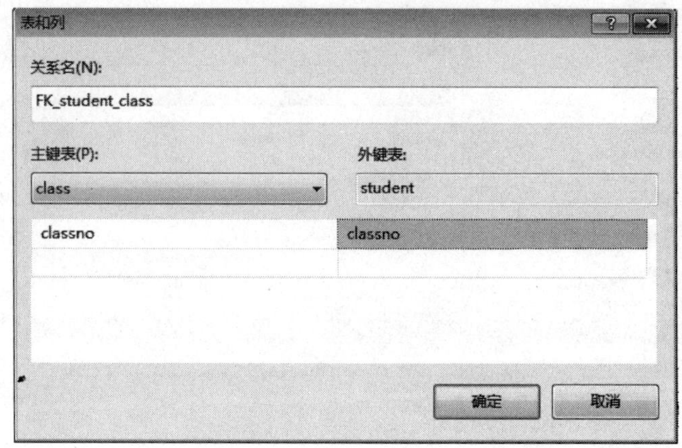

图 3.4.9 表和列

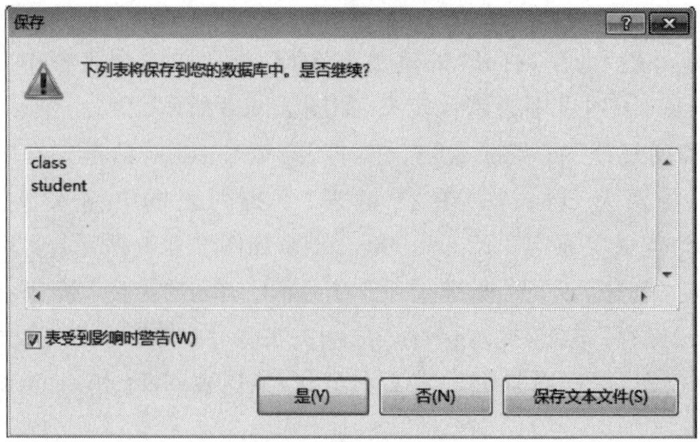

图 3.4.10 保存

第 11 步：建立数据库关系图显示表间的关系

（1）右击“对象资源管理器”中的 student 结点的子结点“数据库关系图”，弹出快捷菜单，如图 3.4.11 所示。

图 3.4.11　新建数据库关系图

（2）选择“新建数据库关系图”命令，在 Management Studio 中打开一个数据库关系图的标签页，并且激活“添加表”对话框，在“表”列表框中选择 student 表和 class 表，如图 3.4.12 所示。

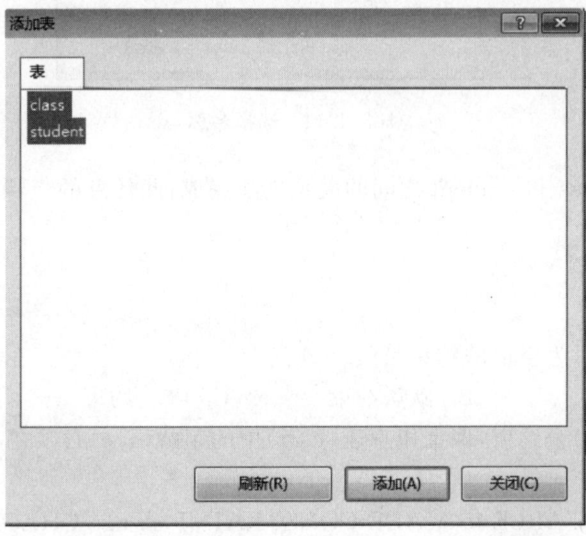

图 3.4.12　添加表

(3) 单击“添加”按钮，并单击“关闭”按钮，关闭“添加表”对话框。“关系图”的标签页中显示了已添加的 student 和 class 表，它们的关系如图 3.4.13 所示。

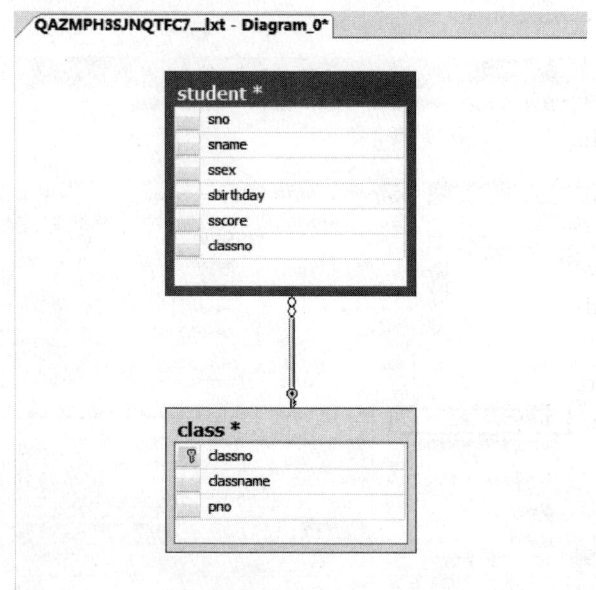

图 3.4.13　表的关系图

(4) 单击“保存”按钮，弹出“选择名称”对话框，输入关系图的名称，可以将数据库关系图保存在数据库中，如图 3.4.14 所示。

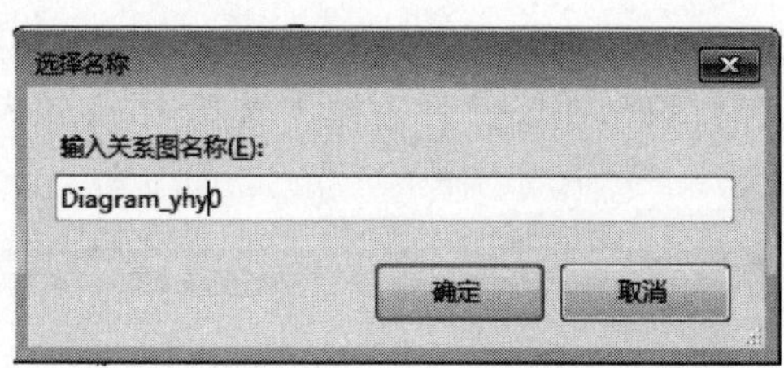

图 3.4.14　选择名称

至此，数据表 class 和 student 之间的关系创建完成，此任务的步骤全部结束。

【实操练习】

一、选择题

1. 在表中不可以为空值的约束是(　　)。

A. 外键约束　　B. 默认约束　　C. 唯一约束　　D. 主键约束

2. 如果要建立一个约束，保证用户表(user)中的年龄(age)必须在 16 岁以上，下面语句正确的是(　　)。

A. ALTER TABLE user ADD CONSTRAINT ck age CHECK(age>16)

B. ALTER TABLE user ADD CONSTRAINT df_age DEFAULT(16) for age

C. ALTER TABLE user ADD CONSTRAINT uq_age UNIQUE(age>16)

D. ALTER TABLE user ADD CONSTRAINT df_age DEFAULT(16)

3. 在 SQL 语言中删除表的命令是(　　)。

A. DELETE TABLE　　B. DROP TABLE

C. CLEAR TABLE　　D. REMOVE TABLE

4. 在 SQL Server 中用来显示数据库信息的系统存储过程是(　　)。

A. sp_dbhelp　　B. sp_db　　C. sp help　　D. sp helpdb

5. 语句"ALTER TABLE userinfo ADD CONSTRAINT uq _ userid UNIQUE (userid)"执行成功后为 userinfo 表的(　　)字段添加了(　　)约束。

A. userid,主键　　B. userid,唯一

C. uq_userid,外键　　D. uq_userid,检查

二、填空题

1. 表的关联就是________约束。

2. 关系图中的关系连线的终点图标代表了关系的类型,如果关系连线两端都为钥匙图标,则关系类型为________;如果关系连线的一端为钥匙图标,另一端为 oo 图标,则关系类型为________。

3. T-SQL 语句基本表定义了________、________、________和________ 4 个表级约束。

4. 使用 T-SQL 的________语句可以修改数据库。

5. 按定义的范围可以分为________级约束和________级约束。

三、简答题

1. 什么是数据的完整性?完整性有哪几种?

2. DEFAULE 约束的特点是什么?

3. 创建数据表 student 和 class 之间的关系,并建立数据库的关系图显示两者的关系。

校园网数据库系统的基本操作

项目背景

创建数据库和表的目的在于存储数据，在系统开发过程中更多的时候是对表的数据进行管理，包括数据的插入、修改(更新)、删除、查询。通常这些操作都是通过SQL语句来完成的，所以本项目需要重点掌握应用SQL语句进行数据管理的方法。

项目分析

本项目分成以下两个任务。

任务一：数据表结构的修改与数据的增加、删除与更新。

任务二：数据库中表的若干行、列的排序以及模糊查询。

通过本项目的完成掌握对系统数据记录的一些基本操作，例如记录的增加、删除与更新，记录的查询等。

项目目标

【知识目标】 ①了解数据表中记录的概念；②理解数据表中记录与字段的区别；③掌握数据库中的数据新增、删除及更新的方法，熟悉数据增加、删除、修改的SQL语法；④学会根据不同条件对数据进行查询。

【能力目标】 ①具备数据库数据与外表的导入与导出能力；②具备新增、删除及更新数据库数据的能力；③具备查询特定条件数据的能力；④具备区分数据表中行与列概念的能力。

【情感目标】 ①培养良好的适应压力的能力；②培养沟通的能力及通过沟通获取关键信息的能力；③培养团队的合作精神，④培养实现客户利益最大化的理念；⑤培养对事物发展是渐进增长的认知。

任务一：数据表结构的修改与数据的增加、删除与更新

【任务说明】

在数据表创建之后需要对表进行修改时，在“对象资源管理器”中展开“数据库”结点，

在需要修改的数据表上右击，在弹出的快捷菜单中选择“修改”命令，打开“修改表的结构”对话框，在其中可以对表中各列的属性进行修改，可以修改列的名称、数据类型、是否为空值等。

如果要添加、删除或改变列的顺序，可以继续右击表的某列，通过弹出的快捷菜单对表进行相关操作。

对于数据库中不再需要的表，可以将其删除。在删除表的操作完成后，表的结构、表中的数据都将被永久性删除。删除表既可以在图形化界面中完成，也可以通过执行 DROP TABLE 语句来实现。

数据表确认建立好了，要新增一些数据，使用企业管理器可以录入数据，但很多时候数据的增加是不能使用企业管理器实现的，例如某某在线交流平台，若有新用户注册，就不可能让用户通过企业管理器录入自己的注册信息。

数据库一般起到存储数据的作用，在一个系统中，数据库需要和程序配合才能发挥作用。例如用开发工具开发用户注册的页面，接收用户输入的注册信息，然后检查没有问题后调用 SQL 的 INSERT 语句，将注册信息插入到数据库中。前面提到 SQL 分为 DML、DDL、DCL，其中数据插入、修改、删除是属于数据操纵语言的，作为程序员，一定要熟练掌握 DML，像这种校园网管理系统，当系统开发完成运营后数据库放在服务器中，只有最高级的管理员才能进入，日常的操作(例如用户信息的录入、修改、删除)都通过一个后台管理程序进行。

【任务分析】

此任务的需求主要是进行表数据的管理，主要包括数据表本身结构的修改，表数据的插入、修改和删除。通常，表和视图数据管理可使用 SQL Server 2008 管理平台和 T-SQL 语句两种方法来完成。本任务将具体介绍使用 T-SQL 语句进行数据库管理的操作。

【实施步骤】

第 1 步：修改表的结构

在“对象资源管理器”中展开“数据库”下的“表”结点，在需要修改的数据表上右击，在弹出的快捷菜单中选择“设计”命令，如图 4.1.1 所示。

打开“修改表的结构”对话框，在其中可以对表中各列的属性进行修改，可以修改列的名称、数据类型、是否为空值等，如图 4.1.2 所示。

第 2 步：

方法一：删除数据表 student

在 SQL Server Management Studio 中删除数据表 student，首先右击需要删除的表，在弹出的快捷菜单中选择“删除”命令，打开“删除对象”对话框，如图 4.1.3 所示。然后单击“确定”按钮即可删除该表。

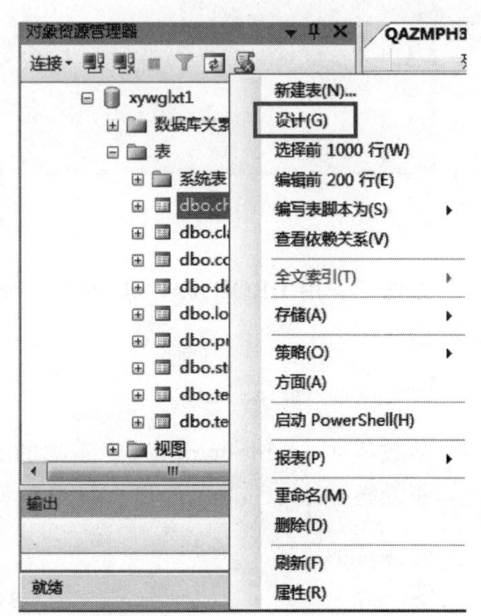

图 4.1.1　选择“设计”命令

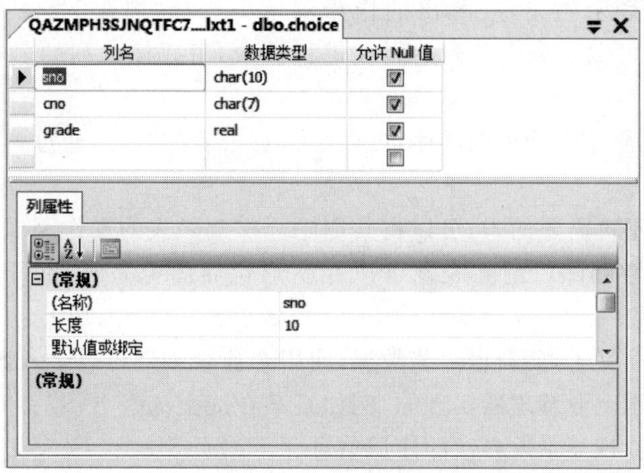

图 4.1.2　修改表的结构

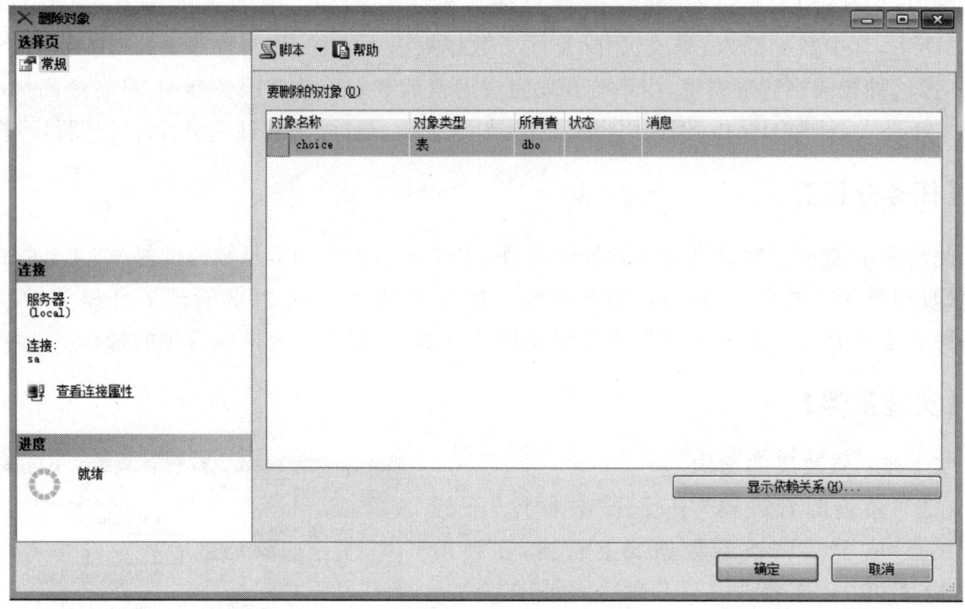

图 4.1.3　删除对象

方法二：用 DROP TABLE 语句删除表

语法格式：

```
DROP TABLE table - name
```

参数说明：table-name 为要删除的数据表的名称。

删除数据表 student 的具体程序代码如下：

```
USE xywglxt1
GO
DROP TABLE student
GO
```

分析执行上述代码，结果如图 4.1.4 所示。

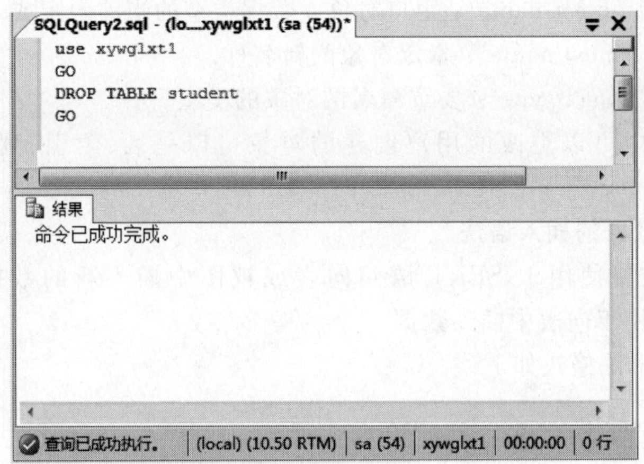

图 4.1.4　DROP TABLE 语句

第 3 步

方法一：数据表的重命名

数据表的重命名既可以在图形化界面中完成，也可以通过执行存储过程 sp_rename 来实现。

在 SQL Server Management Studio 中重命名表，首先右击需要重命名的表，在弹出的快捷菜单中选择"重命名"命令，然后输入新的数据表名就完成数据表的重命名。

方法二：使用存储过程 sp_rename 重命名数据表，将数据表 student 重命名为"xs"

程序代码如下：

```
USE xywglxt1
GO
EXEC Sp_rename 'student','xs'
GO
```

结果如图 4.1.5 所示。

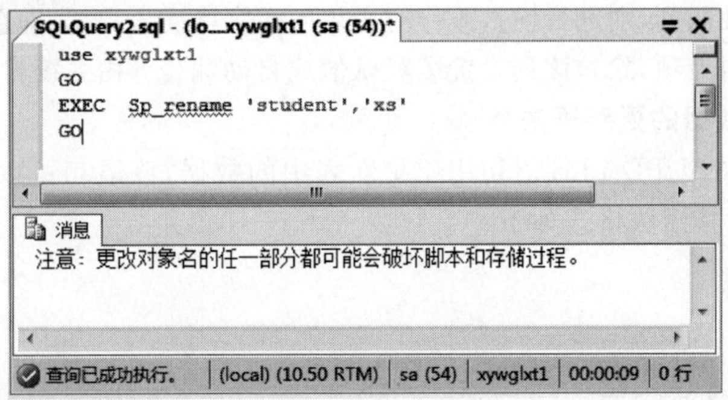

图 4.1.5　重命名数据表

重命名数据表的语法格式如下：

```
Sp_rename [@objname = ]'object - name',[@newname = ]'new - name'[,[@objtype = ]'onject - type']
```

参数说明：

[@objname=]'object-name'：用户对象或数据类型的当前限定或非限定名称。

[@newname=]'new-name'：指定对象的新名称。

[@objtype=]'object-type'：要重命名的对象的类型。

在当前数据库中可以更改的用户创建的对象可以是表、索引、列、别名数据类型或Microsoft.NET Framework公共语言运行时(CLR)用户定义的类型。

第4步：理解数据的插入语法

在T-SQL中主要使用INSERT语句向表或视图中插入新的数据行。用于查询的SELECT语句也可用于向表中插入数据。

表数据的插入语法格式如下：

```
INSERT [ INTO] { table_name | view_name}
{ (column_name [, …n])
 { VALUES ({ DEFAULT | NULL | expression } [ , …n] ) | derived_table }
}
```

参数说明：

(1) INSERT [INTO]：指定要向表中插入数据，INTO可以省略。

(2) {table_name | view_name}：表示要插入数据的表或视图的名称。

(3) (column name [,…n])：表示要插入数据的表或视图的列名清单。

(4) VALUES：该关键字指定要插入数据的列表清单。

(5) { DEFAULT | NULL | expression } [,…n]：该数据列表清单中包括默认值、空值和表达式的数量，次序和数据类型必须与列清单中指定列的定义相匹配。如果在VALUES清单中按表中定义的列的顺序提供每列的值，则可以省略列清单。

(6) derived_table：这是一个导入表中数据的SELECT子句。通常INSERT命令一次只能在表中插入一行数据，但可以采用SELECT子句替代VALUES子句，将一张表中的多行数据导入到要插入数据的表中。

尽管有时可能仅仅需要向表中插入某一(或某几)个字段的数据，但是该字段所在行的其他字段一定是自动取空值、默认值和自动编号值之一的，即插入数据是一次插入一行。如果表中包含具有非空属性的列，则进行插入操作时必须向该字段插入数据，即在列各清单及数据列表清单中必须有其对应项，除非该列设置了默认值或自动编号等由系统自动插入数据的属性。

第5步：理解数据的更新语法

T-SQL语句中的UPDATE语句用于更新表中的数据，该语句可以用于一次修改表中的一行或多行数据，其语法格式如下：

```
UPDATE table_name
SET
{ column_name = { expression | DEFAULT | NULL }
   |@variable = expression
   |@variable = column_name = expression
} [, …n]
{FROM { < table_source > } [, … n]
[WHERE < search_condition > ]
}
```

参数说明：

(1) UPDATE table_name：指定需要更新的表的名称为 table_name 所表示的名称。

(2) SET：该子句表示对指定的列或变量名称赋新值。

(3) column_name＝{ expression | DEFAULT | NULL}：将变量、字符、表达式的值或默认值或空值替换 column_name 所指定列的现有值，不能修改标识列数据。

(4) @variable＝expression：指定将变量、字符、表达式的值赋予一个已经声明的局部变量。

(5) @variable＝column_name＝expression：指定将变量、字符、表达式的值同时赋予一列和一个变量。

(6) FROM{< table_source >}：表示要依据一个表(可以是本表或其他表)中的数据进行更新操作。

(7) WHERE < search_condition >：指定修改数据的条件，如果省略此选项，则修改每一行中的该列数据。当有 WHERE 子句时仅修改符合 WHERE 条件的行。

(8) 在一个 UPDATE 中可以一次修改多列的数据，只要在 SET 后面写入多个列名及其表达式，每个用逗号隔开即可。

(9) UPDATE 不能修改具有 IDENTITY 属性的列值。

第 6 步：理解数据的删除语法

在 T-SQL 语句中删除表中数据的方法有两种：在指定的表或视图中删除满足给定条件的数据可以使用 DELETE 语句；如果要清除表中的全部数据，则可以使用 TRUNCATE TABLE 语句。

DELETE 语句的语法格式如下：

```
DELETE [ FROM ] { table_name | view_name }
    [ FROM { < table_source > } ]
    WHERE < search_condition > ]
```

参数说明：

(1) DELETE 语句中的语法项目的含义与 UPDATE 语句相同。

(2) WHERE 子句给出删除数据必须满足的条件，省略 WHERE 子句时将删除所有数据。

TRUNCATE TABLE 语句的语法格式如下：

```
TRUNCATE TABLE [{database_name.[schema_name]. | schema_name.} ] table_name [;]
```

其中，table_name 表示要删除数据的表的名称。

TRUNCATE TABLE 语句的语法说明如下：

TRUNCATE TABLE 语句可删除指定表中的所有数据行，表结构及其索引可继续保留，为该表所定义的约束、规则、默认值和触发器仍然有效。

与 DELETE 语句相比，TRUNCATETABLE 语句删除的速度更快。因为 DELETE 语句在每次删除一行时都要把删除操作记录到日志中，而 TRUNCATE TABLE 语句则通过释放表数据页面的方法来删除表中的数据，它只在释放页面后做一次事务日志。

使用 TRUNCATE TABLE 语句删除数据后这些数据不可恢复，而 DELETE 操作可以回滚，能够恢复原来的数据。

TRUNCATE TABLE 语句不能操作日志，不能激活触发器，所以 TRUNCATE TABLE 语句不能删除一个被其他表通过 FOREIGN KEY 约束参照的表。

第 7 步：向表中插入数据

向表中插入数据有以下 4 种方法。

第 1 种方法是使用 INSERT 插入单行数据，其语法结构如下：

```
INSERT [INTO] <表名> [列名] VALUES <列值>
```

示例 1：使用 INSERT 语句向 students 表中插入一行数据。

```
INSERT INTO students (姓名,性别,出生日期)
      VALUES ('杨海艳','男','1983/09/20')
```

注意：INTO 可以省略；列名、列值用逗号分开；列值用单引号引上；如果省略列名，将依次插入所有列。

第 2 种方法是使用 INSERT SELECT 语句将现有表中的数据添加到已有的新表中，其语法结构如下：

```
INSERT INTO <已有的新表> <列名> SELECT <源表列名> FROM <源表名>
```

示例 2：使用 INSERT SELECT 语句向 tongxunlu 表中插入一行数据。

```
INSERT INTO tongxunlu ('姓名','地址','电子邮件')
SELECT name,address,email FROM students
```

注意：INTO 不可省略；查询得到的数据个数、顺序、数据类型等必须与插入的项保持一致。

第 3 种方法是使用 SELECT INTO 语句将现有表中的数据添加到新建表中，其语法结构如下：

```
SELECT <新建表列名> INTO <新建表名> FROM <源表名>
```

示例 3：使用 SELECT INTO 语句向 tongxunlu 表中插入一行数据。

```
SELECT name,address,email INTO tongxunlu FROM students
```

注意：新表是在执行查询语句时创建的，不能够预先存在。

在新表中插入标识列(关键字为 IDENTITY)的语法结构如下：

```
SELECT IDENTITY(数据类型,标识种子,标识增长量) AS 列名 INTO 新表 FROM 源表名
```

示例 4：使用 SELECT INTO 语句向 tongxunlu 表中插入一行数据。

```
SELECT IDENTITY(int,1,1) AS 标识列,dengluid,password INTO tongxunlu FROM students
```

注意：关键字为 IDENTITY。

第 4 种方法是使用关键字 UNION 合并数据插入多行，其语法结构如下：

```
INSERT <表名> <列名> SELECT <列值> UNION SELECT <列值>
```

示例 5：使用 SELECT INTO 语句向 tongxunlu 表中插入一行数据。

```
INSERT tongxunlu (姓名,性别,出生日期) SELECT '杨海艳','男','1980/6/15' UNION(NUION 表示下一行) SELECT '杨博士','男','19 ** / ** / ** '
```

注意：插入的列值必须和插入的列名个数、顺序、数据类型一致。

第 8 步：删除表中的数据

删除数据库中的数据有以下两种方法。

第 1 种方法是使用 DELETE 删除数据表中的某些数据，其语法结构如下：

```
DELETE FROM <表名> [WHERE <删除条件>]
```

示例 6：使用 DELETE FROM 语句删除 tongxunlu 表中的一行数据。

```
DELETE FROM tongxunlu WHERE name = '杨海艳'(删除 tongxunlu 表中 name 值为杨海艳的行)
```

注意：删除整行不是删除单个字段，所以在 DELETE 后面不能出现字段名。

第 2 种方法是使用 TRUNCATE TABLE 删除整个表的数据，其语法结构如下：

```
TRUNCATE TABLE <表名>
```

示例 7：使用 TRUNCATE TABLE 语句删除 tongxunlu 表中的所有数据。

```
TRUNCATE TABLE tongxunlu
```

注意：删除表的所有行，但表的结构、列、约束、索引等不会被删除。

【实操练习】

1. 如何向数据库中增加数据？
2. 如何从数据库中删除数据？
3. 如何在数据库中更新数据？
4. 向数据表中添加数据有哪几种方法？
5. 数据更新操作能否同时修改一条数据的多个值？

任务二：数据库中表的若干行、列的排序以及模糊查询

【任务说明】

本任务主要是进行数据库查询，数据库查询速度的提高是数据库技术发展的重要标志之一，在数据库发展过程中数据查询曾经是一件非常困难的事情，直到使用了 T-SQL 后数据库的查询才变得相对简单。T-SQL 中的查询语法提供了强大的查询操作功能，通常可以使用 SELECT 语句来完成查询操作。用户可以查询一个或者多个表格；对查询列进行筛选和计算；对查询进行分组、分组过滤和排序；甚至可以在一个查询中嵌套另一个查询。

【任务分析】

本任务之一：要完成对 student 表的若干列的查询，这里的若干列既可以是全部列，也

可以是部分列,还可以是一些列组合成的结果集。为了完成该任务以及对该知识点的学习可以具体化为下面几个示例:

(1) 查询 student 表中学生的学号、姓名、性别和入学成绩;

(2) 查询 student 表中所有学生的信息;

(3) 查询 student 表中学生的姓名和年龄。

完成这些任务可以用简单的 SELECT 语句(包括 SELECT 子句和 FROM 子句),其语法格式如下:

```
SELECT 列名列表 FROM 表名
```

本任务之二:要完成对 student 表的若干行的查询可以通过 WHERE、TOP 和 DISTINCT 来实现。WHERE 子句可以筛选出满足条件的记录,TOP 可以对记录的条数进行具体限定,DISTINCT 则可以清除一些重复的行。为了完成该任务以及对该知识点的学习可以具体化为下面几个示例:

(4) 查询 student 表中 c14F17 班的男生信息;

(5) 应用 TOP 子句查询 choice 表中选修 0101001 课程的 3 位学生;

(6) 应用 DISTINCT 子句消除重复行。

完成这些任务需要用到较为复杂的 SELECT 语句,其语法格式如下:

```
SELECT[TOP n][DISTINCT]列名列表 FROM 表名 WHERE 查询条件
```

本任务之三:在 student 表中查询全体学生的信息,查询结果按所在班级的班级编号降序排列,同一个班级的学生按照学号升序排列。对于结果的排序可以使用 ORDER BY 语句来控制,其中 ASC 表示升序,DESC 表示降序。

本任务之四:在 student 表中查询杨姓学生的基本信息,查询结果按出生日期降序排列。这里的查询条件"姓杨的学生"的含义比较宽泛,不能直接使用"sname='杨'"来表示,而要使用 LIKE 子句加上通配符的形式。查询结果的排序则可以使用 ORDER BY 语句来控制,其中 ASC 表示升序,DESC 表示降序。

【实施步骤】

第 1 步:理解关系数据库的基本运算

关系数据库的关系之间可以通过运算获取相关的数据,其基本运算的种类主要有投影、选择和连接,它们来自关系代数中的并、交、差、选择和投影等运算。

(1) 投影:从一个表中选择一列或者几列形成新表的运算称为投影。投影是对数据表的列进行的一种筛选操作,新表的列的数量和顺序一般与原表不同。在 SQL Server 中投影操作通过在 SELECT 子句中限定列名列表来实现。

(2) 选择:从一个表中选择若干行形成新表的运算称为选择。选择是对数据表的行进行的一种筛选操作,新表的行的数量一般与原表不同。在 SQL Server 中选择操作通过在 WHERE 子句中限定记录条件来实现。

(3) 连接:从两个或两个以上的表中选择满足某种条件的记录形成新表的运算称为连接。连接的运算是多表,它可以分为交叉连接、自然连接、左连接和右连接等不同类型。

第 2 步：理解 SELECT 语句的基本语法格式

```
SELECT select_list
[INTO new_table_name]
FROM table_list
[WHERE search_condition1]
[GROUP BY group_by_list]
[HAVING search_condition2]
[ORDER BY order_list[ASC | DESC]]
```

其中参数的基本含义如表 4.2.1 所示。

表 4.2.1　SELECT 语句的主要参数说明

参　数	说　明
select_list	用 SELECT 子句指定字段列表，字段间用逗号分隔。这里的字段可以是数据表或视图的列，也可以是其他表达式，例如常量或 T-SQL 函数
new_table_name	新表的名称
table_list	即数据来源的表或视图，还可以包含连接的定义
search_condition1	跟在 WHERE 子句后，表示记录筛选的条件
group_by_list	根据列中的值将结果进行分组
search_condition2	用于 HAVING 子句中对结果集的附加筛选
order_list[ASC|DESC]	order_list 指定组成排序列表的结果集的列，关键字 ASC 和 DESC 用于指定行是按升序排列还是按降序排列

第 3 步：了解 WHERE 子句的常用查询条件

SELECT 查询语句中的 WHERE 子句可以对查询的记录进行限定，当满足查询条件时显示记录，当不满足查询条件时不显示记录，从而筛选出满足条件的记录。为了筛选出符合条件的记录，在 WHERE 子句中要使用各类查询条件，具体如下。

（1）使用比较运算符：比较运算符用来比较两个表达式的大小，主要的比较运算符有大于（>）、等于（=）、小于（<）、大于等于（>=）、小于等于（<=）、不大于（!>）、不小于（!<）和不等于（< >或!=）。

（2）使用逻辑运算符：逻辑运算符主要有 AND、OR 和 NOT 3 种，用户可以使用逻辑运算符组合筛选条件，从而查出所需数据。

（3）使用集合运算符：集合运算符主要有 IN 和 NOT IN，它们可以用来查找某个值是否属于某个集合的记录。使用 UNION 还可以将查询的结果集合并成一个集合。

（4）使用字符匹配运算符：在 SQL Server 中提供了 LIKE 进行字符串的匹配运算，从而实现模糊查询。与匹配运算符一同使用的是通配符，具体功能如表 4.2.2 所示。

表 4.2.2　通配符的功能

通配符	功　能	实 例 说 明
%	包含零个或更多字符的任意字符串	WHERE title LIKE '%computer%' 将查找处于书名任意位置的包含单词 computer 的所有书名
_(下画线)	任何单个字符	WHERE au_fname LIKE '_ean' 将查找以 ean 结尾的所有 4 个字母的名字(Dean、Sean 等)

续表

通配符	功　　能	实 例 说 明
[ ]	指定范围([a-f])或集合([abcdef])中的任何单个字符	WHERE au_lname LIKE '[C-P]arsen' 将查找以 arsen 结尾且以介于 C 与 P 之间的任何单个字符开始的作者姓氏,例如 Carsen、Larsen、Karsen 等
[^]	不属于指定范围([a-f])或集合([abcdef])的任何单个字符	WHERE au_lname LIKE 'de[^l]%' 将查找以 de 开始且其后的字母不为 l 的所有作者的姓氏

第 4 步:查询 student 表中的学生的学号、姓名、性别和入学成绩

下面是具体的程序代码:

```
USE xywglxt
GO
SELECT sno,sname,ssex,sscore
FROM student
GO
```

程序中首先用 USE xywglxt 语句打开校园网管理数据库 xywglxt,任务中要查询的是学生的学号、姓名、性别和入学成绩,对应 student 表中的 sno、sname、ssex 和 sscore 4 个字段,因此分别在 SELECT 子句中依次列出要查询的字段(字段间用逗号分割)。FROM 子句指明数据来源于哪张数据表或视图,此处来自 student 表。

分析执行上述代码,在查询结果集中将只显示学号、姓名、性别和入学成绩 4 个字段,如图 4.2.1 所示。

图 4.2.1　查询 student 表

第 5 步：查询 student 表中所有学生的信息

下面是具体的程序代码：

```
USE xywglxt
GO
SELECT *
FROM student
GO
```

以上程序代码中首先用 USE xywglxt 语句打开校园网管理数据库 xywglxt，任务中要查询的是学生的所有信息，可以依次列出表中的所有列，也可以使用通配符"＊"来表示，FROM 子句指明数据来源于哪张数据表，此处来自 student 表。

使用两种不同方法的程序代码都会在查询结果集中显示 student 表中的所有字段，如图 4.2.2 所示。

图 4.2.2　查询学生的信息

第 6 步：查询 student 表中学生的姓名和年龄

下面是具体的程序代码：

```
USE xywglxt
GO
SELECT sname 姓名, YEAR(GETDATE()) - YEAR(sbirthday)年龄
```

```
FROM student
GO
```

程序中的"YEAR(GETDATE())-YEAR(sbirthday)"是表达式,可以计算出学生的年龄。其中 YEAR()函数的功能是返回年份,GETDATE()函数的功能是返回系统当前的时间和日期。列名后的中文"姓名"和"年龄"是该列的别名,用来友好地显示相关查询字段的信息。

分析执行上述代码,在查询结果集中将显示 student 表中的相关字段,如图 4.2.3 所示。

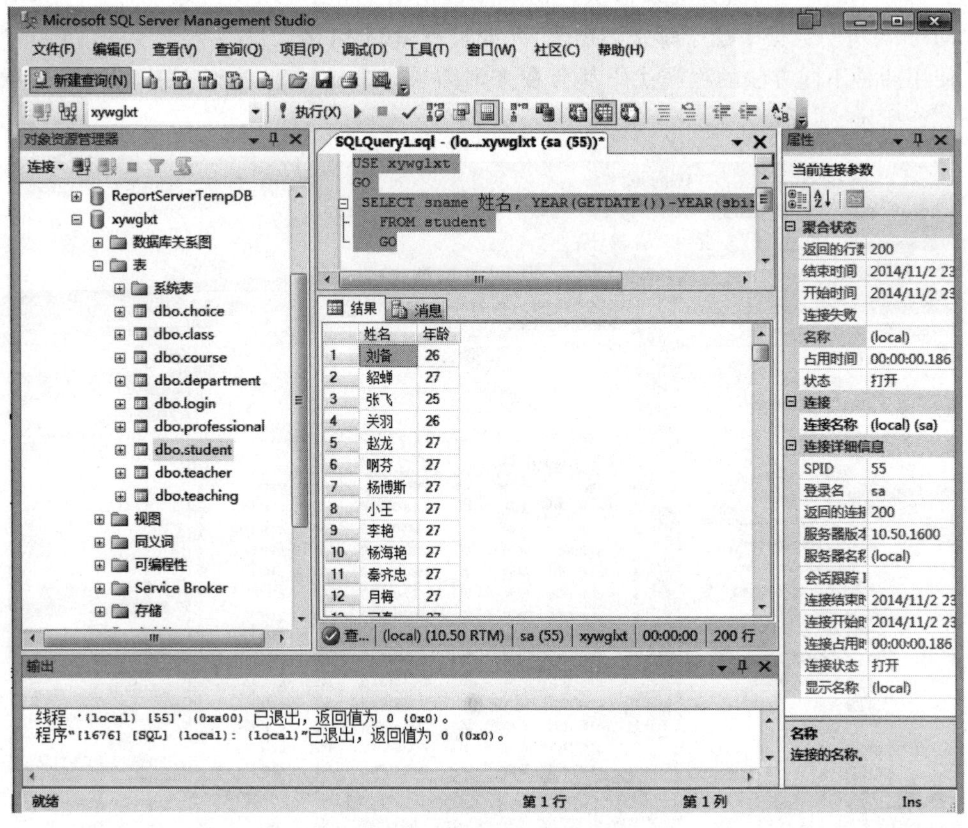

图 4.2.3　查询学生的姓名、年龄

第 7 步:查询 student 表中 c14F17 班的男生信息

下面是具体的程序代码:

```
USE xywglxt
GO
SELECT *
FROM student
WHERE classno = 'c14F17' AND ssex = '男'
GO
```

以上代码是对男生的具体信息进行限定,在 SELECT 后面使用" * "选择数据表中所有的列。WHERE 子句可以把满足条件的记录筛选出来,这里的条件有两个,一个是班级的编码为 c14F17，另一个是学生的性别是“男”。两个条件之间是并且的关系，可以用逻辑运算符 AND 连接。注意，字符常量在引用时要用单引号。

分析执行上述代码，结果如图 4.2.4 所示。

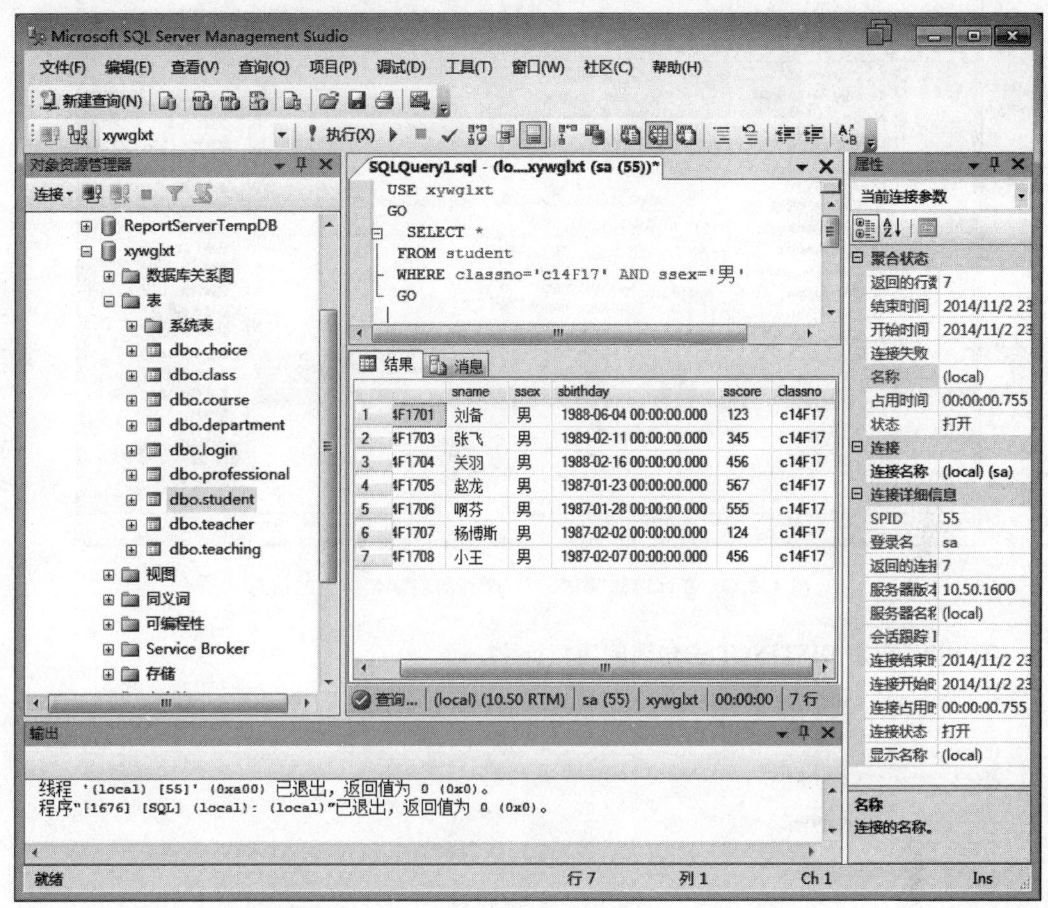

图 4.2.4　查询男生信息

第 8 步：应用 TOP 子句查询 choice 表中选修“0101001”课程的前 3 位学生的信息

下面是具体的程序代码：

```
USE xywglxt
GO
SELECT TOP 3 *
FROM choice
WHERE cno = '0101001'
GO
```

有时查询只希望看到表中的部分记录，例如前 3 条或者 20％的记录，此时可以使用 TOP 命令或者 PERCENT 命令来实现。如果在字段列表之前使用 TOP 30 PERCENT 关键字，则查询结果只显示前面 30％的记录。TOP 子句位于 SELECT 和列名列表之间。

分析执行上述代码，结果如图 4.2.5 所示。

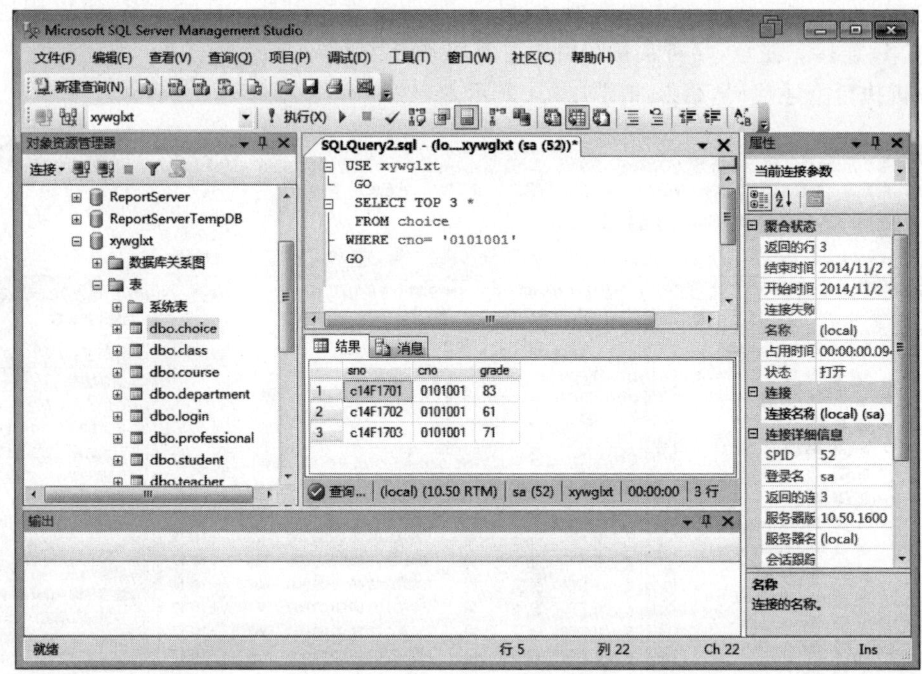

图 4.2.5 查询选修"0101001"课程的前 3 名学生的信息

第 9 步：应用 DISTINCT 子句消除重复行

下面是具体的程序代码：

```
USE xywglxt
GO
SELECT DISTINCT sno
FROM choice
GO
```

在查询中某些记录可能会重复出现，为了减少数据冗余，可以使用关键字 DISTINCT 来消除重复出现的记录。比如上述程序如果不使用 DISTINCT，所有选修了课程的学生的学号都会显示出来，而有些学生可能选修了不止一门课程，这样就会有很多重复的学号出现。DINSTINCT 位于 SELECT 和列名列表之间。

分析执行上述代码，结果如图 4.2.6 所示。

第 10 步：使用 ORDER BY 子句实现查询信息的排序显示

下面是具体的程序代码：

```
USE xywglxt
GO
SELECT *
FROM student
ORDER BY classno DESC, sno ASC
GO
```

分析执行上述代码，结果如图 4.2.7 所示。

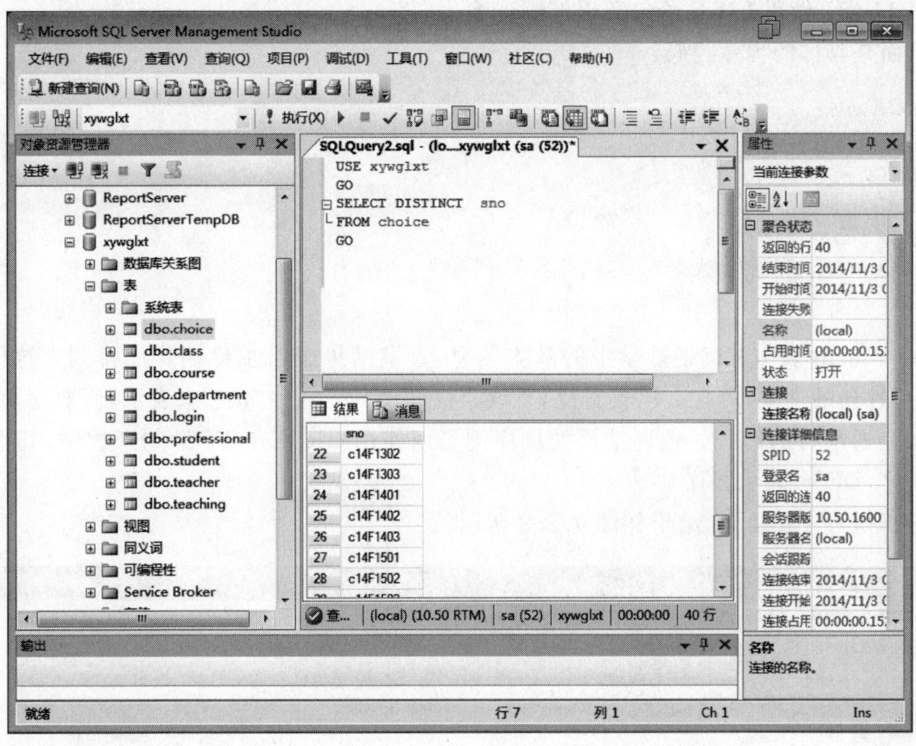

图 4.2.6　消除重复行

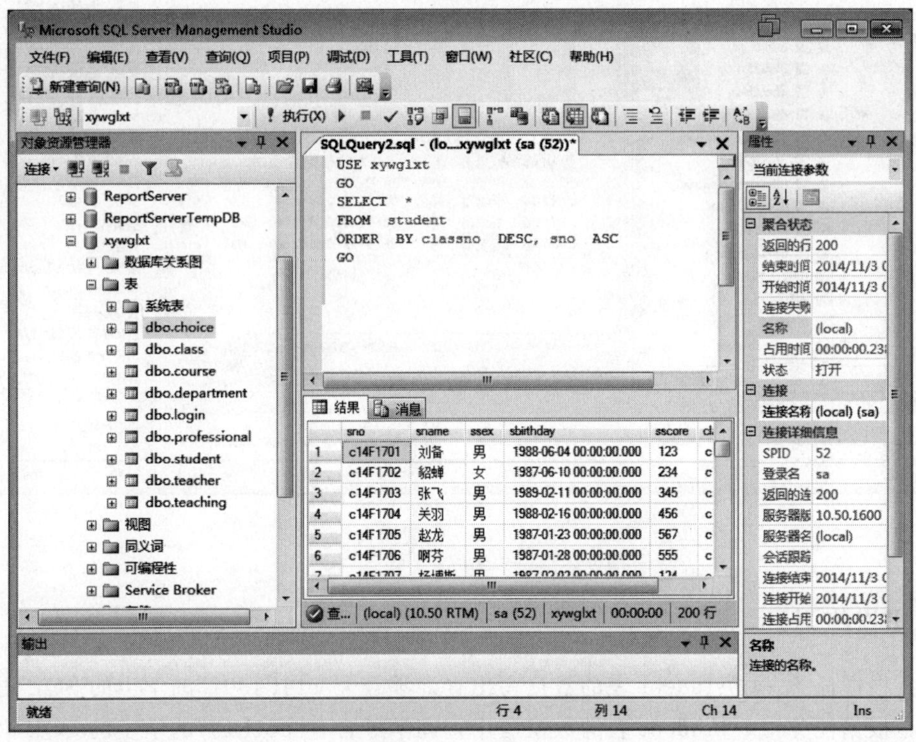

图 4.2.7　排序显示

第 11 步：使用 LIKE 子句实现模糊查询

下面是具体的程序代码：

```
USE xywglxt
GO
SELECT *
FROM student
WHERE sname LIKE '杨%'
ORDER BY sbirthday DESC
GO
```

在 student 表中查询杨姓学生的基本信息，查询结果按出生日期降序排列。这里的查询条件“姓杨的学生”的含义比较宽泛，不能直接使用“sname='杨'”来表示，而要使用 LIKE 子句加上通配符的形式。查询结果的排序则可以使用 ORDER BY 语句来控制，其中 ASC 表示升序，DESC 表示降序。

分析执行上述代码，结果如图 4.2.8 所示。

图 4.2.8 模糊查询

【实操练习】

1. 根据任务一中 student 表的数据写出查询学号为“c14F1301”的学生的 SQL 语句。
2. 根据任务一中 student 表的数据写出查询学号含有“c14F13”的学生的 SQL 语句。

校园网数据库系统的视图

项目背景

在前面的几个项目中学习了如何在 SQL Server 中建立数据库和数据表,以及表数据的插入、删除、修改,数据查询,分组汇总等,这些都是 SQL Server 最基础、最广泛的应用,如果要建立一些小型的应用程序,那么这些知识已经够用了。当然,如果参与专业的软件公司或中大型软件项目的开发,这些知识还远远不够,本项目学习视图的创建以及视图的各种操作等数据库中比较高价的技术。

项目分析

本项目分以下两个任务。

任务一:创建视图。

任务二:视图的各种操作。

通过完成本项目了解掌握视图的作用及基本操作。

项目目标

【知识目标】 ①了解视图的基本概念;②理解视图在数据库中的作用;③掌握视图的创建、删除及更新等操作。

【能力目标】 ①具备创建视图的能力;②具备删除、更新及查询视图的能力;③具备理解视图在数据库中作用的能力。

【情感目标】 ①培养良好的适应压力的能力;②培养沟通的能力及通过沟通获取关键信息的能力;③培养团队的合作精神;④培养实现客户利益最大化的理念;⑤培养对事物发展是渐进增长的认知。

任务一:创建视图

【任务说明】

视图在使用时如同真实的表一样也包含了记录和字段。视图和表的不同之处在于,视图是一个根据需求重新组织的虚拟表,视图的数据可以来自一个表或者多个表,其结构和数据是建立在对表的查询的基础上的,所以更合适的理解是"视图是存储在 SQL Server 中的查询",在 Access 数据库中就是用"查询"来表达"视图"的概念的。视图中的数据可以查询,也可以更新,但通过视图更新数据,所更新的数据只能在同一个表中。

【任务分析】

任务的具体要求是在 student 数据库中查询"计算机应用技术"专业的所有学生的信息,并将查询结果保存为视图 View-yhy。解决这个任务可以采用两种方法,一是在 SQL Server Management Studio 界面中操作实现,二是使用 CREATE VIEW 语句来实现。

如果要查询"计算机应用技术"专业的学生,首先要确定查询所需的数据表有哪些。通过分析发现使用简单查询(单表查询)无法完成,除了需要用到表以外还需要用到与之相关的表。

其次,查询的结果要保存成视图,视图是一种虚表,也是一种数据库对象,它可以由语句生成。

【实施步骤】

第 1 步:理解视图的含义

视图是一种数据库对象,它是从一个或者多个表或视图中导出的虚表,即它可以从一个或者多个表中的一列或多个列中提取数据,并按照表组成行和列来显示这些信息。视图中的数据是在视图被使用时动态生成的,数据随着源数据表的变化而变化。当源数据表删除后视图也就失去了存在的价值。

第 2 步:了解视图的分类

SQL Server 2008 中的视图可以分为 3 类,即标准视图、分区视图和索引视图。标准视图是视图的标准形式,它组合了多个表的数据,用户可以通过它对数据库进行数据的增加、删除、更新以及查询的操作。分区视图使用户可以将两个或多个查询结果组合成单一的结果集,在用户看来就像一个表一样。索引视图是通过计算并储存的视图。

第 3 步:了解使用视图的优点

视图可以简化用户对数据的理解。在一般情况下,用户比较关心对自己有用的部分信息,那些经常使用的查询可以被定义为视图。例如信息 c14F17 班的班主任比较关心自己班级的学生信息,就可以以全体学生的数据表为基础创建"信息 c14F17 班学生"视图。

视图可以简化复杂的查询,从而更方便用户进行操作。比如要查询计算机应用技术专业的学生,我们需要用到多张数据表,每次查询都编写查询语句显得太繁琐,此时就可以将查询语句定义为视图。

视图能够对数据提供安全保护。通过视图用户只能查询和修改他们所能见到的数据,数据库中的其他数据则既看不见也取不到。数据库授权命令可以使每个用户对数据库检索限制到特定的数据库对象上,但不能授权到数据库特定的列上,通过视图,用户可以被限制在数据的不同子集上。

视图可以使应用程序和数据库表在一定程度上分割开来。

第 4 步：了解视图的基本操作

视图的基本操作包括视图的创建、修改、重命名和删除等。视图的创建既可以使用 SQL Server Management Studio 中的操作完成，也可以使用 CREATE VIEW 语句完成。利用已生成的视图可以进行数据的查询，也能对数据进行增加、更新和删除等操作。

第 5 步：理解创建视图的语法

CREATE VIEW 语句的基本语法如下：

```
CREATE VIEW { schema_name. }view_name{ (column{ ,…n})}
{ WITH<view_attrbute>{,…n}}
AS select_statement{;}
{ WITH CHECK OPTION}
<view_attribute>::=
{  [ENCRYPTION]
   [SCHEMABINDING]
   [VIEW_METADA]
}
```

其中主要参数的含义如表 5.1.1 所示。

表 5.1.1　视图参数

主 要 参 数	说　明
view_name	新建视图的名称
column	视图中的列名
ENCRYPTION	表示对视图的创建语句进行加密
select_statement	定义视图的 SELECT 语句
WITH CHECK OPTION	强制视图上执行的所有数据修改语句都必须符合由 select_statement 设置的条件

在数据库中创建视图需注意用户是否对引用的数据表和视图拥有权限，另外还要注意以下几点：

(1) 视图的命名要符合规范，不能和本地数据库中的其他数据库对象名称相同。

(2) 一个视图最多可以引用 1024 个字段。

(3) 视图的基表既可以是表，也可以是其他视图。

(4) 不能在视图上运用规则、默认约束和触发器等数据库对象。

(5) 只能在当前数据库中创建视图，但是视图所引用的数据库表和视图可以来自其他数据库甚至是其他服务器。

在视图定义完后，如果对其定义不太满意，既可以通过 SQL Server Management Studio 的可视化界面进行修改，也可以通过 ALTER VIEW 语句进行修改。在删除视图所依赖的数据表或其他视图时，视图的定义不会被系统自动删除。

第 6 步：

方法一：使用 SQL Server Management Studio 创建视图 View_yhy

(1) 启动 SQL Server Management Studio，在“对象资源管理器”中依次展开“数据库”→xywglxt 结点。单击“视图”结点，在弹出的快捷菜单中选择“新建视图”命令，打开视图设计窗口和“添加表”对话框，如图 5.1.1 所示。

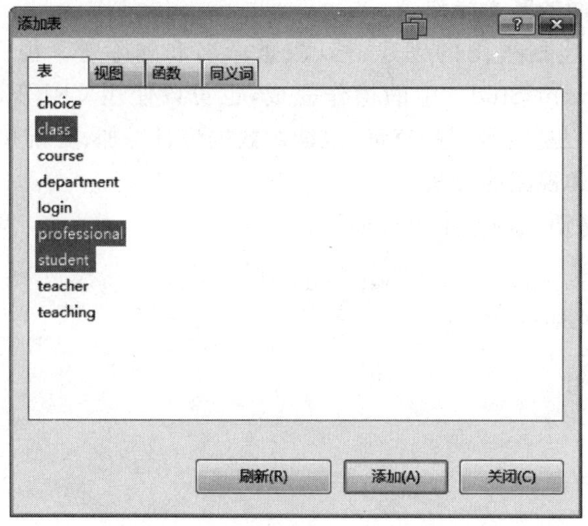

图 5.1.1　添加表

(2) 在"添加表"对话框的"表"选项卡中列出了所有可用的表，选择 student、class 和 professional 表，单击"添加"按钮将它们添加进去作为视图的基表。用户可以看到在"添加表"对话框中还有"视图""函数"和"同义词"选项卡，其中在"视图"选项卡中可以在视图的基础上创建视图，在"函数"选项卡中可以将基表中的列通过函数运算后显示在视图中。

(3) 添加完毕单击"关闭"按钮关闭"添加表"对话框，视图设计窗口如图 5.1.2 所示。

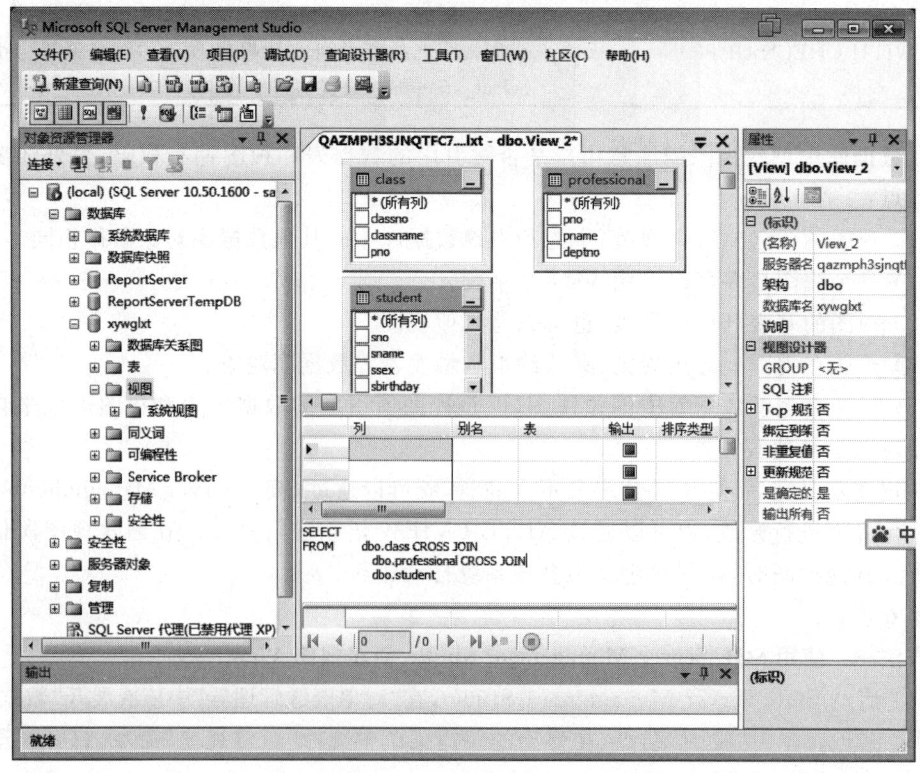

图 5.1.2　视图设计窗口

其中第 1 个子窗口是关系图窗格，主要显示添加的表，用户可以通过双击字段或在字段窗格里的列内单击来添加所需的字段。

第 2 个子窗口是条件窗格，主要显示用户选择的列的名称、别名、表、输出、排序类型、排序顺序和筛选条件等属性，用户可以根据需要进行设置。

第 3 个子窗口是 SQL 窗格，主要显示视图运行的 SQL 语句。

第 4 个子窗口是结果窗格，主要显示视图运行的结果。

(4) 在关系图窗格中选择相应表中的相应列的复选框，即依次选择 student 表中的 sno、sname 字段和 class 表中的 classname 字段，以及 professional 表中的 pname 字段，如图 5.1.3 所示。

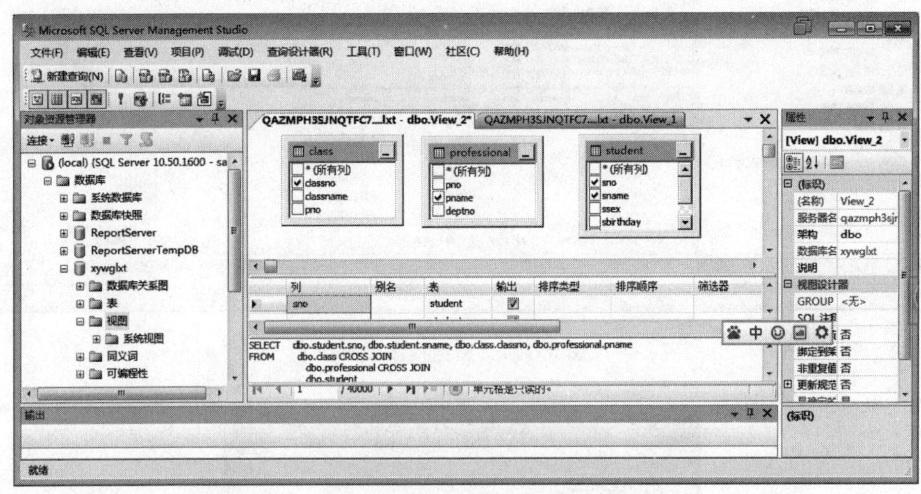

图 5.1.3　选择表字段

(5) 在条件窗格的"筛选器"中设置筛选记录的条件，即在条件窗格中选择 professional 表中的 pname 字段，在"筛选器"列中输入"计算机应用技术"。

(6) 在"视图设计器"窗口中单击"验证 T-SQL 句法"按钮检查语法错误，语法正确后单击"执行"按钮执行，可以预览视图结果，如图 5.1.4 所示。

(7) 测试正常后单击工具栏上的"保存"按钮，弹出"选择名称"对话框，在该对话框中命名视图为"View-yhy"，如图 5.1.5 所示，单击"确定"按钮完成视图的保存。

方法二：使用 CREATE VIEW 语句创建视图

根据任务要求，使用 T-SQL 语言提供的 CREATE VIEW 语句创建视图，视图可以完成的查询结果与方法一完全相同。对于具有丰富编程经验的用户来说，这种方法更加高效。

下面是具体的程序代码：

```
USE xywglxt
GO
CREATE VIEW View_yhy
AS
SELECT dbo.student.sno, dbo.student.sname, dbo.class.classno, dbo.professional.pname
FROM dbo.class CROSS JOIN dbo.professional CROSS JOIN dbo.student
WHERE (dbo.professional.pname = '计算机应用技术')
```

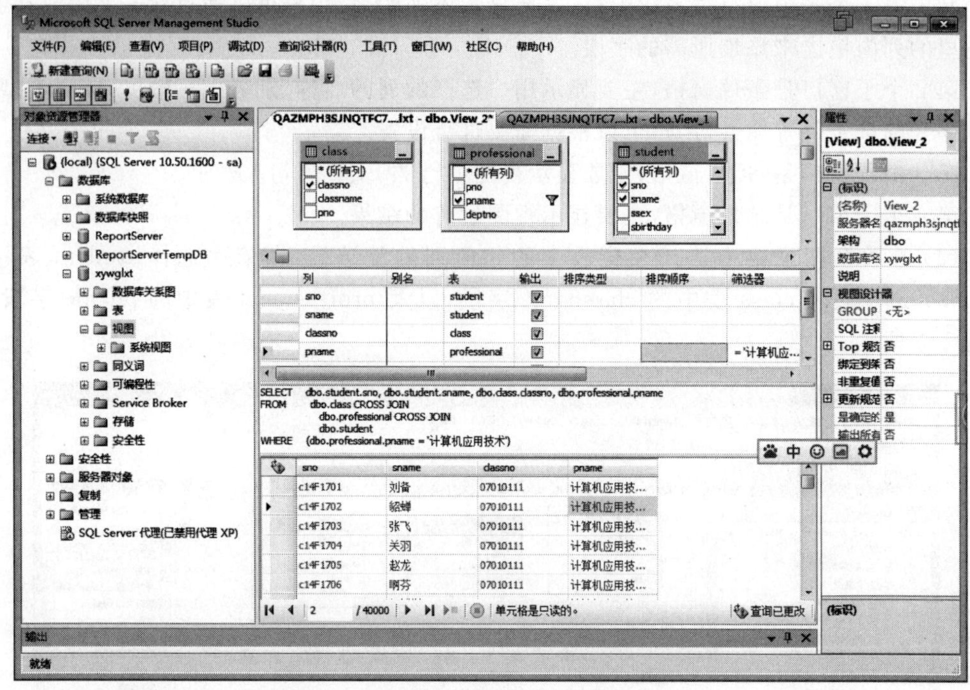

图 5.1.4　预览视图结果

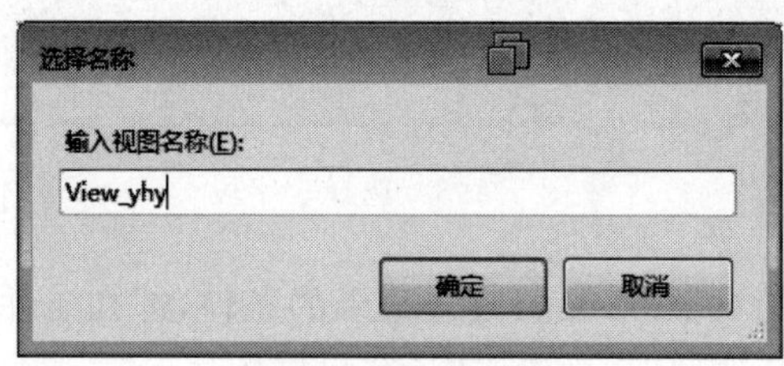

图 5.1.5　选择名称

以上代码的主要功能是创建一个视图,可以查询"计算机应用技术"专业的学生信息,其中 CREATE VIEW 是创建视图的关键词,后面紧跟着的是视图的名称 View_yhy,视图的主体部分是一组查询语句,由于涉及连接查询的相关内容,我们将在以后的项目中详细展开。

这段代码可以在方法一完成后的 SQL 窗格中获得。

分析执行上述代码,结果如图 5.1.6 所示。

第 7 步:创建视图 v_c14F17,要求能够查询 c14F17 班的学生信息

程序代码:

```
USE xywglxt
  GO
  CREATE VIEW v_c14F17
  AS
  SELECT *
```

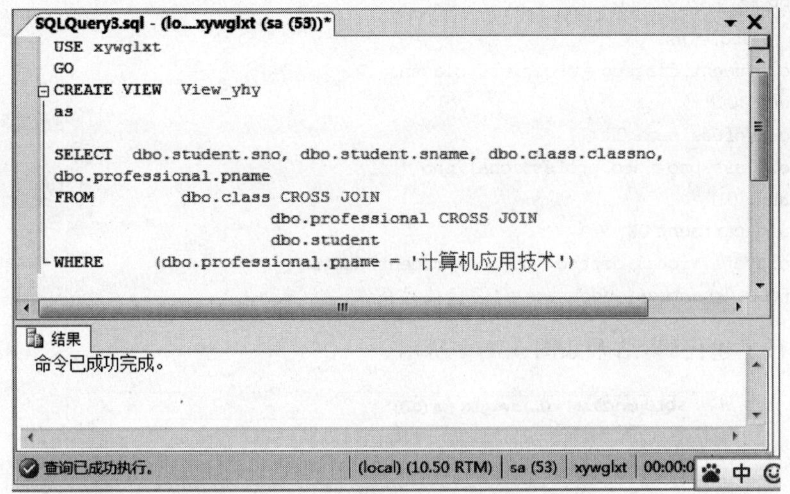
```
USE xywglxt
GO
CREATE VIEW  View_yhy
as

SELECT  dbo.student.sno, dbo.student.sname, dbo.class.classno,
dbo.professional.pname
FROM          dbo.class CROSS JOIN
                   dbo.professional CROSS JOIN
                   dbo.student
WHERE       (dbo.professional.pname = '计算机应用技术')
```


图 5.1.6　用 CREATE VIEW 创建视图

```
FROM student
WHERE classno = 'c14F17'
```

分析执行上述代码，结果如图 5.1.7 所示。

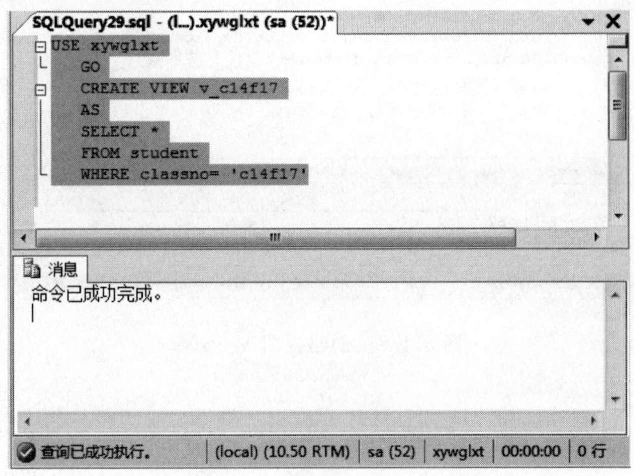
```
USE xywglxt
    GO
    CREATE VIEW v_c14f17
    AS
    SELECT *
    FROM student
    WHERE classno= 'c14f17'
```


图 5.1.7　创建视图 v_c14F17

第 8 步：创建视图 V_xxjsx，要求能够查询信息技术系的学生信息

以下是具体的程序代码：

```
USE xywglxt
GO
CREATE VIEW V_xxjsx
AS
SELECT dbo.student.sno,dbo.student.sname,dbo.student.ssex,dbo.student.sbirthday, dbo.
  student.sscore,dbo.student.classno
FROM dbo.student
```

```
    INNER JOIN
         dbo.class ON
     dbo.student.classno = dbo.class.classno
     INNER JOIN
     Dbo.professional ON
     dbo.class.pno = dbo.professional.pno
     INNER JOIN
     dbo.department ON
     dbo.professional.deptno = dbo.department.deptno
 WHERE(dbo.department.deptname = '信息技术系')
```

分析执行上述代码,结果如图 5.1.8 所示。

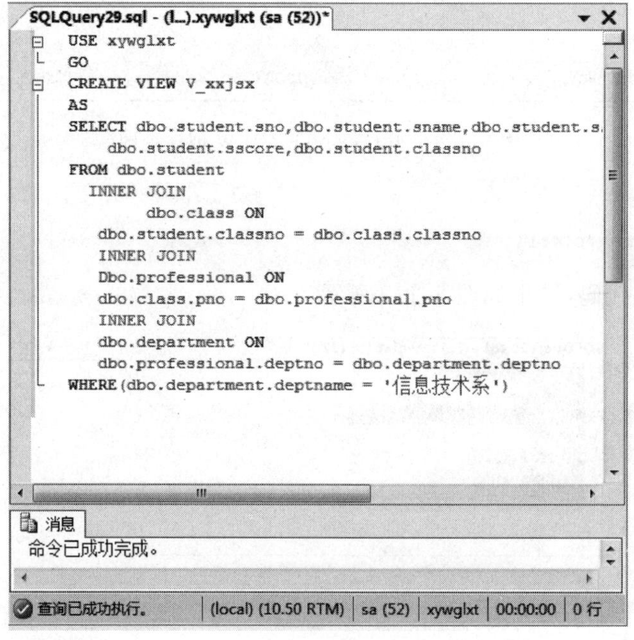

图 5.1.8 创建视图 V_xxjsx

【实操练习】

1. 写出视图的概念及优点。
2. 在数据库中设计两张表,利用这两张表设计视图,表中的字段自己定义。

任务二:视图的各种操作

【任务说明】

在视图定义完成后,如果对其定义不太满意,既可以通过 SQL Server Management Studio 的可视化界面进行修改,也可以使用 ALTER VIEW 语句进行修改。

视图的信息修改包括数据的增加、删除与更新。

【任务分析】

在视图 View_yhy 定义好之后,用户可以像使用数据表一样用视图进行查询。

本任务之一:使用视图 View_yhy 查询计算机应用技术专业中"电子商务"班的学生信息。

本任务之二:要求将视图 View_yhy 中姓名为"貂蝉"的同学改为"杨贵妃",这是对数据的更新。由于数据不存储数据实体,实际上的更新操作在源数据表中实施。如果要完成该任务,可以使用 UPDATE 语句。

本任务之三:视图的重命名。在视图的名称被定义之后,如果要进行修改可以通过 SQL Server Management Studio 的可视化界面进行修改,也可以使用系统存储过程 sp-rename 进行修改。使用系统存储过程 sp_rename 的语法格式如下:

```
sp_rename old_name,new_name
```

本任务之四:视图的删除。当视图不需要时可以通过 SQL Server Management Studio 的可视化界面来删除,也可以使用 DROP 语句进行删除。DROP 语句的语法格式如下:

```
DROP VIEW view_name
```

本任务之五:视图的运用。在视图定义完成之后可以运用视图进行数据查询,也可以运用视图进行数据的增加、删除或更新。

【实施步骤】

第 1 步:使用视图 View_yhy 查询计算机应用技术专业中"电子商务"班的学生信息

在 SQL 查询分析器中输入以下代码:

```
USE xywglxt
GO
SELECT *
FROM View_yhy
  WHERE classname = '电子商务'
  GO
```

在利用视图进行查询时可以将视图当成一张普通的数据表,查询语句 SELECT 的基本格式和数据表查询完全相同,但由于视图 View_yhy 中本来就是计算机应用技术专业的学生信息,因而 WHERE 子句中只需要列出"classname='电子商务'"的查询条件即可。

分析执行上述代码,结果如图 5.2.1 所示。

第 2 步:将视图 View_yhy 中姓名为"貂蝉"的同学改为"杨贵妃"

在 SQL 查询分析器中输入以下代码:

```
USE xywglxt
GO
UPDATE View_yhy
SET sname = '杨贵妃'
WHERE sname = '貂蝉'
GO
```

分析执行上述代码,结果如图 5.2.2 所示。

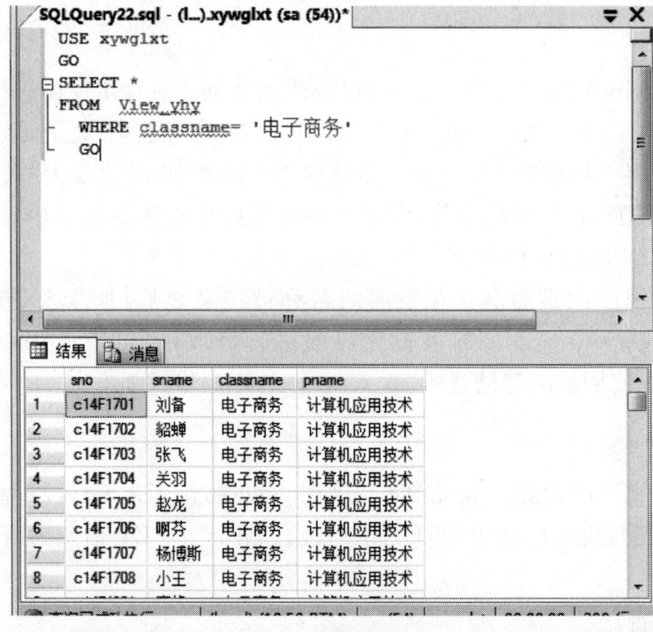

图 5.2.1 查询视图

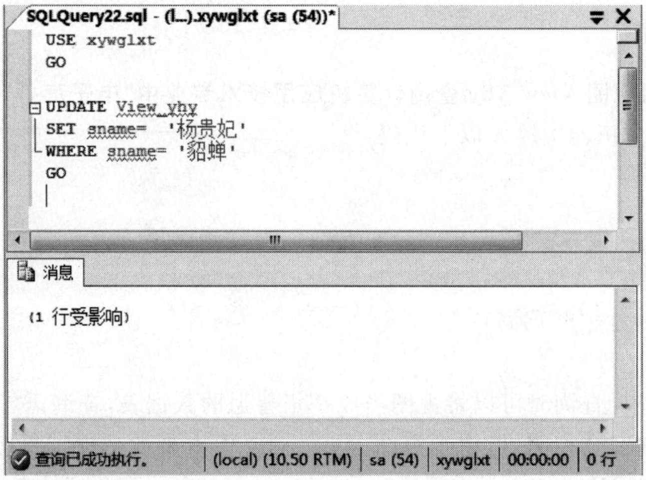

```
SQLQuery22.sql - (l...).xywglxt (sa (54))*
USE xywglxt
GO
UPDATE View_yhy
SET sname= '杨贵妃'
WHERE sname= '貂蝉'
GO
```

消息

(1 行受影响)

查询已成功执行。 | (local) (10.50 RTM) | sa (54) | xywglxt | 00:00:00 | 0 行

图 5.2.2 通过视图更新数据

第 3 步：将视图 View_yhy 重命名为 View_yhy1

```
USE xywglxt
GO
EXEC sp_rename View_yhy1,View_yhy
GO
```

分析执行上述代码,结果如图 5.2.3 所示。

第 4 步：视图的删除

用户可以同时删除多个视图,视图的名字之间用逗号隔开。

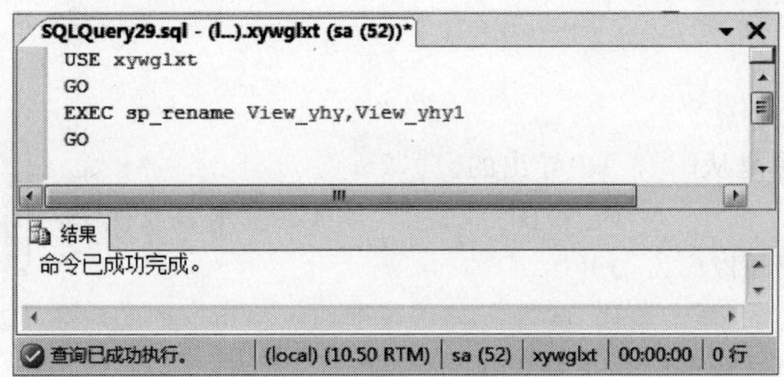

图 5.2.3 重命名视图

代码如下：

```
USE xywglxt
GO
DROP VIEW V MXS0711
GO
```

第 5 步：利用视图 V_xxjsx 为数据表 student 增加一条记录

程序的具体代码：

```
USE xywglxt
GO
INSERT INTO V_xxjsx
(sno,sname,ssex,sbirthday,sscore,classno)
VALUES
('c14F1709','男','杨艳', '1993-9-1','654','c14F17')
GO
```

分析执行上述代码，结果如图 5.2.4 所示。

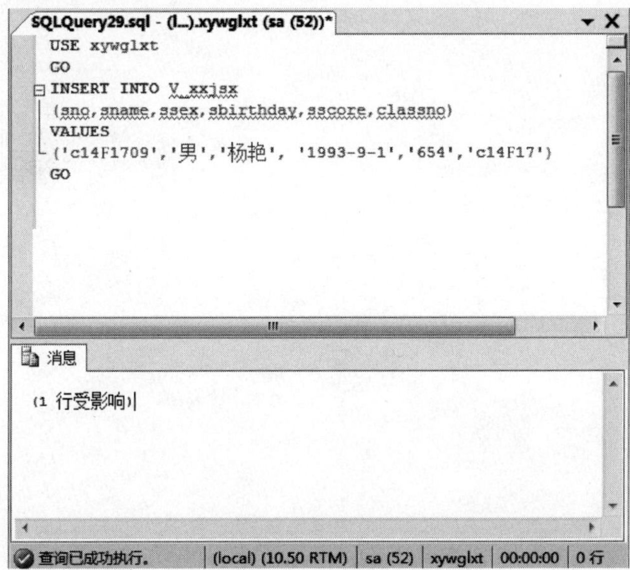

图 5.2.4 通过视图增加数据

【实操练习】

一、选择题

1. SQL 的视图是从(　　)中导出的。

A. 基本表　　B. 视图　　C. 基本表或视图　　D. 数据库

2. 局部变量必须以(　　)开始。

A. #　　B. @　　C. @@　　D. ##

3. 使用(　　)参数可以防止查看视图代码。

A. with encryption　　B. with check

C. with check option　　D. with secret

4. 关于视图,下列说法错误的是(　　)。

A. 视图是一种虚拟表

B. 视图中也存有数据

C. 视图也可由视图派生出来

D. 视图是保存在数据库中的 SELECT 查询

二、简答题

1. 什么是视图? SQL Server 提供了哪些方法建立视图?

2. 视图的作用是什么? 在上述 View_yhy 中修改记录后,student 表中的记录有没有发生变化? 为什么?

3. 创建两个表(字段自己设计),根据两个表建立视图,并使用 ALTER VIEW 语句修改视图。

项目六 校园网数据的各种高级查询

项目背景

高级查询分为连接查询和子查询，在 T-SQL 语句中连接查询有两大类表示形式：一类是符合 SQL 标准连接谓词的表示形式，在 SELECT 语句的 WHERE 子句中使用比较运算符给出连接条件对表进行连接，这种表示形式被称为连接谓词表示形式；另一类是使用关键字 JOIN 指定连接的表示形式，使表的连接运算能力得到增强。

子查询是指在 SELECT 语句的 WHERE 或 HAVING 子句中嵌套另一条 SELECT 语句。外层的 SELECT 语句称为外查询，内层的 SELECT 语句称为内查询(或子查询)。子查询必须使用括号括起来。子查询通常与 IN、EXIST 谓词及比较运算符一起使用。

项目分析

本项目分为 6 个任务完成。

任务一：统计查询；

任务二：多表-连接查询；

任务三：多表-子查询；

任务四：利用函数进行的查询；

任务五：函数的自定义；

任务六：存储过程与触发器。

通过本项目的完成，读者能够具备对数据进行各种高级查询的能力，并对 SQL Server 中的函数及存储过程有基本的认识。

项目目标

【知识目标】 ①会使用 COUNT、MAX 等聚合函数来查询信息、会使用字符串函数来优化查询显示、会使用 GROUP BY 子句对数据进行分类汇总、会使用 HAVING 子句来限定查询结果；②会运用 IN 子查询查询信息、会运用 EXISTS 子查询查询信息、理解子查询和连接查询的区别；③会使用 COUNT、MAX 等聚合函数来查询信息、会使用 GROUP BY 子句对数据进行分类汇总、能灵活应用连接查询实现多表查询、会运用 IN 子查询信息、会运用 EXISTS 子查询查询信息、会创建并调用自定义函数；④理解存储过程及触发器。

【能力目标】 ①具备数据库的各种高级查询的能力；②具备利用函数进行查询的能力；③具备自定义函数的能力；④具备理解存储过程与触发器的能力。

【情感目标】 ①培养良好的适应压力的能力；②培养沟通的能力及通过沟通获取关键信息的能力；③培养团队的合作精神；④培养实现客户利益最大化的理念；⑤培养对事物发展是渐进增长的认知。

任务一：统计查询

【任务说明】

本任务主要介绍几种聚合函数的具体功能及应用方法，并引入与之密切相关的 GROUP BY 子句、HAVING 子句等内容，从而完成数据的统计显示功能。

聚合函数是 SQL 语言中的一类特殊的函数，主要包括 SUM、COUNT、MAX、MIN 和 AVG 等。这些函数和其他函数的根本区别就是它们一般作用在多条记录上。聚合函数出现在查询语句的 SELECT 子句和 GROUP BY、HAVING 子句中，而在 WHERE 子句中不能使用聚合函数。

使用 GROUP BY 子句可以对查询的结果集进行分组，HAVING 子句的作用是筛选满足条件的分组。

【任务分析】

本任务主要完成对校园网管理系统中各表的若干查询与统计，为了完成该任务以及对该知识点的学习可以具体化为下面几个示例：

(1) 各类职称教师人数的统计。

(2) 统计各课程的最高分、最低分和平均成绩。

(3) 查询选修了 4 门以上(包括 4 门)选修课的学生。

(4) 查询统计各年份出生的学生人数。

(5) 查询选修人数在 10 人以下的选修课程。

【实施步骤】

第 1 步：了解聚合函数

聚合函数属于系统内置函数之一，它与前面介绍的数学函数、字符串函数等内置函数不同，能够对一组值执行计算并返回单一的值。聚合函数经常与 SELECT 语句的 GROUP BY 子句一同使用，除 COUNT 函数之外，聚合函数一般忽略空值。

常用的聚合函数有 SUM、AVG、MAX、MIN 和 COUNT 等，具体功能如表 6.1.1 所示。

对于聚合函数，这里以 COUNT 为例介绍其基本格式：

```
COUNT({[ALL|DISTINCT] expression }| * ))
```

其参数主要有 ALL expression、expression、* 。

表 6.1.1　聚合函数

聚合函数	功　能
AVG	返回组中值的平均值
COUNT	返回组中项目的数量
MAX	返回表达式的最大值
MIN	返回表达式的最小值
SUM	返回表达式中所有值的和
STDEV	返回表达式中所有值的统计标准偏差
VAR	返回表达式中所有值的统计标准方差

COUNT(*)返回组中项目的数量,这些项目包括 NULL 值和副本。

COUNT(ALL expression)对组中的每一行都计算 expression 并返回非空值的数量。

COUNT(DISTINCT expression)对组中的每一行都计算 expression 并返回唯一非空值的数量。

第 2 步:了解 GROUP BY 子句

GROUP BY 语句从英文的字面意义上理解就是“根据(BY)一定的规则进行分组(GROUP)”,它的作用是通过一定的规则将一个数据集划分成若干个小的区域,然后针对若干个小区域进行数据处理。

在指定 GROUP BY 时,选择列表中任意非聚合表达式内的所有列都应包含在 GROUP BY 列表中,或者 GROUP BY 表达式必须与选择列表表达式完全匹配。

GROUP BY 子句的基本格式如下:

```
GROUP BY[ALL]group_by_expression[,…n][WITH(CUBER|ROLLUP)]
```

其参数主要有 ALL、group_by_expression 等。

第 3 步:HAVING 子句

HAVING 子句用于在包含 GROUP BY 子句的 SELECT 语句中指定显示哪些分组记录。在 GROUP BY 对记录进行组合之后将显示满足 HAVING 子句条件的 GROUP BY 子句进行分组的任何记录。

HAVING 子句对 GROUP BY 子句设置条件的方式与 WHERE 子句和 SELECT 语句交互的方式类似。WHERE 子句的搜索条件在进行分组操作之前应用,而 HAVING 子句的搜索条件在进行分组操作之后应用。

第 4 步:各类职称教师人数的统计

查询 teacher 表,最后要显示的信息为两列,一列是职称的名称,一列为该类职称的教师人数。职称列在表中对应的字段为 ttitle,而人数是需要统计的信息,要用到聚合函数 COUNT。

以下为程序的代码:

```
USE xywglxt
GO
SELECT ttitle AS 职称,COUNT(*) AS 人数
FROM teacher
GROUP BY ttitle
```

在本任务中根据职称来统计教师的人数，这就需要用到 GROUP BY 子句，因此可以写出“GROUP BY ttitle”。上面提到的聚合函数应该在 SELECT 子句中出现，根据显示结果可以写成“COUNT(*)AS 人数”。

输入代码并执行，结果如图 6.1.1 所示。

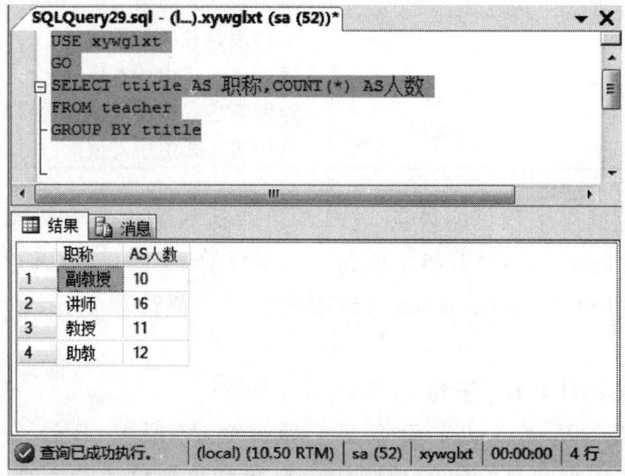

图 6.1.1　统计各职称人数

第 5 步：统计各课程的最高分、最低分和平均分

统计各课程的最高分、最低分和平均分用到的表为 choice，最后要显示的信息为 4 列，即课程编号、最高分、最低分和平均分。其中最高分、最低分和平均分都不是表中的列，要利用聚合函数 MAX、MIN 和 AVG 显示信息。

以下是详细的程序代码：

```
USE xywglxt
GO
SELECT cno AS 课程编号,
MAX(grade) AS 最高分,
MIN(grade) AS 最低分,
AVG(grade) AS 平均分
FROM choice
GROUP BY cno
```

以上程序代码根据课程编号(cno)统计相关成绩，需要用到 GROUP BY 子句，因此可以写出“GROUP BY cno”。上面提到的聚合函数应该在 SELECT 子句中出现，根据显示结果可以写成“MAX(grade)AS 最高分，MIN(geade)AS 最低分，AVG(grade)AS 平均分”，各列以逗号分隔。

输入代码并执行，结果如图 6.1.2 所示。

第 6 步：查询选修 4 门以上(包括 4 门)选修课的学生

根据要求，用到的表为 choice。首先要显示学生的学号和课程门数，然后将选修的课程门数大于等于 4 的学生筛选出来。这样就要用到 GROUP BY 和 HABING 子句，HAVING 子句可以对分类汇总的结果进行筛选。

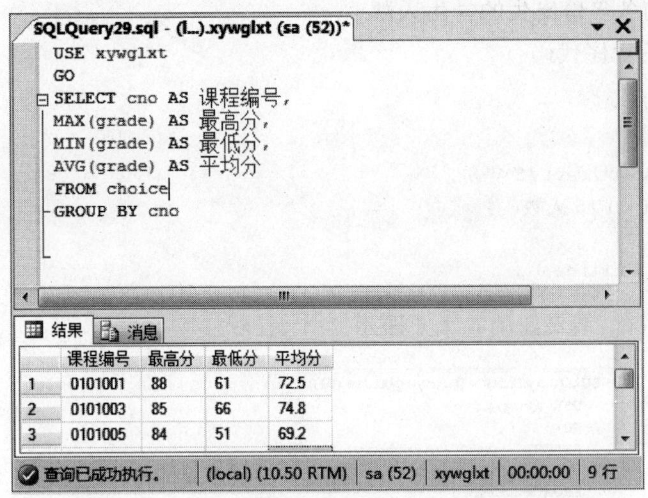
```
USE xywglxt
GO
SELECT cno AS 课程编号,
MAX(grade) AS 最高分,
MIN(grade) AS 最低分,
AVG(grade) AS 平均分
FROM choice
GROUP BY cno
```

	课程编号	最高分	最低分	平均分
1	0101001	88	61	72.5
2	0101003	85	66	74.8
3	0101005	84	51	69.2

图 6.1.2 统计各课程的最高分、最低分和平均分

程序代码：

```
USE xywglxt
GO
SELECT sno AS 学号,COUNT( * )AS 课程门数
FROM choice
GROUP BY sno
HAVING COUNT( * )> = 4
```

以上程序代码功能是统计学生选修的课程资料可以用 GROUP BY 子句，这里要根据学生来进行分类统计，因此用 sno 字段跟在 GROUP BY 子句之后。而对结果进行筛选则可以写成"HAVING COUNT（ * ）>=4"，这里的聚合函数用于统计课程门数。

输入代码并执行，结果如图 6.1.3 所示。

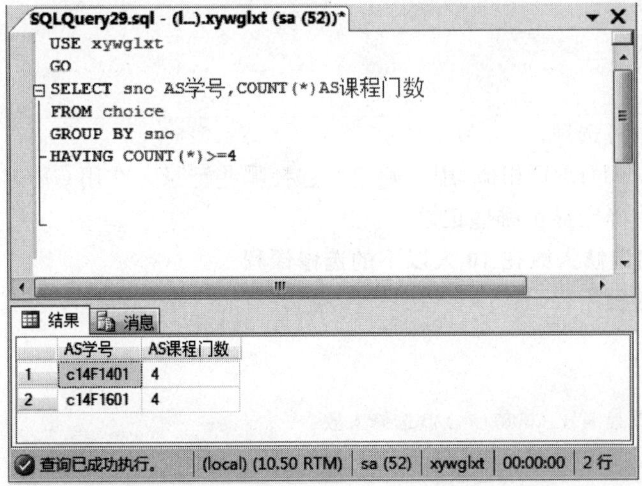
```
USE xywglxt
GO
SELECT sno AS学号,COUNT(*)AS课程门数
FROM choice
GROUP BY sno
HAVING COUNT(*)>=4
```

	AS学号	AS课程门数
1	c14F1401	4
2	c14F1601	4

图 6.1.3 查询选修课信息

第 7 步：查询各年份出生的学生人数

以下是具体的程序代码：

```
USE xywglxt
GO
SELECT   YEAR(sbirthday) AS 年份,
         COUNT( * ) AS 人数
FROM student
GROUP BY YEAR (sbirthday)
```

输入代码并执行，结果如图 6.1.4 所示。

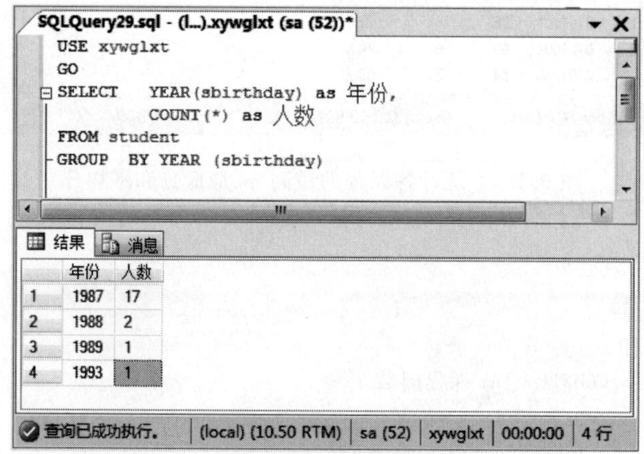

图 6.1.4 查询各年份出生的学生人数

SELECT 查询语句的基本格式如下：

```
SELECT 列名列表
FROM 表名
WHERE 选择条件
GROUP BY 分组条件
[HAVING]表达式
```

其中，HAVING 是可选项。

HAVING 与 WHERE 相似，用于确定要选择哪些记录。在用 GROUP BY 对记录分组之后，HAVING 将确定显示哪些记录。

第 8 步：查询选修人数在 10 人以下的选修课程

以下是具体的程序代码：

```
USE xywglxt
GO
SELECT cno AS 课程编号,COUNT( * )AS 选修人数
FROM choice
GROUP BY cno
HAVING COUNT( * )< 10
```

输入代码并执行，结果如图 6.1.5 所示。

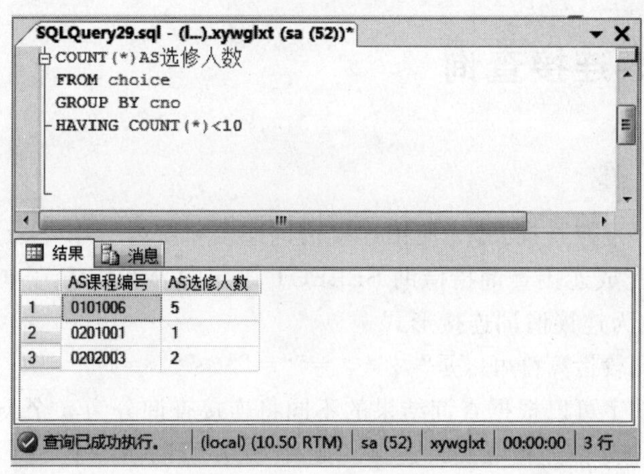

图 6.1.5　查询选修人数在 10 人以下的选修课程

【实操练习】

一、选择题

1. 在 SQL 中，“总学分 BETWEEN 40 AND 60”语句表示总学分为 40～60，且（　　）。
   A. 包括 40 和 60　　B. 不包括 40 和 60
   C. 包括 40 但不包括 60　　D. 包括 60 但不包括 40
2. 在 SQL 中，对分组后的数据进行筛选的命令是（　　）。
   A. GROUP BY　　B. COMPUTE
   C. HAVING　　D. WHERE
3. 查找 LIKE_a%，下面（　　）是可能的。
   A. afgh　　B. bak　　C. hha　　D. ddajk
4. 下面聚合函数的使用正确的是（　　）。
   A. SUM(＊))　　B. MAX(＊)
   C. COUNT(＊)　　D. AVG(＊)
5. 下列执行数据的删除语句在运行时不会产生错误信息的选项是（　　）。
   A. DELETE ＊ FROM A WHERE B='6'
   B. DELETE FROM A WHERE B='6'
   C. DELETE A WHERE B ='6＊
   D. DELETE A SET B ='6'

二、简答题

1. 简述 SELECT 语句的各个子句的作用。
2. 在进行数据检索时使用 COMPUTE 和 COMPUTE BY 子句产生的效果有何不同？
3. 根据任务一的数据，按条件写出 SQL 语句：查询出选择 0101006 课程的学生的最大年龄及最小年龄。
4. 根据任务一的数据，按条件写出 SQL 语句：查询出平均分在前 3 名的学生。
5. 练习使用聚合函数 SUM、AVG、MAX、MIN 和 COUNT 等。

任务二：多表-连接查询

【任务说明】

多表-连接查询（连接查询）分为使用连接谓词连接和使用 JOIN 关键字指定连接。

使用连接谓词完成连接查询指借助 SELECT 语句的 WHERE 子句完成连接条件的比较，这种表示形式称为连接谓词连接形式。

连接谓词中的比较运算符可以是“<”“<=”“=”“>”“>=”“!=”“<>”“!>”和“!<”。

使用 JOIN 关键字可以根据查询结果的不同将连接查询分为 5 个类型，即内连接、左外连接、右外连接、完全外部连接和交叉连接。此外，用户可以在一个 SELECT 语句中使用一系列连接来连接两个以上的表，也可以使用自然连接把一个表和它自身相连接。

【任务分析】

本任务主要是运用连接查询进行多表信息的查询，介绍最常用的内连接查询的实现方法。在实现内连接查询时两表必须具有共同的字段，并以此作为连接条件来构建查询。为了完成该任务以及对该知识点的学习可以具体化为下面几个示例：

(1) 查询杨海艳的所有选修课的成绩。

(2) 查询选修课程编号为 0101001 的课程的学生的姓名和成绩。

(3) 查询选修“Photoshop 图形图像处理”课程的学生的姓名和课程成绩，并按成绩降序排列。

(4) 使用自然连接列出 professional 和 department 表中各系部的专业情况。

(5) 将 department 表左外连接 professional 表。

【实施步骤】

第 1 步：理解连接查询的含义

连接查询是关系型数据库中重要的查询类型之一，通过表间的相关字段可以追踪各个表之间的逻辑关系，从而实现跨表间的查询。

连接查询主要包括内连接、外连接和交叉连接 3 类。

内连接查询列出的连接条件匹配的数据行，它使用比较运算符来比较被连接列的列值。外连接返回到查询结果集合中的不仅包含符合连接条件的行，而且还包括左表（左外连接时）、右表（右外连接时）或两个邻接表（全外连接）中的任何数据行。交叉连接不带 WHERE 子句，它返回被连接的两个表的任何数据行的笛卡尔积，返回到结果集合中的数据行数等于第一个表中符合查询条件的数据行数乘以第二个表中查询条件的数据行数。

连接查询的基本格式如下：

```
SELECT 列名列表
FROM 表 A JOIN 表 B "ON 连接条件"
"WHERE 选择条件"
```

这里的 JOIN 是泛指各类连接操作的关键字，具体如表 6.2.1 所示。

表 6.2.1　JOIN 关键字的含义

连 接 类 型	连 接 符 号	备　注
左外连接	LEFT JOIN	
右外连接	RIGHT JOIN	外连接
全外连接	FULL JOIN	
交叉连接	CROSS JOIN	交叉连接
内连接	INNER JOIN	INNER 可省略

“ON 连接条件”为可选项，例如交叉连接就没有该子句。

“WHERE 选择条件”为可选项，交叉连接不包含该子句。

第 2 步：理解内连接

内连接是连接查询的种类之一，也是一种比较常用的多表查询实现的方法。内连接仅选出两张表中互相匹配的记录。

内连接的实现原理是首先将参与的数据表（或连接）中的每列与其他数据表（或连接）中的列相匹配，形成临时数据表；然后将满足数据项相等的记录从临时数据表中选择出来。

内连接可以分为等值连接、自然连接和非等值连接 3 类。

(1) 等值连接：在连接条件中使用等号（＝）运算符比较被连接列的列值，其查询结果中列出被连接表中的任何列，包括其中的重复列。

(2) 自然连接：自然连接是等值连接的一种特殊情况，即在连接条件中使用等号（＝）运算符比较被连接列的列值，但它使用选择列表指出查询结果集合中所包括的列，并删除连接表中的重复列。

(3) 非等值连接：在连接条件中使用除等号（＝）运算符以外的其他比较运算符比较被连接列的列值，这些运算符包括＞、＞＝、＜＝、＜、!＞、!＜和＜＞。

内连接的语句格式可以归纳为如下：

```
SELECT 列名列表
FROM 表 A[INNER]JOIN 表 B
ON 表 A.字段 = 表 B.字段
```

INNER 表示连接类型为内连接，在书写时可以省略。

[＝]表示连接条件的通用形式，另外还有其他的连接运算符，包括＞、＞＝、＜＝、＜、!＞、!＜和＜＞。

第 3 步：理解外连接

在内连接操作中满足条件的记录能够查询出来，不满足条件的记录不会显示，但在外连接中则不然，它将不满足条件的记录的相关值变为空加以显示。外连接有 3 类，即左外连接、右外连接和全外连接。

外连接的基本语法格式如下：

```
SELECT 列名列表
FROM 表 A LEFT/RIGHT/FULL[OUTER]JOIN 表 B
ON 表 A.字段 = 表 B.字段
```

OUTER 表示连接类型为外连接，在书写时可以省略。

LEFT/RIGHT/FULL 分别表示左外连接、右外连接和全外连接。

左外连接就是以左表为主表，并与右表中所有满足条件的记录进行连接的操作。右外连接就是以右表为主表，并与左表中所有满足条件的记录进行连接的操作。全外连接是左外连接和右外连接的一种综合操作。这些连接操作完成后，结果集中不仅包括满足条件的记录，也将不满足主表连接条件的记录的相关值填入 NULL 值加以显示。

第 4 步：理解交叉连接

交叉连接将左表作为主表，并与右表中的所有记录进行连接。交叉连接返回的记录行数是两个表行数的乘积，它并没有太多应用价值，但是可以帮助用户理解连接查询的运算过程。

交叉连接的基本语法格式如下：

```
SELECT 列名列表 FROM 表 A CROSS JION 表 B
```

CROSS JOIN 是表示交叉连接的关键字。

第 5 步：查询杨海艳的所有选修课的成绩

根据要求，用到的表为 student 和 choice。最后要显示的信息为两列，一列是课程编号，一列是课程成绩。本任务中要显示的是名字为杨海艳的学生的选课信息。

解决这个问题可以通过将 student 和 choice 两表进行内连接操作，然后再筛选满足条件的记录，即姓名为杨海艳的学生的选课信息。

具体的代码如下：

```
USE xywglxt
GO
SELECT cno,grade
FROM student INNER JOIN choice
ON student.sno = choice.sno
WHERE sname = '杨海艳'
```

以上代码中涉及的两张表分别是 student 和 choice，因此 FROM 子句应该写成“FROM student INNER JOIN choice”，这表示两张表做连接运算。

另外，由于内连接运算是找出与连接条件匹配的数据行，这里的匹配条件即学生的学号相同，所有 ON 子句可以写成“ON student. sno＝choice. sno”。SELECT 语句中的其他部分与简单查询相似。

输入代码并执行，结果如图 6.2.1 所示。

第 6 步：查询选修了课程编号为“0101001”的课程的学生的姓名和成绩

根据任务要求，用到的表为 student 和 choice。最后要显示的信息为两列，一列是学生姓名，另一列是课程成绩。

解决这个问题可以将 student 和 choice 两表进行内连接操作，然后再筛选出满足条件的记录，即课程编号为 0101001 的课程成绩。

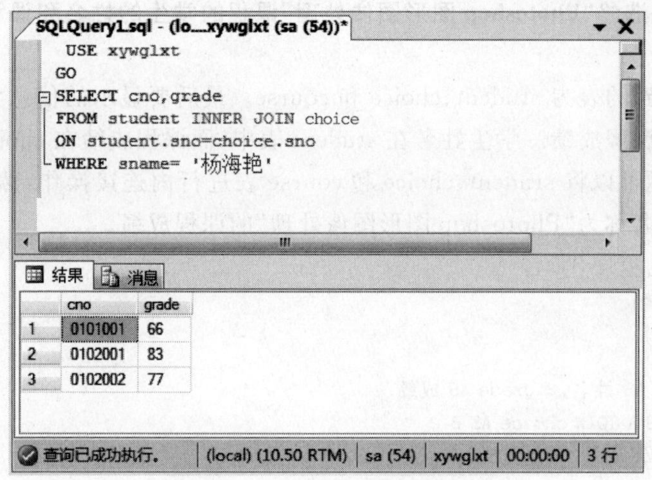

图 6.2.1　查询选修课成绩

以下是详细的程序代码：

```
USE xywglxt
GO
SELECT sname AS 姓名,grade AS 成绩
FROM student INNER JOIN choice
ON student.sno = choice.sno
WHERE cno = '0101001'
```

以上程序代码中涉及的两张表分别是 student 和 choice，因此 FROM 子句应该写成“FROM student INNER JOIN choice”，表示这两张表进行内连接运算。

另外，由于内连接运算时找出与连接条件匹配的数据行，这里的匹配条件即学生的学号相同，所以 ON 子句可以写成“ON student. sno＝choice. sno”。

输入代码并执行，结果如图 6.2.2 所示。

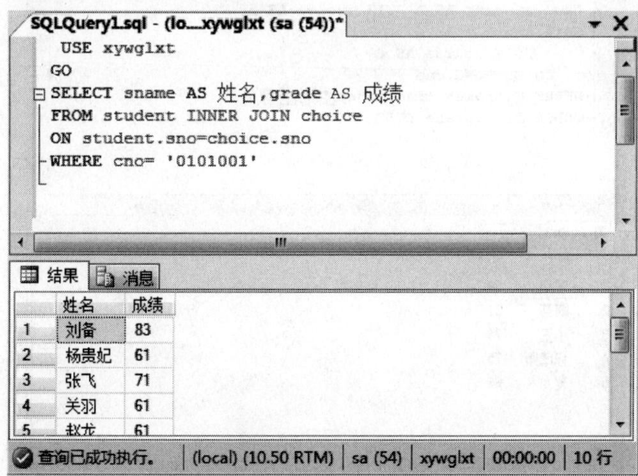

图 6.2.2　查询特定选修课的学生和成绩信息

第 7 步：查询选修“Photoshop 图形图像处理”课程的学生的姓名和课程成绩，并按成绩降序排列

根据要求，用到的表为 student、choice 和 course。最后要显示的信息为两列，一列是学生姓名，另一列是课程成绩。学生姓名在 student 表中，而课程成绩在 choice 表中。

解决这个问题可以将 student、choice 和 course 表进行内连接操作，然后筛选出满足条件的记录，即课程名称为“Photoshop 图形图像处理”的课程成绩。

以下是具体的程序代码：

```
USE xywglxt
GO
SELECT A.sname AS 姓名,B.grade AS 成绩
FROM student AS A JOIN choice AS B
ON A.sno = B.sno
      JOIN course AS C
   ON B.cno = C.cno
WHERE C.cname = 'Photoshop 图形图像处理'
ORDER BY B.grade DESC
```

以上程序代码中涉及的 3 张表分别是 student、choice 和 course。因此 FROM 子句的前半句应该写成“FROM student JOIN choice ON 连接条件 1”，这表示前两张表做连接运算；而 FROM 子句的后半句可以写成“JOIN course ON 连接条件 2”，这表示后两张表进行连接运算。

另外，由于内连接运算是找出与连接条件匹配的数据行，这里的“连接条件 1”即学生的学号相同，所以 ON 子句可以写成“ON student.sno＝choice.sno”；而“连接条件 2”即课程的编号相同，所以 ON 子句可以写成“ON course.cno＝choice.cno”。

输入代码并执行，结果如图 6.2.3 所示。

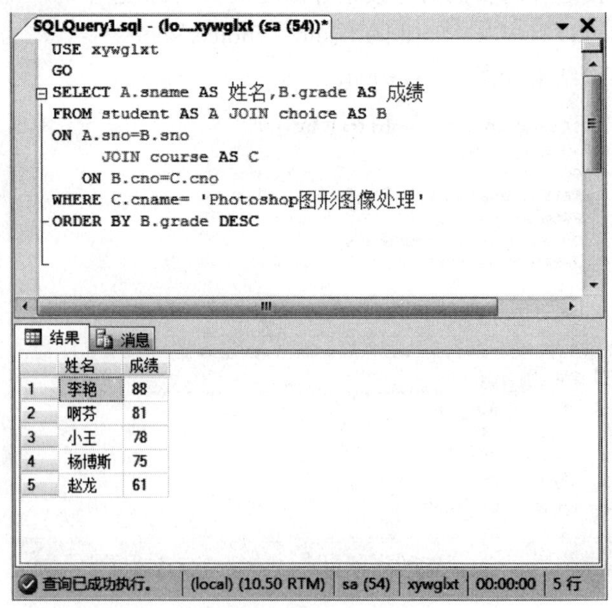

图 6.2.3　查询选修课的学生成绩并排序

第 8 步：使用自然连接列出 professional 和 department 表中各系部的专业情况

```
USE xywglxt
GO
SELECT *
FROM professional AS A JOIN department AS B
ON A.deptno = B.deptno
```

执行程序后的结果如图 6.2.4 所示。

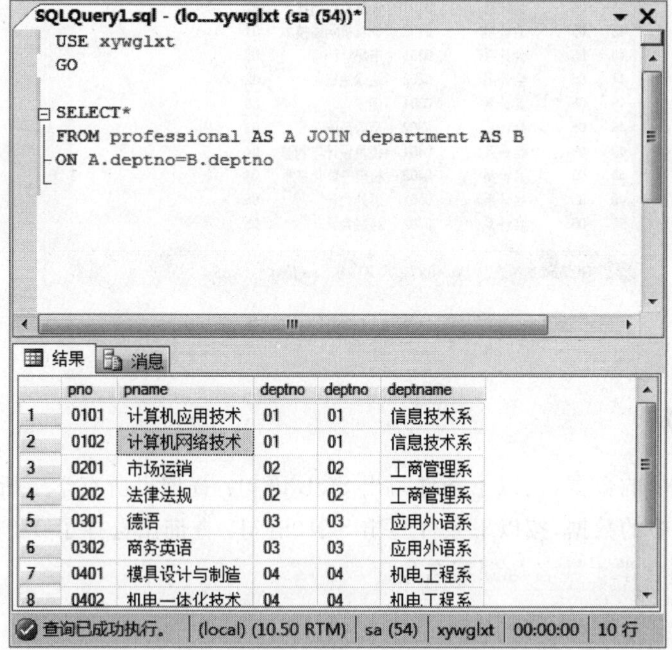

图 6.2.4　使用自然连接

第 9 步：将 department 表交叉连接 professional 表

程序代码如下：

```
USE xywglxt
GO
SELECT *
FROM department CROSS JOIN professional
```

运行后的结果如图 6.2.5 所示。

运行后共产生 50 行记录，依次包括 deptno、deptname、pno、pname 和 deptno 5 个字段。具体过程为从 department 表中取出第一条记录与 professional 表中的第一条记录拼接，变为查询结果的第一条记录；将 department 表中取出的第一条记录与 professional 表中的第二条记录拼接，变为查询结果的第二条记录；就这样依次将 department 表中取出的第一条记录与 professional 表中的所有记录拼接，直到所有记录拼接完成。

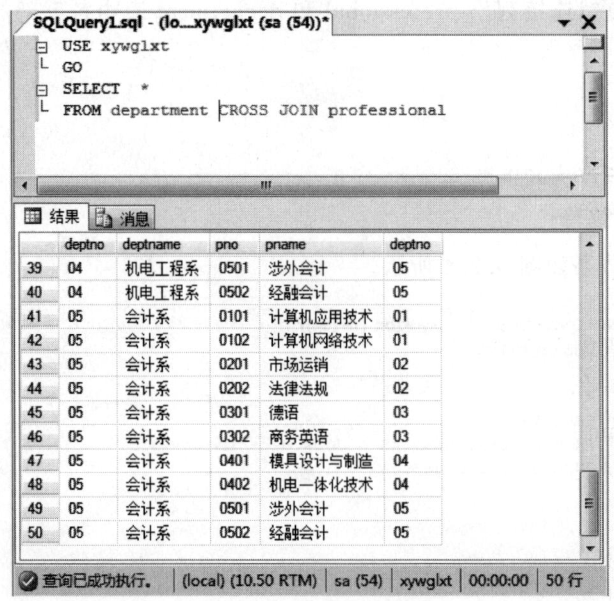

图 6.2.5 使用交叉连接

【实操练习】

1. 根据任务中的数据,按以下条件写出 SQL 语句:查询出所有学生所选课程的成绩。

2. 根据任务中的数据,按以下条件写出 SQL 语句:查询出选择了 0101006 课程的所有学生的成绩,要求含学生姓名与课程名称字段。

任务三:多表-子查询

【任务说明】

子查询也称为内部查询,包含子查询的语句也称为外部查询或父查询。子查询是一个 SELECT 语句,它镶套在 SELECT 语句、SELECT…INTO 语句、INSERT…INTO 语句、DELETE 语句、UPDATE 语句或另一子查询中。

子查询的 SELECT 查询部分使用圆括号括起来,它不能包含 COMPUTE 或者 FOR BROWSE 子句,如果同时指定了 TOP 子句,则只能包含 ORDER BY 子句。

【任务分析】

本任务主要是运用子查询进行多表信息的查询,介绍最常用的子查询的实现方法。在实现子查询时,子查询是父查询的前提条件,并以此作为父查询条件来构建查询。为了完成该任务以及对该知识点的学习,笔者将此内容具体化为下面几个示例:

1. 查询和"杨海艳"同班的学生信息。

2. 查询比"c14F17"班学生的入学成绩都高的其他班学生的学号和姓名。

3. 查询选修课考试不及格的学生的学号和姓名。

4. 查询选修了课程编号为“0101001”的课程的学生的学号和姓名。

【实施步骤】

第 1 步：了解子查询的实现过程

这里以“查询选修课考试不及格的学生的学号和姓名”为例来理解子查询的完成过程。在这个查询中涉及的两张表分别是 choice 和 student，首先要查出 choice 表中不及格学生的学号信息，即子查询执行的语句为“SELECT sno FROM choice WHERE grade<60”。

然后根据这个查询结果中的学号找出 student 表中对应的学生的姓名，但由于子查询的结果不是一个学号，父查询中的 WHERE 子句中要用 IN。即父查询执行的语句为“SELECT sno，sname FROM student WHERE sno IN (c14F1701，c14F1702，c14F1703)”。

在实现子查询时，子查询的返回结果作为父查询条件来构建查询。

第 2 步：了解子查询的 4 个种类

(1) 带有比较运算符的子查询：对于带有比较运算符的子查询，子查询的结果是一个单一的值。常用的比较运算符有>、>=、<=、<、!<以及<>等。

(2) ANY 或 ALL 子查询：如果子查询返回的值不是单一的值而是一个结果集，则可以使用带有 ANY 或 ALL 的子查询，但是运用该类查询时必须同时使用比较运算符 ANY，而 ALL 的含义表示父查询与子查询结果中的某个值进行比较运算的所有值进行比较运算。

(3) IN/NOT IN 子查询：带有 IN/NOT IN 的子查询的结果是一个结果集，而非一个单一的值。比如在任务三中的子查询查出的结果是不及格的学号，这里的学生学号很可能是一个学号的集合，而非单一的值。

(4) EXISTS/NOT EXISTS 子查询：在带有 EXISTS 运算符的子查询中，子查询不返回任何结果，只产生逻辑真值 TRUE 或逻辑假值 FALSE。若子查询的结果集不为空，则 EXISTS 返回 TRUE，否则返回 FALSE。EXISTS 还可以与 NOT 结合使用，即 NOT EXISTS，其返回值与 EXISTS 刚好相反。

由于带有 EXISTS 的查询只返回逻辑值，因此在由它引出的子查询中给出列名列表没有实际意义，一般用“*”作为目标列。

第 3 步：查询和“杨海艳”同班的学生信息

根据任务要求，用到的表为 student。最后要显示的信息为与杨海艳同班的学生的所有信息。

解决这个问题可以分两小步，首先查出杨海艳所在班级的编号，然后再以班级编号作为查询条件找出该班所有学生的信息。子查询的本质就是嵌套查询，内层查询的结果作为外层查询的条件进行查询。

以下是具体的代码：

```
USE xywglxt
GO
SELECT *
FROM student
```

```
WHERE classno = (SELECT classno
                 FROM student
                 WHERE sname = '杨海艳')
```

内层查询“SELECT classno FROM student WHERE sname='杨海艳'”是前面已经介绍过的简单查询语句，该组语句可以查询出杨海艳所在班级的编号；外层查询是一个嵌套查询，这里的 WHERE 条件语句为“WHERE classno =子查询”，这里的子查询其实指的是子查询的结果。程序执行时先运算子查询，并将其结果代入父查询中，变为“SELECT * FROM student WHERE classno ='c14F17'”。

输入代码并执行，结果如图 6.3.1 所示。

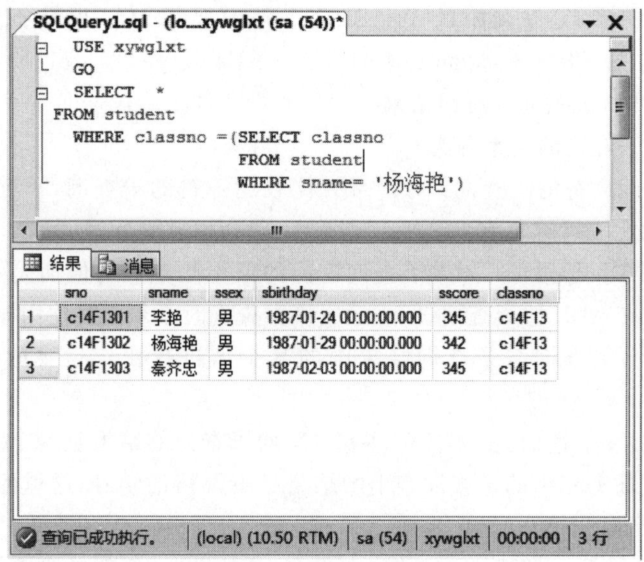

图 6.3.1　查询同班的学生信息

第 4 步：查询比 c14F17 班学生的入学成绩都高的其他班的学生的学号和姓名

根据任务要求，此查询要用到的数据库为 xywglxt，用到的表为 student。最后要显示的信息为 3 列，分别是学生的学号、姓名和班级编号。

解决这个问题可以利用带 ALL 的子查询，首先从 student 表中找出 c14F17 班的所有学生的入学成绩，然后将此作为父查询的条件，从 student 表中找出比该班所有学生的入学成绩均高并不在该班的学生信息。

以下是具体的代码：

```
USE xywglxt
GO
SELECT sno, sname, classno
FROM student
WHERE sscore > ALL(SELECT sscore
                   FROM student
                   WHERE classno = 'c14F17')
      AND classno <>'c14F17'
```

由于子查询“SELECT sscore FROM student WHERE classno ='c14F17'”查出的学生的成绩并非单一值，而是入学成绩的集合，因此在构建父查询的连接条件时不能仅仅用大于号(>)，还要在大于号后加上 ALL，表示查询到的学生的入学成绩大于 c14F17 班中的所有学生的入学成绩，即 WHERE sscore>ALL(子查询)。

输入代码并执行，结果如图 6.3.2 所示。

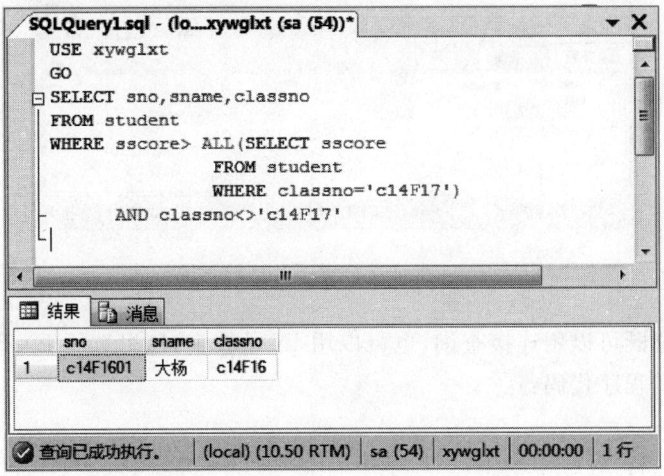

SQLQuery1.sql - (lo....xywglxt (sa (54))*

```
USE xywglxt
GO
SELECT sno,sname,classno
FROM student
WHERE sscore> ALL(SELECT sscore
                  FROM student
                  WHERE classno='c14F17')
      AND classno<>'c14F17'
```

结果 消息

	sno	sname	classno
1	c14F1601	大杨	c14F16

查询已成功执行。 | (local) (10.50 RTM) | sa (54) | xywglxt | 00:00:00 | 1 行

图 6.3.2　查询比 c14F17 班的入学成绩高的其他班的学生信息

第 5 步：查询选修课考试不及格的学生的学号和姓名

根据任务要求，此查询用到的表为 student 和 choice。最后要显示的信息为两列，一列是学生学号，另一列是学生姓名。

解决这个问题可以利用子查询，首先从 choice 表中找出考试不及格的学生的学号，然后将此作为父查询的条件，从 student 表中找出学生的姓名。

以下是具体的代码：

```
USE xywglxt
GO
SELECT sno,sname
FROM student
WHERE sno IN (SELECT sno
          FROM choice
          WHERE grade < 60)
```

考试不及格的条件语句可以写为“WHERE grade<60”，不难发现查询的结果不是一个学生，因此在写查询条件的连接运算符的时候要改为 IN，而不能仅仅用等号(=)，即 WHERE sno IN(子查询)。

输入代码并执行，结果如图 6.3.3 所示。

第 6 步：查询选修了课程编号为 0101001 的课程的学生的学号和姓名

根据任务要求，此查询用到的表为 student 和 choice。最后要显示的信息为两列，一列是显示学号，另一列是显示姓名。

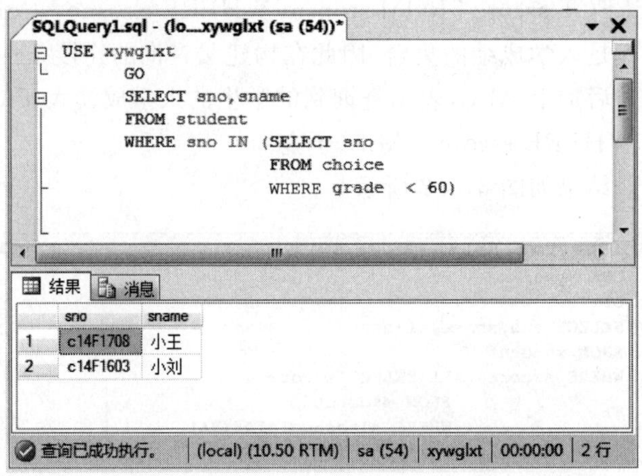

图 6.3.3 查询选修课不及格的学生信息

解决这个问题既可以用连接查询,也可以用 IN 子查询,这里选用 EXISTS 子查询。

以下是详细的程序代码:

```
USE xywglxt
 GO
 SELECT sno,sname
 FROM student
 WHERE EXISTS
       (SELECT *
        FROM choice
        WHERE student.sno = choice.sno AND cno = '0101001')
```

EXISTS 子查询的实现要在子查询中将连接条件书写出来,即将子查询的条件语句写成"WHERE student.sno=choice.sno AND cno='0101001'",连接是通过字段 sno 实现的。父查询中的条件语句比较简单,写成"WHERE EXISTS"就可以了。

输入代码并执行,结果如图 6.3.4 所示。

第 7 步:查询选修课程编号为 0101001 的课程,且成绩高于该课程平均分的学生的学号

程序代码如下:

```
USE xywglxt
GO
SELECT sno
FROM choice
WHERE grade >
              (SELECT AVG (grade)
               FROM choice
               WHERE cno = '0101001')
               AND cno = '0101001'
```

输入代码并执行,结果如图 6.3.5 所示。

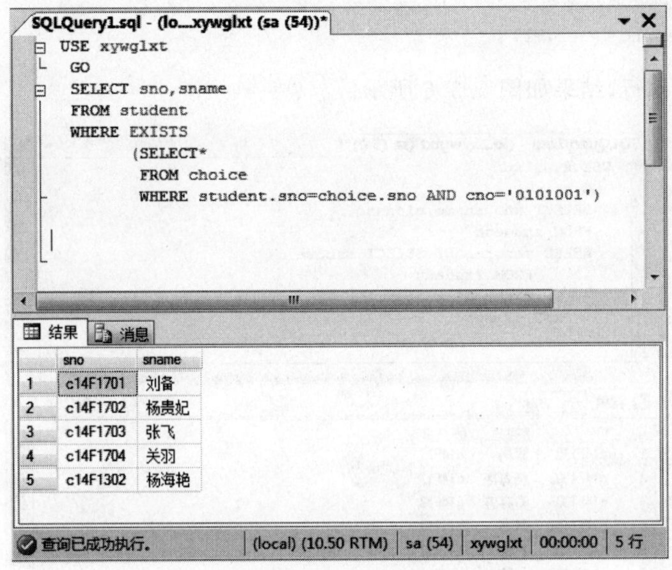

```
USE xywglxt
GO
SELECT sno,sname
FROM student
WHERE EXISTS
      (SELECT*
       FROM choice
       WHERE student.sno=choice.sno AND cno='0101001')
```

	sno	sname
1	c14F1701	刘备
2	c14F1702	杨贵妃
3	c14F1703	张飞
4	c14F1704	关羽
5	c14F1302	杨海艳

图 6.3.4　查询选修课为“0101001”的学生信息

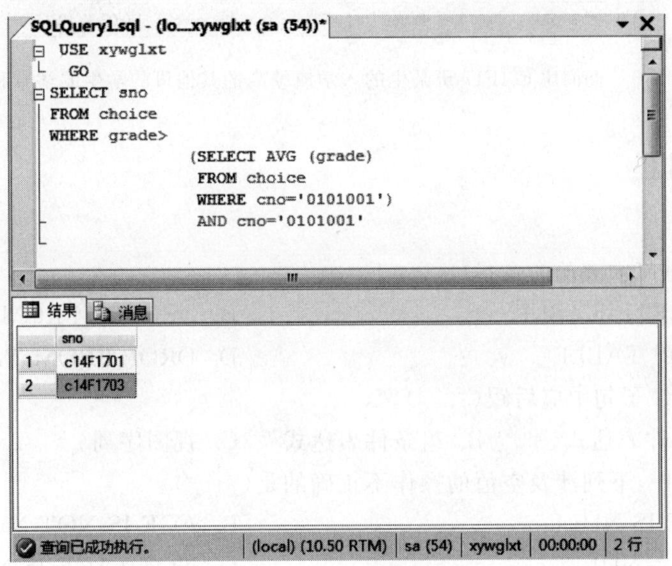

```
USE xywglxt
 GO
SELECT sno
FROM choice
WHERE grade>
          (SELECT AVG (grade)
           FROM choice
           WHERE cno='0101001')
           AND cno='0101001'
```

	sno
1	c14F1701
2	c14F1703

图 6.3.5　查询效果图

第 8 步：查询比 c14F17 班某生的入学成绩高的其他班的学生的学号和姓名

程序代码如下：

```
USE xywglxt
  GO
   SELECT sno,sname,classno
   FROM student
   WHERE sscore > ANY(SELECT sscore
          FROM student
```

```
    WHERE classno = 'c14F17')
AND classno <>'c14F17'
```

输入代码并执行,结果如图 6.3.6 所示。

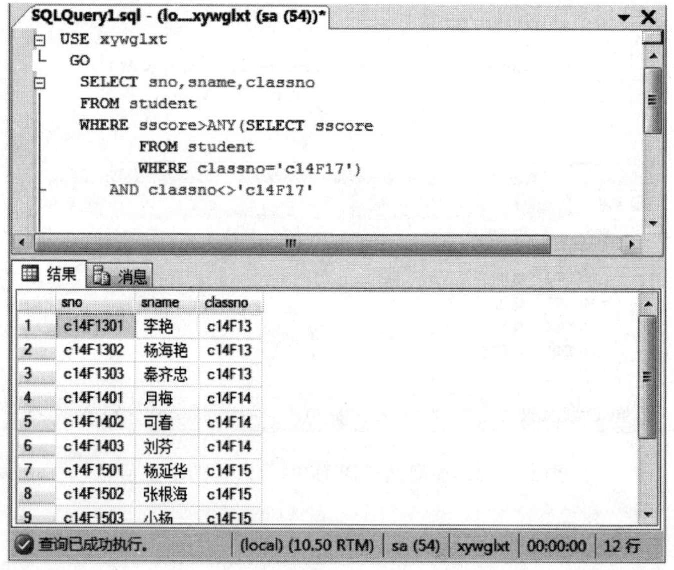

图 6.3.6　查询比 c14F17 班某生的入学成绩高的其他班的学生的学号和姓名

【实操练习】

一、选择题

1. 删除数据库中表的命令是(　　)。

A. DELETE TABLE　　B. DELETE FROM TABLE

C. DROP TABLE　　D. DROP FROM TABLE

2. HAVING 子句中应后跟(　　)。

A. 行条件表达式　　B. 组条件表达式　　C. 视图序列　　D. 列名序列

3. 在 SQL 中,下列涉及空值的操作不正确的是(　　)。

A. AGE IS NULL　　B. AGE IS NOT NULL

C. AGE=NULL　　D. NOT (AGE IS NULL)

4. 在查询员工的工资信息时,结果按工资降序排列,正确的是(　　)。

A. ORDER BY 工资　　B. ORDER BY 工资 DESC

C. ORDER BY 工资 ASC　　D. ORDER BY 工资 DICTINCT

5. 当关系 R 和 S 自然连接时,能够把 R 和 S 应该舍弃的元组放到结果关系中的操作是(　　)。

A. 左外连接　　B. 右外连接　　C. 内连接　　D. 外连接

二、填空题

1. 在 SELECT 查询语句中,________子句用于创建一个新表,并将查询结果保存到这个新表中;________子句用于所要进行查询的数据来源,即表或视图的名称;________子句用于对查询结果进行排序。

2. 在 SQL Server 中计算最大、最小、平均、求和与计数的聚合函数分别是________、________、________、________和________。

3. JOIN 关键字指定的连接有 3 种类型，分别是________、________和________。

三、简答题

1. 写出子查询的概念及分类。

2. 说出子查询和连接查询的区别与联系。

任务四：利用函数进行的查询

【任务说明】

SQL 函数与其他程序设计语言中的函数类似，具有特定的功能，其目的是给用户提供方便。它的形式一般包括函数名、输入及输出参数。

例如，ABS 函数的格式为“ABS <数值表达式>”。

它的功能是返回给定数值表达式的绝对值。

函数可以由系统提供，也可以由用户根据需要进行创建，大致分为以下两类。

(1) 系统函数：系统函数也称系统内置函数，它是 SQL Server 2008 直接提供给用户使用的，一般又可以分为标量函数(包括数字函数、字符串函数和日期时间函数等)和聚合函数两大类。

(2) 用户自定义函数：用户自定义函数是用户为了实现某项特殊功能自己创建的，用来补充和扩展内置函数。

系统函数根据所处理对象的不同可以分为数字函数、字符串函数和日期时间函数等。本任务将主要介绍系统的功能以及实现方法。

【任务分析】

本任务是使用函数进行数据信息的查询，可以利用系统内置的函数——日期时间函数、字符串函数对数据表中的信息进行查询，还可以使用用户自定义的函数进行特定任务的查询，实现特殊查询。

【实施步骤】

第 1 步：了解数学函数

数学函数能对数字表达式进行数学运算，并将结果返回给用户。数学函数可以对数据类型为整型(integer)、实型(real)、浮点型(float)、货币型(money 和 smallmoney)的列进行操作。常见的数学函数及其功能如表 6.4.1 所示。

第 2 步：了解字符串函数

字符串函数可以实现字符串的查找、转换等，它主要作用于 char、varchar、binary 和 varbinary 数据类型以及可以隐式转换为 char 或 varchar 的数据类型。常见的字符串函数及其功能如表 6.4.2 所示。

表 6.4.1　常见的数学函数及其功能

函　　数	函 数 功 能
PI()	获取 pi 的值,结果为 3.14159265358979
FLOOR()	取小于或等于数值表达式的最大整数,例如 SELECT FLOOR (－12.5),结果为－13
CEILING()	取大于或等于数值表达式的最小整数,例如 SELECT CEILING (－4.5),结果为－4
POWER()	取数值表达式的幂值,例如 SELECT POWER (5, 2),结果为 25
SQRT()	取浮点表达式的平方根,例如 SELECT SQRT (25),结果为 5
ABS()	返回数值表达式的绝对值,例如 SELECT ABS (－12.5),结果为 12.5
SIGN()	对于正数返回＋1,负数返回－1,0 返回 0
ROUND()	将数值表达式四舍五入为指定精度,例如 SELECT ROUND (2.54, 1),结果为 2.50
RAND([int_expr])	随机数产生器,例如 SELECT RAND(),结果返回一个大于或等于零但小于 1 的随机数

表 6.4.2　字符串函数

函 数 名 称	函 数 功 能
ASCII	返回第一个字符的 ASCII 值
CHAR	将 ASCII 码的整数值转化为字符值
CHARINDEX	用于返回一个字符串在另外一个字符串中的起始位置
LEFT	返回字符串从左起指定个字符数的一部分字符串
RIGHT	返回字符串从右起指定个字符数的一部分字符串
LEN	返回字符串表达式的字符个数,不包括最后一个字符后面的任何空格(尾部空格)
LOWER	返回字符表达式的小写形式
UPPER	返回字符表达式的大写形式
LTRIM	去除字符左边的空格
RTRIM	去除字符右边的空格
REPLACE	用于替换某个字符串中的一个指定字符串的所有示例,并将它替换为新的字符串
REPLICATE	将某个字符表达式重复指定次数
REVERSE	接收一个字符表达式并且以逆序的字符位置输出表达式
SPACE	根据输入参数指定的整数值返回重复空格的字符串
STR	将数值数据转化为字符数据
SUBSTRING	返回某个表达式中定义的一部分

第 3 步：了解日期时间函数

日期和时间函数用来对日期和时间进行转换,并返回一个字符串、数值或日期和时间值。常见的日期时间函数及功能如表 6.4.3 所示。

表 6.4.3　常见的日期时间函数及其功能

函 数 名 称	函 数 功 能
GETDATE()	返回系统目前的日期与时间
DATEDIFF(interval,datel,date2)	以 interval 指定的方式返回 date2 与 datel 两个日期之间的差值 date2-datel
DATEADD(interval,number,date)	以 interval 指定的方式加上 number 之后的日期
DATERAPT(interval,date)	返回日期 date 中 interval 指定部分所对应的整数值
DATENAME(interval,date)	返回日期 date 中 interval 指定部分所对应的字符串名称

在日期时间函数中有一个 interval 参数，interval 参数的常用值如表 6.4.4 所示。

表 6.4.4 interval 的常用值

值	SQL Server 中的缩写形式	说　明
Year	Yy	年，1753～9999
Quarter	Qq	季，1～4
Month	Mm	月，1～12
Day of year	Dy	一年的日数，一年中的第几日，1～366
Day	Dd	日，1～31
Weekday	Dw	一周的日数，一周中的第几日，1～7
Week	Wk	周，一年中第几周，0～51
Hour	Hh	时，0～23
Minute	Mi	分钟，0～59
Second	Ss	秒，0～59
Millisecond	Ms	毫秒，0～999

第 4 步：查找“杨”姓同学的信息，可以使用前面已经介绍的模糊查询来实现

使用 SQL Server 中的字符串函数 LEFT 来查找姓“杨”的学生的信息。另外，本任务要求将查询的结果格式化为“1988 年 8 月”的形式，直接在 SELECT 子句中罗列字段 sbirthday 无法实现这样的显示效果，要用到日期时间函数 YEAR 及字符串函数 STR、LTRIM 等。

下面是具体的程序代码：

```
USE xywglxt
GO
SELECT sname AS 姓名,
        STR(YEAR(sbirthday)) + '年'
        + LTRIM(STR(MONTH(sbirthday))) + '月' AS 出生年月
FROM student
WHERE LEFT(sname,1) = '杨'
GO
```

在程序中使用了多种函数。其中 YEAR 可以提取日期时间型数据的年份，但由于返回的数值是数值型，还需要通过 STR 函数转换成字符串。同样的道理，MONTH 提取出的月份也要经过 STR 函数转换为字符串。LTRIM 也是一种字符函数，它的作用是去除字符串中左边的空格。例如“ABC”本来左边有空格，使用 LTRIM 函数后就变为“ABC”形式了。“+”是字符串的连接运算符，可以将多个字符串连接起来。LEFT(字符型表达式，整形表达式)函数返回字符串中从左边开始指定个数的字符，在这里可以用来查询姓“杨”的学生，它的作用等价于使用通配符“杨%”。

分析执行上述代码，如图 6.4.1 所示。

第 5 步：创建自定义函数 yhy，该函数可以根据输入的班级编号返回该班学生的学号、姓名、性别和出生日期

除了系统函数外，用户还可以根据需要自定义函数，并且调用自定义函数。这个任务主

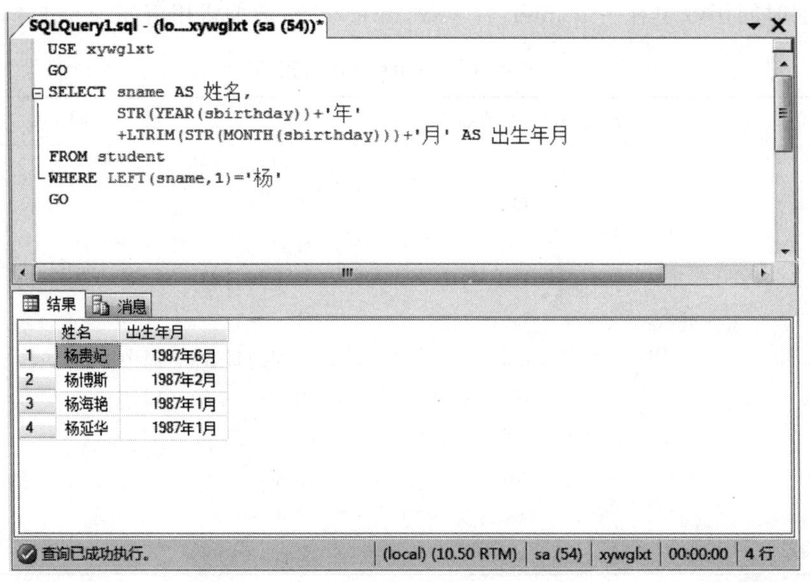

图 6.4.1 查询"杨"姓学生的信息

要是完成一个用户自定义函数的创建，函数的主要功能是能够根据输入的班级编号显示学生表中该班级编号对应班级的学生的学号、姓名、性别和出生日期。这里使用 CREATE FUNCTION 命令来创建用户自定义函数。

下面是具体的程序代码：

```
USE xywglxt
GO
CREATE FUNCTION yhy(@cs char(8))RETURNS table
AS RETURN
SELECT sno 学号,sname 姓名,ssex 性别,sbirthday 出生日期
FROM student
WHERE classno = @cs
GO
SELECT *
FROM dbo.yhy('c14F17')
```

CREATE FUNCTION 是创建自定义函数的关键字，其后紧跟的是自定义函数的名称 yhy。@cs 是函数的输入参数，RETURNS table 说明函数将返回一张数据表。SELECT 语句是函数的一部分，是对具体返回数据表的定义，其中"WHERE classno＝@cs"表示根据函数输入参数的值来筛选记录。后面的一组 SELECT 语句则是对定义的函数 yhy 进行调用。

其结果如图 6.4.2 所示。

第 6 步：使用 ABS 函数返回数值表达式的绝对值

以下是详细的程序代码：

```
SELECT ABS(-1),ABS(1)
```

其运行结果如图 6.4.3 所示。

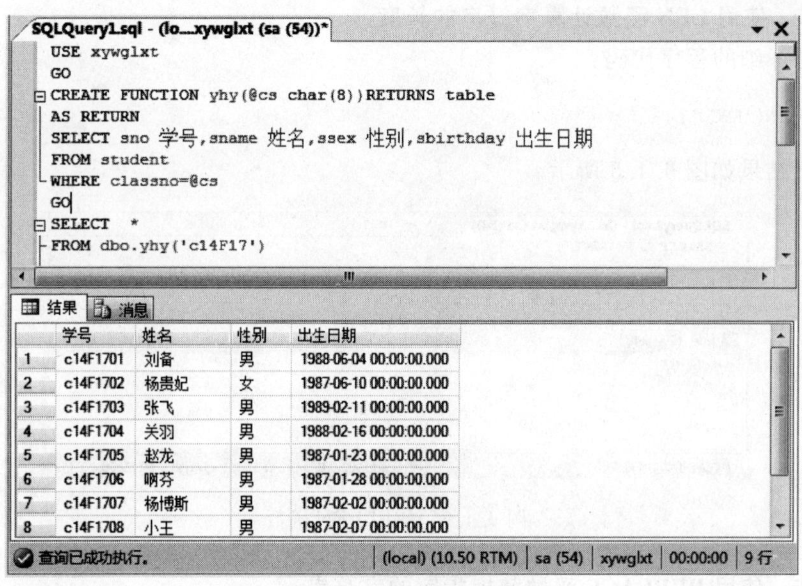

图 6.4.2　自定义函数

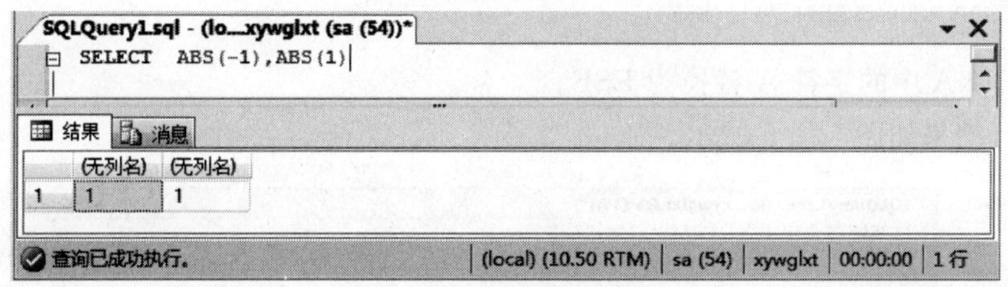

图 6.4.3　使用 ABS 函数

第 7 步：使用 ROUND 函数将数值表达式四舍五入为指定精度

以下是详细的程序代码：

```
SELECT ROUND(1.12,1),ROUND(－1.18,1),ROUND(－1.18,0)
```

其运行结果如图 6.4.4 所示。

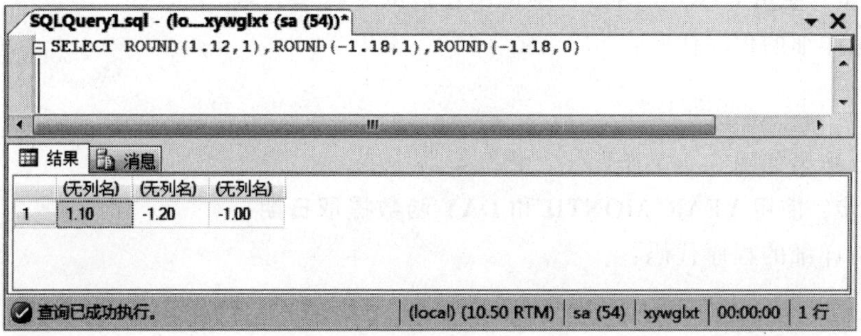

SQLQuery1.sql - (lo....xywglxt (sa (54))*

```
SELECT ROUND(1.12,1),ROUND(-1.18,1),ROUND(-1.18,0)
```

结果　消息

	(无列名)	(无列名)	(无列名)
1	1.10	-1.20	-1.00

查询已成功执行。　(local) (10.50 RTM)　sa (54)　xywglxt　00:00:00　1 行

图 6.4.4　使用 ROUND 函数

第 8 步：使用 LEN 函数计算字符串的长度

以下是详细的程序代码：

```
SELECT LEN('ABCD')
```

其运行结果如图 6.4.5 所示。

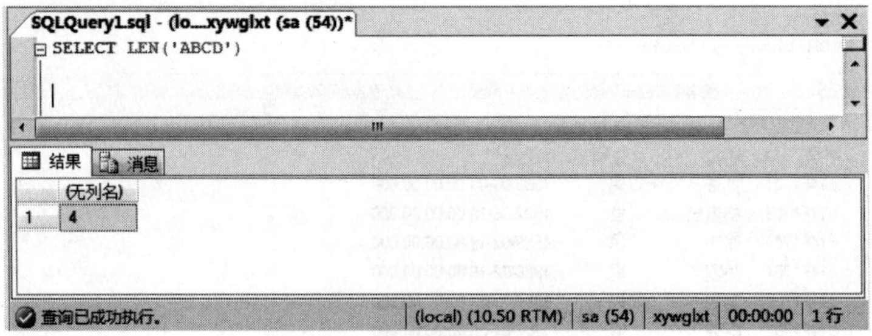

图 6.4.5 使用 LEN 函数

第 9 步：使用 REPLACE 函数替换指定的字符串

以下是详细的程序代码：

```
SELECT REPLACE('CHINA','A','ESE')
```

将 CHINA 中的字符 A 替换为 ESE。

其运行结果如图 6.4.6 所示。

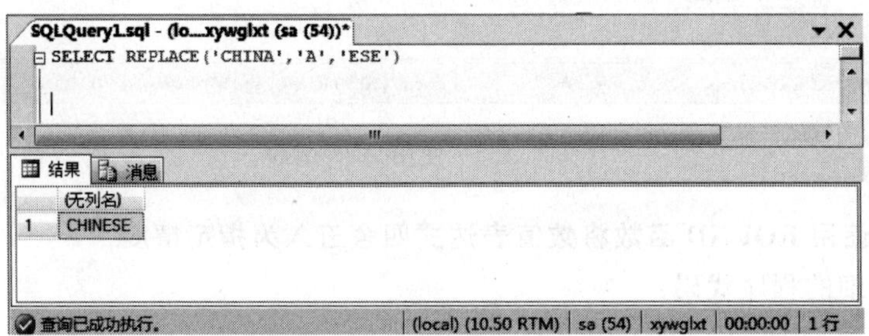

图 6.4.6 使用 REPLACE 函数

第 10 步：使用 LTRIM 函数将字符串左边的字符串去除

以下是详细的程序代码：

```
SELECT LTRIM('   CHINA')
```

其运行结果如图 6.4.7 所示。

第 11 步：使用 YEAR、MONTH 和 DAY 函数提取日期

以下是详细的程序代码：

```
SELECT STR(YEAR('2014-10-1')) + '年'
       + STR(MONTH('2014-10-1')) + '月'
       + STR(DAY('2014-10-1')) + '日'
```

其运行结果如图 6.4.8 所示。

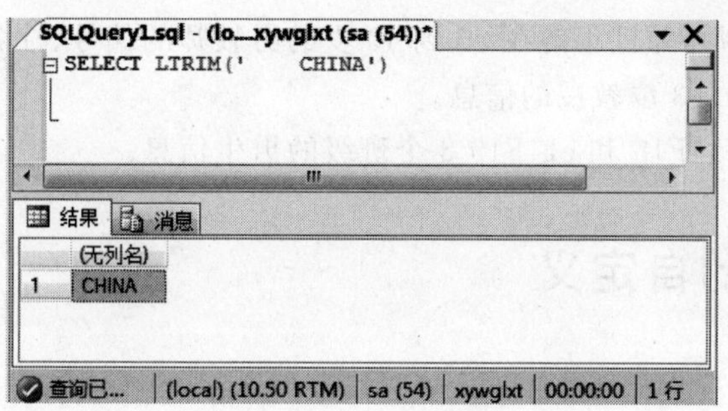

图 6.4.7　使用 LTRIM 函数

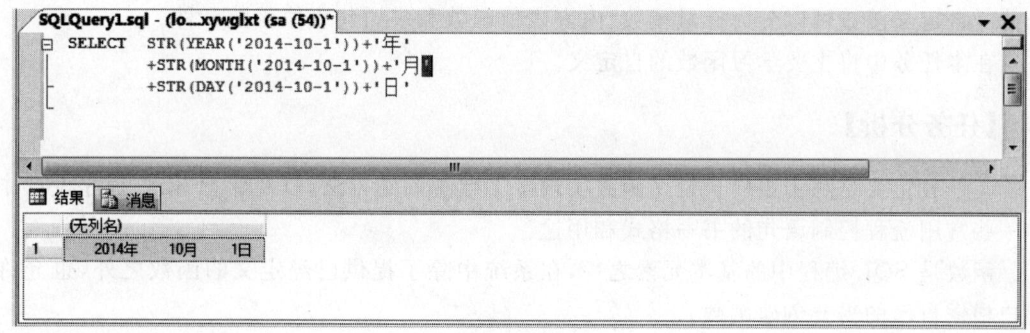

图 6.4.8　使用日期函数

第 12 步：使用 GETDATE()函数显示当前年份

以下是详细的程序代码：

```
SELECT YEAR (GETDATE())
```

其运行结果如图 6.4.9 所示。

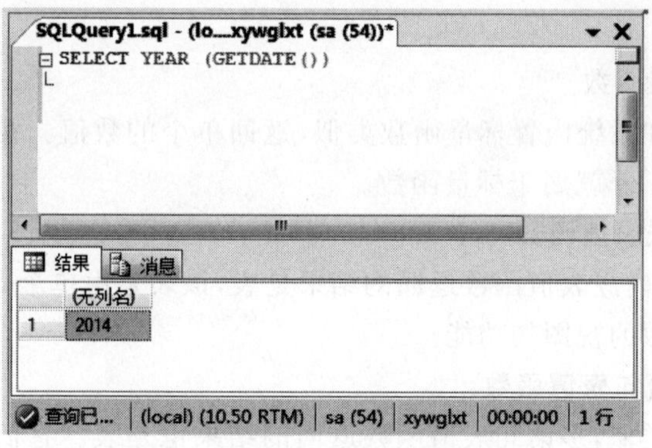

图 6.4.9　使用 GETDATE()函数

【实操练习】

根据任务中的数据，按以下条件分别写出 SQL 语句：

1. 查询所有 1980 年后包括 1990 年出生的教师的信息。

2. 查询职称为讲师，并且年龄在 30 到 40 岁的男教师的编号、姓名和年龄。

3. 查询年纪最大的 3 位教授的信息。

4. 查询 c14F17、c14F18 和 c14F19 3 个班级的男生信息。

任务五：函数的自定义

【任务说明】

用户自定义函数是用户为了实现某项特殊功能自己创建的函数，用来补充和扩展内置函数。自定义函数可以分为标量函数、内嵌表值函数和多语句表值函数 3 种。

在本任务中将主要学习函数的自定义。

【任务分析】

本任务主要是利用用户自定义函数实现带参数查询的方法，以及熟悉 SQL 程序设计中的一些常用流程控制语句的书写格式和用途。

函数是 SQL 编程中的基本元素之一，在系统中除了提供已经定义的函数之外，也允许用户根据自己的需要创建函数。

流程控制语句是用来控制程序执行和分支的命令，它可以使程序更有结构性和逻辑性，主要包括 BEGIN…END、IF…ELSE 语句和 CASE 语句等。在本任务中将通过以下具体任务来熟悉函数的自定义：

1. 创建并调用用户组自定义函数(标量函数)。

2. 修改自定义函数的功能。

3. 创建并调用用户自定义函数(内嵌表值函数)。

【实施步骤】

第 1 步：了解标量函数

自定义标量函数和系统内置标量函数类似，返回单个的数值。在本任务中定义的用于返回课程等级的函数 yhy 就属于标量函数。

第 2 步：了解内嵌表值函数

与标量函数不同，内嵌表值函数返回的结果是表，该表是由单个 SELECT 语句形成的，它可以用来实现带参数的视图的功能。

第 3 步：了解多语句表值函数

和内嵌表值函数类似，多语句表值函数返回的结果也是表。它们的区别在于输出参数后的类型是否带有数据类型说明，如果有就是多语句表值函数。

第 4 步：掌握创建自定义函数的语法

使用 CREATE FUNCTION 语句创建自定义函数的语法格式如下：

```
CREATE FUNCTION [owner_name] function_name
   ( { @parameter_name [AS] scalar_parameter_data_tupe [ = default ] } [ …n] ] )
RETURNS scalar_return_data_type
```

```
[ WITH<FUNCTIONN_OPTION>[ …n] ]
[AS]
BEGIN
Function_body
RETURN Scalar_expression
END
```

参数的具体含义如表 6.5.1 所示。

表 6.5.1　自定义函数参数

参数名称	含　义
owner-name	拥有该用户自定义函数的用户 ID 的名称
function_name	用户自定义函数的名称,在数据库中必须唯一
@parameter_name	用户自定义函数的参数,可以声明一个或者多个参数
scalar_parameter_date_type	参数的数据类型,不支持用户定义数据类型
scalar_return_data_type	标量用户自定义函数的返回值
Function_body	指定一系列 T-SQL 语句定义的值
Scalar_expression	指定标量函数返回的标量值

第 5 步：掌握修改自定义函数的语法

使用 ALTER FUNCTION 语句修改自定义函数的语法格式如下：

```
 ALTER FUNCTION [ owner_name]function_name
    ( [ {@parameter_name[AS] scalar_parameter_data_type c[ = default ] } [ …n ] ]
RETURNS scalar_return_data_type
[WITH< function_option>[ …n ] ]
[AS]
BEGIN
   Function_body
   RETURN Scalar_expression
END
```

其中函数的含义与创建自定义函数的 CREATE FUNCTION 语句中的相同。

第 6 步：掌握删除自定义函数的语法

使用 DROP FUNCTION 语句删除自定义函数的语法格式如下：

```
DROP FUNCTION { [ owner_name]function_name }[ …n ]
```

使用该语句可以一次删除多个自定义函数,function_ name 是要删除多个自定义函数。*n* 表示可以指定多个用户自定义函数的占位符。

第 7 步：理解自定义函数程序中的流程控制语句

自定义函数程序中的流程控制语句包含以下 3 种。

(1) BEGIN…END 语句块：如果两个或者两个以上的 SQL 语句要作为一个单元来执行,就要用 BEGIN…END 语句,这些语句称为语块句。

其语法格式如下：

```
 BEGIN
语句 1
```

```
语句 2
…
语句 N
END
```

(2) IF…ELSE 语句：IF…ELSE 语句可以使程序根据条件产生不同的程序分支，从而实现不同的功能。

其语法格式如下：

```
IF <条件表达式>
  语句 1
ELSE
语句 2
```

ELSE 子句为可选项，如果条件表达式的值为 TRUE，则执行语句 1；否则执行语句 2。IF … ELSE 语句还可以嵌套使用。

(3) CASE 语句：CASE 语句可以使程序根据条件产生多个程序分支，从而实现不同的功能。但是它不能单独使用，只能作为一个可以单独执行的语句的一部分来使用。

其语法格式如下：

```
CASE <条件表达格式>
  WHEN 结果 1 THEN 语句 1
  [WHEN 结果 2 THEN 语句 2]
  [ … ]
  [ELSE 语句 N]
END
```

WHEN、ELSE 子句为可选项，如果条件表达式的值与结果 1 相符，则执行语句 1；如果条件表达式的值与结果 2 相符，则执行语句 2；以此类推，如果跟所有的结果均不符，则执行 ELSE 语句中的语句 N。

第 8 步：创建并调用用户自定义函数(标量函数)

在 xywglxt 数据库中创建一个用户自定义函数 yhy，使用该函数通过输入成绩来判断是否通过课程考试。此函数的主要功能是将数值型的输入参数转化为字符型的值输出。如果函数接收的输入参数大于或者等于 60，返回信息“通过”；如果输入参数小于 60，则返回信息“未通过”。

然后运用这个函数查询验证函数的功能，例如可以查询某生(如杨海艳)所有选修课考试的通过情况，即要求输出两列分别为选修的课程编号和通过情况。

以下是具体的程序代码：

```
USE xywglxt
GO
CREATE FUNCTION dbo.yhy(@inputcj int)RETURNS varchar(10)
AS
BEGIN
DECLARE @restr varchar(10)
IF    @inputcj < 60
      SET @restr = '未通过'
```

```
ELSE
        SET @restr = '通过'
        RETURN @restr
END
GO
SELECT cno AS 课程编号, dbo.yhy(grade)AS 是否通过
FROM choice INNER JOIN student
    ON choice.sno = student.sno
WHERE sname = '杨海艳'
```

以上程序分为两部分，即函数的自定义部分和调用部分。

在第一部分首先用 CREATE FUNCTION 关键字创建了一个名为 yhy 的自定义函数，并且分别定义了输入参数@inputcj 和输出参数的返回类型 varchar(10)。函数的主体部分是用 BEGIN 和 END 括起来的程序段，其中用 DECLARE 定义了一个局部变量@restr，它的类型和函数返回值的类型一致。接着是一组由 IF…ELSE 语句组成的程序判断，并且根据输入参数的值使用 SET 语句对局部变量@restr 分别赋值。

第二部分使用查询来调用参数，并验证函数的功能。这里函数的调用跟系统的内置函数类似，在 dbo.yhy(grade)中 grade 作为输入参数。此外，查询信息时由于涉及两张表，因此使用了连接操作。

输入代码并执行，结果如图 6.5.1 所示。

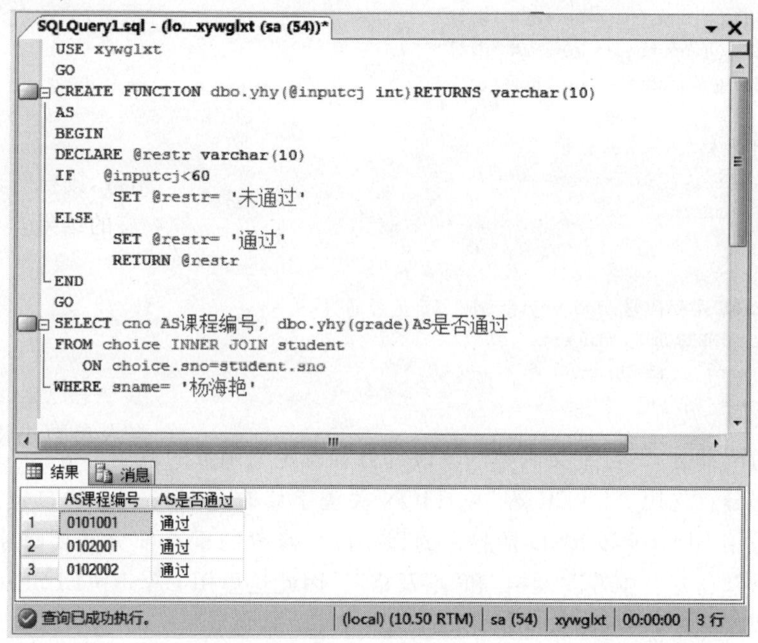

图 6.5.1　查询选修课的考试通过情况

第 9 步：修改自定义函数的功能

使用 ALTER FUNCTION 语句修改已经建立的自定义函数 yhy 的功能，使其能根据输入的成绩返回课程的等级，而不是课程的通过情况。具体等级获得的条件如表 6.5.2 所示。

表 6.5.2　课程等级的判断条件

输入成绩	等级
90 以上(包括 90)	优秀
80～89	良好
70～79	中等
60～69	及格
0～59	不及格

然后运用这个函数进行查询，如查询“杨海艳”所有选修课程所获等级的情况，即要求输出两列，分别为选修的课程编号和等级。

以下是详细的程序代码：

```
USE xywglxt
GO
ALTER FUNCTION yhy(@inputcj int) RETURNS varchar(10)
AS
BEGIN
   DECLARE @restr varchar(10)
   SET @restr =
   CASE
       WHEN @inputcj >= 90 THEN '优秀'
       WHEN @inputcj >= 80 THEN '良好'
       WHEN @inputcj >= 70 THEN '中等'
       WHEN @inputcj >= 60 THEN '及格'
   ELSE
       '不及格'
   END
   RETURN @restr
END
GO
SELECT cno AS 课程代号,dbo.yhy(grade) AS 是否通过
FROM choice INNER JOIN student
ON choice.sno = student.sno
WHERE sname = '杨海艳'
```

程序分为两部分，即自定义函数的修改部分和自定义函数的调用部分。

在第一部分首先用 ALTER FUNCTION 关键字修改命名为 yhy 的自定义函数，函数的主体部分是用 BEGIN 和 END 括起来的程序段。修改的重点部分是要将原来的等级细化，分为“优秀”“良好”“中等”“及格”和“不及格”。因此这里用 CASE…ELSE…这个多分支语句来实现程序判断，根据输入的值用 SET 语句对局部变量@restr 进行赋值。

第二部分使用查询来调用函数，并验证函数的功能。这里函数的调用跟系统的内置函数类似，在 dbo.yhy(grade)中 grade 作为输入参数。

输入代码并执行，结果如图 6.5.2 所示。

第 10 步：创建并调用用户自定义函数(内嵌函数 xyw_cj)

这个任务主要是在数据库中创建一个用户自定义函数 xyw_cj，该函数可以根据输入的学生姓名返回该生选修课程的成绩和等级。此函数的主要功能是能查询出某位学生的选修

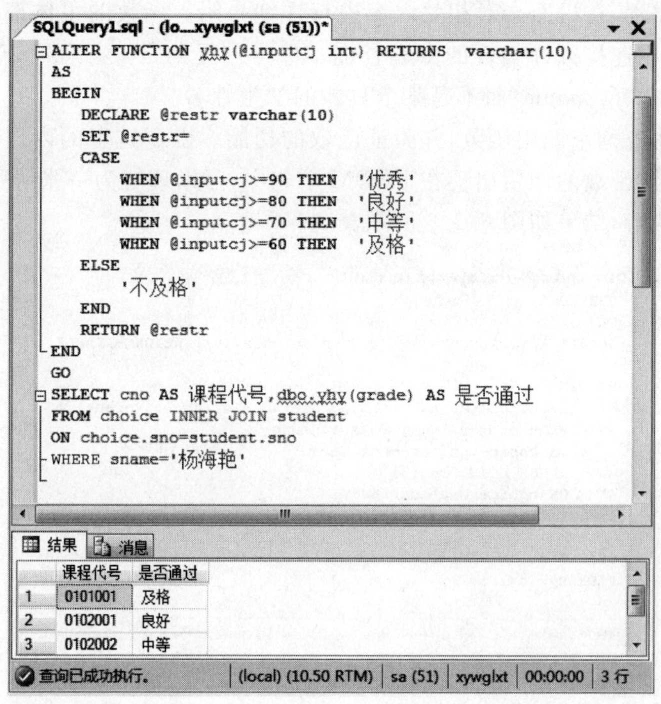

图 6.5.2　查询选修课等级

课程的成绩和等级。程序的主体部分由多表查询构成，要用到的表有 student、choice 和 course。

另外，函数的最后要能显示课程的等级，这就需要在此函数中调用已经修改好的自定义函数 yhy。

以下是详细的程序代码：

```
USE xywglxt
GO
CREATE FUNCTION dbo.xyw_cj(@sname char(10)) RETURNS TABLE
AS
RETURN
    (SELECT cname AS 课程名,grade AS 成绩,dbo.dj(grade) AS 等级
     FROM choice INNER JOIN student
     ON choice.sno = student.sno
     INNER JOIN course
     ON choice.cno = course.cno
    WHERE student.sname = @sname)
GO
SELECT *
FROM xyw_cj('杨海艳')
```

程序分为两部分，即自定义函数的创建和调用。在第一部分首先用 CREATE FUNCTION 关键字创建了一个名为 xyw_cj 的自定义函数，并且定义了一个输入参数 @sname 用来接收学生的姓名。同时还定义了输出参数的返回类型为 TABLE，这是一种

比较特殊的函数类别，在后面会对相关内容进行详细介绍。函数的主体部分是括号中的程序段，主要是一个用连接查询实现的多表查询。值得一提的是，这里的 SELECT 子句的条件中运用了输入参数@sname，而不是某个具体的学生姓名。

第二部分使用查询来调用函数，并验证函数的功能。由于这里的内嵌表值函数的返回值是一张表，因此该函数的调用出现在 FROM 子句中，可以理解为一张特殊的表。

输入代码并执行，结果如图 6.5.3 所示。

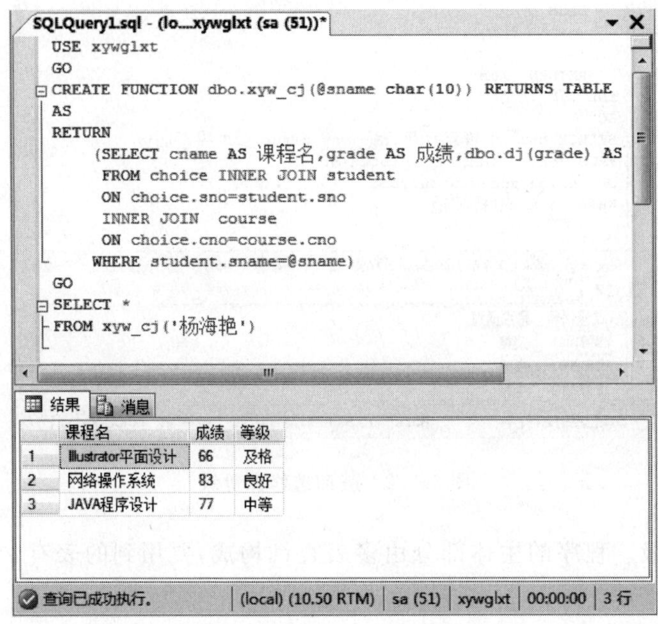

图 6.5.3 使用自定义函数查询等级

第 11 步：使用 IF … ELSE 语句修改自定义函数 yhy，该函数通过输入成绩来判断课程等级的获取情况

程序代码如下：

```
USE xywglxt
GO
ALTER FUNCTION dbo.yhy(@inputcj int) RETURNS varchar(10)
AS
BEGIN
  DECLARE @restr varchar(10)
IF @inputcj>=90
    SET @restr='优秀'
ELSE IF @inputcj<90 AND @inputcj>=80
   SET @restr='良好'
ELSE IF @inputcj<80 AND @inputcj>=70
   SET @restr='中等'
ELSE IF @inputcj<70 AND @inputcj>=60
   SET @restr='及格'
ELSE
SET @restr='不及格'
```

```
  RETURN @restr
END
GO
SELECT cno AS 课程编码,dbo.yhy(grade) AS 等级
FROM choice INNER JOIN student
ON choice. sno = student. sno
WHERE sname = '杨海艳'
```

代码执行后的效果如图 6.5.4 所示。

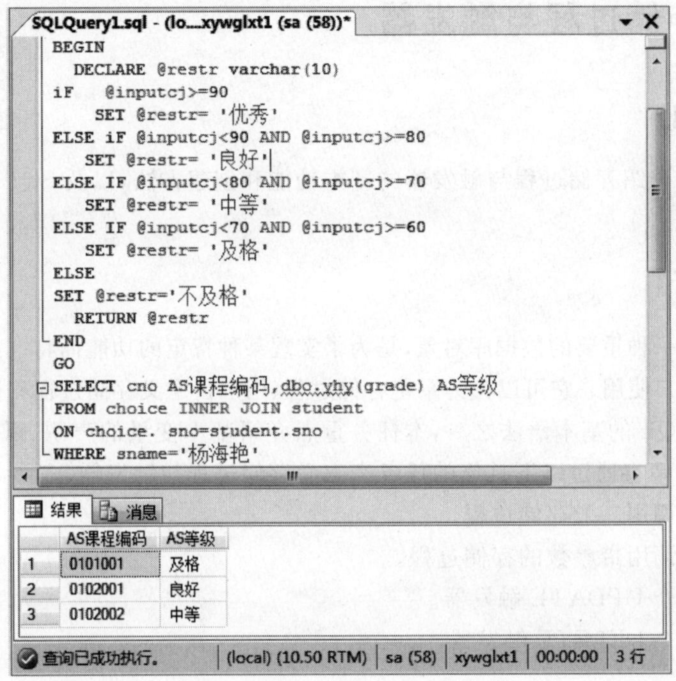

图 6.5.4　使用 IF…ELSE 语句查询等级

第 12 步：删除已经创建的函数 xyw_cj1

使用 DROP FUNCTION 命令删除已经创建的函数，程序代码如下：

```
DROP FUNCTION dbo. xyw_cj1
```

结果如图 6.5.5 所示。

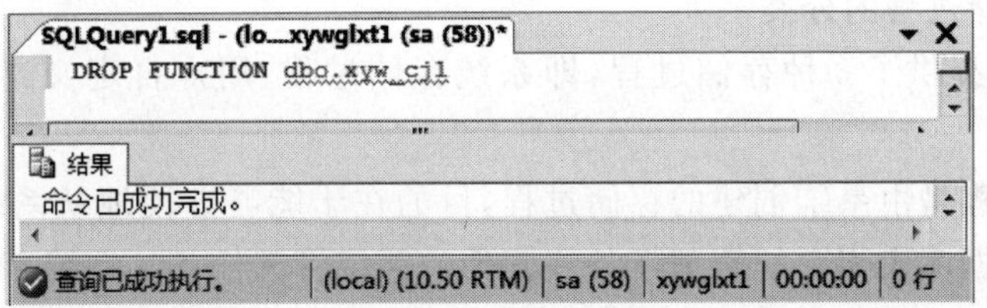

图 6.5.5　删除函数

至此，此任务全部完成。

【实操练习】

1. 自定义函数有什么好处?

2. 理解自定义函数的语法格式。

3. 编写一个自定义函数,要求输入学生姓名后可以返回显示学生所有课程的成绩及这些课程的平均分。

任务六:存储过程与触发器

【任务说明】

本任务主要介绍存储过程与触发器的基本功能和创建方法,以及SQL程序设计中基本变量的基础知识。

【任务分析】

存储过程是一种重要的数据库对象,是为了实现某种特定的功能而将一组SQL语句存储在服务器上供用户使用。它可以分为系统存储过程、用户自定义存储过程和扩展存储过程。

变量是T-SQL的基本语法之一,本任务重点介绍基本变量的声明、赋值和使用的一些要点。在本任务中将通过以下具体的任务来熟悉存储过程与触发器。

(1) 创建并调用一般存储过程。

(2) 创建并调用带参数的存储过程。

(3) 创建一个UPDATE触发器。

(4) 创建一个DELETE触发器。

【实施步骤】

第1步:了解什么是存储过程

存储过程是一种重要的数据库对象,是为了实现某种特定功能而将一组预编译的SQL语句以存储单元的形式存储在服务器上供用户调用。存储过程的使用可以提高代码的执行效率。存储过程可以实现多种功能,既可以查询表中的数据,也可以向表中添加记录、修改记录和删除记录,还可以实现复杂的数据处理。

第2步:存储过程的分类

SQL Server提供了3种存储过程,即系统存储过程、用户自定义存储过程、扩展存储过程。

系统存储过程是由系统创建的存储过程,目的在于能够方便地从系统表中查询信息或者完成与更新数据库表相关的管理任务或其他的系统管理任务。系统存储过程主要存储在master数据库中(以sp_为前缀)。尽管这些系统存储过程在master数据库中,但在其他数据库中还是可以调用系统存储过程的。有一些系统存储过程会在创建新数据库时被自动创建在当前数据库中。

常用的系统存储过程如表6.6.1所示。

表 6.6.1　常用的系统存储过程

系统存储过程	说　明
sp_databases	列出服务器上的所有数据库
sp_helpdb	报告有关指定数据库或所有数据库的信息
sp_renamedb	更改数据库的名称
sp_tables	返回当前环境下可查询的对象的列表
sp_columns	返回某个表列的信息
sp_help	查看某个表的所有信息
sp_helpconstraint	查看某个表的约束
sp_helpindex	查看某个表的索引
sp_stored_procedures	列出当前环境中的所有存储过程
sp_password	添加或修改登录账户的密码
sp_helptext	显示默认值、未加密的存储过程、用户定义的存储过程、触发器或视图的实际文本

系统存储过程应用示例：

```
exec sp_databases;                          --查看数据库
exec sp_tables;                             --查看表'
exec sp_columns GoodsDB.;                   --查看列
exec sp_helplndex GoodsDB;                  --查看索引
exec sp_heIpConstraint GoodsDB;             --查看约束
exec sp_helptext 'sp_tables1';              --查看存储过程的创建、定义语句
exec sp_renamedb tempDB, myDB;              --更改数据库名称
exec sp_defaultdb 'master','GoodsDB';       --更改登录名的默认数据库
exec sp_helpdb;                             --数据库帮助,查询数据库信息
exec sp_helpdb master;                      --查看 master 数据库的信息
```

用户自定义存储过程是由用户在自己的数据库中创建的存储过程。如果说系统存储过程就像 C 语言中的系统函数，那么用户自定义存储过程类似于 C 语言中的用户自定义函数，在后面将会详细讲解如何创建和执行自定义存储过程。

扩展存储过程指 SQL Server 可以动态加载和运行的 DLL，该 DLL一般使用编程语言(例如 C、C＃等)创建。扩展存储过程(以 XP_为前缀)用来调用操作系统提供的功能，例如：

```
exec master xp_cmdshell 'ping 192.168.1 .1'
```

第 3 步：理解存储过程的语法

在 SQL 语言中可以使用 CREATE PROCEDURE 语句创建存储过程，其语法格式如下：

```
CREATE PROCEDURE [procedure_name] procedure_name [;number]
{ @parameter data type}
[ VARYING ] [ = default ] [OUT] [OUTPUT] [READONLY]
[ WITH <ENCRYPTION] | [ RECOMPILE] | [ EXECUTE AS Clause ] > ]
[ FOR REPLICATION ]
AS <sql_statement>
```

参数的具体含义如表 6.6.2 所示。

表 6.6.2　CREATE PROCEDURE 语句中参数的含义

参数名称	含　义
procedure_name	新存储过程的名称
number	可选的整数,用来对同名的过程分组
@parameter	过程中的参数,可以声明一个或多个参数
data_type	参数的数据类型
VARYING	指定作为输出参数支持的结果集
default	参数的默认值
output	表明参数是返回参数
RECOMPILE	表明 SQL Server 加密 syscomments 表中包含 CREATE PROCEDURE 语句文本的条目
ENCRYPTION	表示加密后的 syscomments 表
FOR REPLICATION	指定不能在订阅服务器上执行为复制创建的存储过程
AS	指定过程要执行的操作
sql_statement	过程中要包含的任意数目和类型的 T-SQL 语句

第 4 步：了解变量的概念

变量是 SQL Server 中用来传递数据的途径之一。在 SQL Server 中变量一般分为两类,即全局变量和局部变量。

全局变量是系统提供并赋值的一类变量,用户无权建立和修改,是以@开始的一组特别的函数。

在批处理或过程中用 DECLARE 语句声明局部变量,所有局部变量在声明后均初始化为 NULL。其语法格式如下：

```
DECLARE { @local_variable data_type } [ ,…n]
```

用 SET 语句赋值。

将 DECLARE 语句创建的局部变量设置为给定表达式的值。其语法格式如下：

```
SET @local_variable = expression
```

其参数说明如表 6.6.3 所示。

表 6.6.3　DECLARE 语句中参数的含义

参　数	含　义
@local_variable	变量的名称
data_type	由系统提供的或用户自定义的数据类型
@cursor_variable_name	游标变量的名称
CURSOR	指定变量是局部游标变量
table_type_definition	定义表数据类型
n	表示可以指定多个变量并对变量赋值的占位符

局部变量必须先声明后使用。局部变量名必须以@开头。在一个 DECLARE 语句中可以同时定义多个变量,只要用“,”分隔即可。

局部变量的作用域指使用该变量的范围,它从声明变量开始到声明它们的批处理或存储过程结束。

第 5 步：了解触发器

触发器是一种特殊类型的存储过程，它是一个强大的工具。它主要通过事件触发被执行，它与表紧密联系，当表中的数据发送变化时自动执行。触发器可以用于 SQL Server 约束、默认值和规则的完整性检查，还可以完成难以用普通约束实现的复杂功能。

第 6 步：了解触发器的分类

SQL Server 提供了两种触发器，即 INSTEAD OF 和 AFTER 触发器。

(1) AFTER 触发器，之后触发，具体分为下面几种。

① INSERT 触发器。

② UPDATE 触发器。

③ DELETE 触发器。

(2) INSTEAD OF 触发器，之前触发。

其中，AFTER 触发器要求只有执行某一操作（如 INSERT、UPDATE、DELETE 之后触发器才被触发，且只能定义在表上。INSTEAD OF 触发器表示并不执行其定义的操作（INSERT、UPDATE、DELETE），而仅执行触发器本身。用户既可以在表上定义 INSTEAD OF 触发器，又可以在视图上定义。

SQL Server 为每个触发器都创建了两个专用表，即 inserted 表和 deleted 表。这两个表由系统来维护，它们存在于内存中而不是数据库中。这两个表的结构总是与被该触发器作用的表的结构相同。触发器执行完成后，与该触发器相关的这两个表也被删除。

deleted 表存放由于执行 DELETE 或 UPDATE 语句而要从表中删除的所有行，inserted 表存放由于执行 INSERT 或 UPDATE 语句而要向表中插入的所有行。表 6.6.4 列出了表操作与 inserted、deleted 两个表的关系。

表 6.6.4 表操作与 inserted、deleted 两个表的关系

对表的操作	inserted 表	deleted 表
增加记录(INSERT)	存放增加的记录	无
删除记录(DELETE)	无	存放被删除的记录
修改记录(UPDATE)	存放更新后的记录	存放更新前的记录

第 7 步：触发器的执行过程

如果一个 INSERT、UPDATE 或 DELETE 语句违反了约束，那么 AFTER 触发器不会执行，因为对约束的检查是在 AFTER 触发器被触发之前发生的，所以 AFTER 触发器不能超越约束。

INSTEAD OF 触发器可以取代激发它的操作来执行。它在 inserted 表和 deleted 表刚刚建立，其他任何操作还没有发生时被执行。因为 INSTEAD OF 触发器在约束之前执行，所以它可以对约束进行一些预处理。

第 8 步：创建触发器的语法

使用 CREATE TRIGGER 语句创建触发器，其语法格式如下：

```
CREATE TRIGGER trigger_name
 ON table|view _name
 [WITH ENCRYPTION]
```

```
 FOR [DELETE, INSERT, UPDATE]
AS
 sql_statement
GO
```

参数见表 6.6.5。

表 6.6.5 CREATE TRIGGER 语句中参数的含义

参 数	含 义
trigger_name	触发器的名称
table|view	在其上执行触发器的表或视图
WITH ENCRYPTION	加密 syscomments 表中包含 CREATE TRIGGER 语句文本的条目
AFTER	表示触发器类型为后触发器
{[DELETE][,][INSERT][,][UPDATE]}	指定在表或视图上执行哪些数据修改语句时激活触发器的关键字
WITH APPPEND	指定应该添加现有类型的其他触发器
NOT FOR REPLICATION	表示当复制进程更改触发器所涉及的表时不应执行该触发器
AS	触发器要执行的操作
sql_statement	触发器的条件和操作

第 9 步：创建并调用一般存储过程

存储过程也是一种重要的数据库对象，是为了实现某种特定的功能将一组预编译的 SQL 语句以存储单位的形式存储在服务器上，供用户调用。

这个任务要求创建一个名称为 st_yhy 的存储过程，调用该存储过程可以返回"信息技术系"学生的姓名、性别、出生年月和班级。这些信息不在同一张表中，要利用高级查询进行跨表查询，然后调用该存储过程进行查询。由于此存储过程未设置输入参数，因此创建过程比较简单。

在存储过程的创建中要注意有些特殊语句不能包含在存储过程定义中，例如 CREATE VIEW、CREATE DEFAULT、CREATE FUNCTION 等。此外，还要注意数据库对象均可在存储过程中创建；存储过程最大可达 128MB；不要以 sp_为前缀创建存储过程，因为它用来命名系统的存储过程，这样做可能会引起系统冲突。

以下是详细的程序代码：

```
USE xywglxt
GO
CREATE PROC st_yhy
AS
SELECT A.sname AS 姓名,A.ssex AS 性别,A.sbirthday AS 出生年月,B.classname AS 班级
FROM student AS A JOIN class AS B
ON A.classno = B.classno
    JOIN professional AS C
    ON B.pno = C.pno
         JOIN department AS D
         ON C.deptno = D.deptno
WHERE D.deptname = '信息技术系'
GO
EXECUTE st_yhy
```

程序分为两部分，即存储过程的创建部分和调用部分。

在第一部分可以看到首先用 CREATE PROC 关键字创建了一个名为 st_yhy 的存储过程。存储过程的主体部分是一个 SELECT 查询语句，利用连接查询完成对“信息技术系”学生信息的查询。

第二部分是存储过程的调用。由于此存储过程不带参数，以此调用的方法比较简单，用 EXECUTE 语句加上存储过程的名称即可。

该程序中还运用了数据表的别名，例如将数据表 student 定义为 A，将数据表 class 定义为 B 等。这样可以简化程序代码，使代码的可读性更强。

输入代码并执行，结果如图 6.6.1 所示。

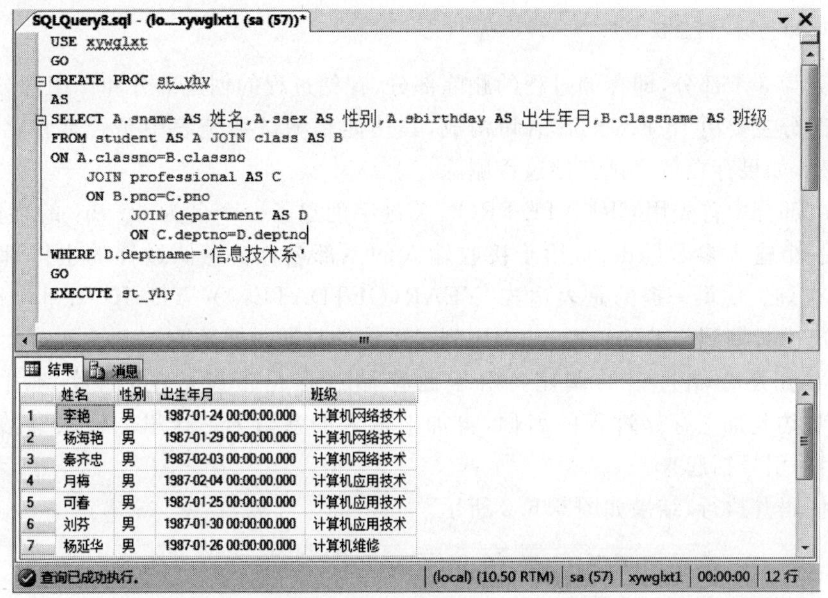

图 6.6.1　创建存储过程

第 10 步：创建并调用带参数的存储过程

这个任务要求在 xywglxt 数据库中创建存储过程 st_yhy，并为它设置一个输入参数，用于接收系部名称；然后按要求显示所在系部学生的信息，包括学生姓名、性别、年龄和班级。由于这些信息不在同一张表中，要利用高级查询进行跨表查询。与前面的任务相比，此任务的难度又增加了一些，一是要解决系统中将会出现的同名的存储过程的问题，解决的办法是要么删除，要么重命名；二是查询的信息中出现了年龄，这要用到系统的时间日期函数。

```
USE xywglxt
GO
IF EXISTS (SELECT name
    FROM sysobjects
    WHERE name = 'st_yhy'
    AND type = 'P')
    DROP PROCEDURE st_yhy
GO
CREATE PROC st_yhy
```

```
@dept char(20)
AS
SELECT A.sname AS 姓名,A.ssex AS 性别,
       YEAR(GETDATE()) - YEAR(A.sbirthday) AS 年龄,
       B.classname AS 班级
FROM student AS A JOIN class AS B
ON A.classno = B.classno
     JOIN professional AS C
     ON B.pno = C.pno
          JOIN department AS D
          ON C.deptno = D.deptno
WHERE D.deptname = @dept
GO
EXECUTE st_yhy '信息技术系'
```

程序分为 3 个部分,即存储过程的删除部分、存储过程的创建部分和调用部分。

第一部分主要由 IF EXISTS 语句构成,其功能是测试系统表中是否存在名为 st_yhy 的存储过程,如果存在就将该存储过程删除。

在第二部分中首先用 CREATE PROC 关键字创建了一个名为 st_yhy 的存储过程,并且定义了一个输入参数@dept,用于接收输入的系部名称。存储过程的主体部分是一个 SELECT 查询。值得一提的是表达式"YEAR(GETDATE()) -YEAR(A.sbirthday)",它可以完成出生日期到年龄的转换,其中用到了系统的日期时间函数。

第三部分是存储过程的调用。由于此存储过程是带参数的,因此调用的方法为 EXECUTE 语句加上存储过程的名称,再加上输入的参数值。这里的输入参数是字符型的,所以用单引号括起来。

输入代码并执行,结果如图 6.6.2 所示。

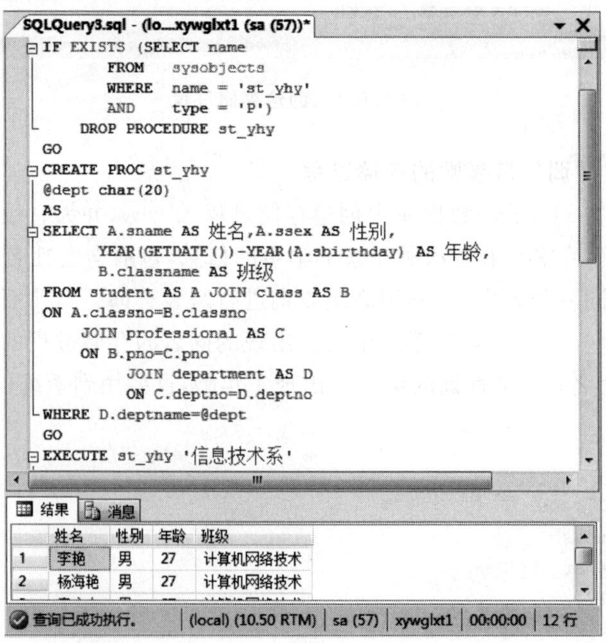

图 6.6.2　创建并调用带参数的存储过程

第 11 步：创建一个存储过程，实现用户登录验证的过程。如果登录成功，就更新最新的登录时间

程序代码如下：

```
USE xywglxt
GO
 CREATE PROC upUserLogin
  @strLoginName varchar(20),
  @strLoginPwd varchar(20),
  @binReturn BIT OUTPUT
  AS
   DECLARE @strPwd varchar(20)
   BEGIN
   SELECT @strPwd uUser
   FROM uUser
     WHERE uLoginName = @strLoginName
  IF @strLoginPwd = @strPwd
        BEGIN
             SET@binReturn = 1
             UPDATE uUser
             SET uLastLogin = GETDATE()
             WHERE uLoginName = @strLoginName
        END
    ELSE
        SET @blnReturn = 0
    END
```

本段程序的主要功能是验证用户的登录密码，并更新用户的登录时间。程序中分别定义了两个输入参数和一个输出参数，其中@strLoginName 用来接收登录用户名，@strLoginPwd 用来接收登录密码，输出参数@blnReturn 用来反馈登录情况。

在存储过程的内部定义了一个局部变量@strPwd，用来临时存放用户的登录密码，SELECT 语句用来查询数据表中的用户密码，并赋值给局部变量@strPwd。IF 语句则用来对接收到的用户登录密码进行检查，如果和数据表中一致则说明输入密码正确，更新用户登录时间，并将@blnRetrun 设置为 1；否则说明登录密码不正确，将@blnReturn 设置为 0。

第 12 步：删除存储过程 st_yhy

程序代码如下：

```
USE xywglxt
  GO
  DROP PROCEDURE st_yhy
  GO
```

第 13 步：声明 6 个局部变量@sno、@sname、@ssex、@sbirthday、@score 和@classno，并对它们赋值，插入到 student 表中

程序代码如下：

```
USE xywglxt
GO
```

```
DECLARE @sno char(10), @sname char(10), @ssex char(2),
 @sbirthday DATETIME,@score numeric, @classno char(8)
SET @sno = 'c14F1712'
SET @SNAME = '郭冰'
SET @ssex = '男'
SET @sbirthday = '1988/8/08'
SET @classno = 'c14F17'
PRINT @sno
PRINT @SNAME
PRINT @ssex
PRINT @sbirthday
PRINT @score
PRINT @classno
INSERT INTO student VALUES(@sno,@sname,@ssex
,@sbirthday,@score,@classno)
```

输入代码并执行,结果如图 6.6.3 所示。

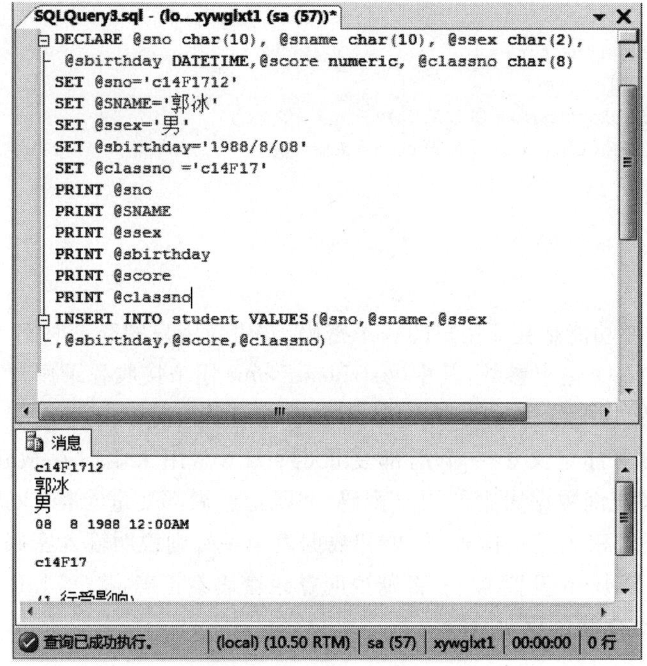

图 6.6.3 声明局部变量

第 14 步：创建一个 UPDATE 触发器

触发器是一种特殊类型的存储过程,它是一个功能强大的工具。它主要通过事件触发而被执行,它与表相连。

程序代码如下：

```
USE xywglxt
GO
CREATE TRIGGER update_sname ON student
FOR UPDATE
```

```
AS
IF UPDATE(sname)
BEGIN
  PRINT '不能修改学生姓名!'
  ROLLBACK TRANSACTION
END
GO
UPDATE student
SET sname = '王梅'
WHERE sno = 'c14F1701'
```

在上述程序中首先用 CREATE TRIGGER 关键字为 student 表创建了一个名为 update_sname 的触发器，触发器的主体部分是由 IF 判断语句构成的，判断条件为是否更新 sname 字段，如果更新了 sname 字段就显示"不能修改学生姓名!"的提示，并用 ROLLBACK TRANSACTION 语句恢复已经改变的状态。

触发器创建成功后，用 UPDATE 语句更新 student 表中学号为 c14F1701 的姓名，结果无法更新，说明创建的触发器发生作用了。

输入代码并执行，结果如图 6.6.4 所示。

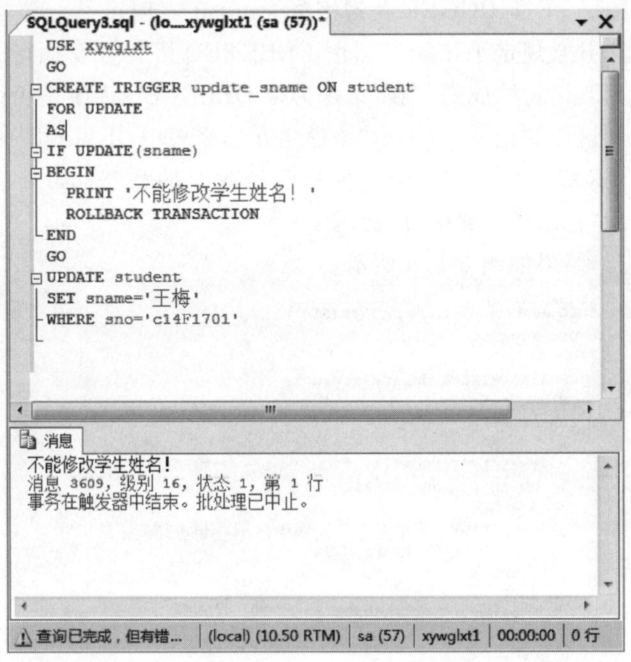

图 6.6.4　创建 UPDATE 触发器

第 15 步：创建一个 DELETE 触发器

SQL Server 中的 DML 触发器可以分为 3 种类型，即 INSERT、UPDATE 和 DELETE 触发器。这个任务主要是为 xywglxt 数据库中的 student 表创建一个名为 delete_student 的 DELETE 触发器，该触发器的功能是当删除 student 表的学生记录时进行检查，如果在 choice 表中存在该学生选修的记录，就不允许删除，并且显示"该学生在选修表中，不可删除此条记录!"的提示信息；否则删除该学生记录。

程序代码如下：

```
USE xywglxt
GO
CREATE TRIGGER delete_student
ON student
FOR DELETE
AS
    IF(SELECT COUNT( * ) FROM choice JOIN DELETED
    ON choice.sno = DELETED.sno)> 0
      BEGIN
        PRINT('该学生在选修表中,不可删除此条记录!')
        ROLLBACK TRANSACTION
      END
    ELSE
      PRINT('记录已经删除')
GO
DELETE student
WHERE sno = 'c14F1701'
```

程序首先用 CREATE TRIGGER 关键字为 student 表创建了一个名为 delete_student 的 DELETE 触发器，并且规定了该触发器由 DELETED 语句触发执行。触发器的主体部分是由 IF…ELSE 判断语句构成的，判断条件为在 DELETED 表中是否能找到和 choice 关联的记录。如果找到这样的记录，就显示“该学生在选修表中，不可删除此条记录!”的提示，并用 ROLLBACK TRANSACTION 语句恢复已经改变的状态；如果不能找到这样的记录，无法删除，就显示“记录已经删除”的提示。

输入代码并执行，结果如图 6.6.5 所示。

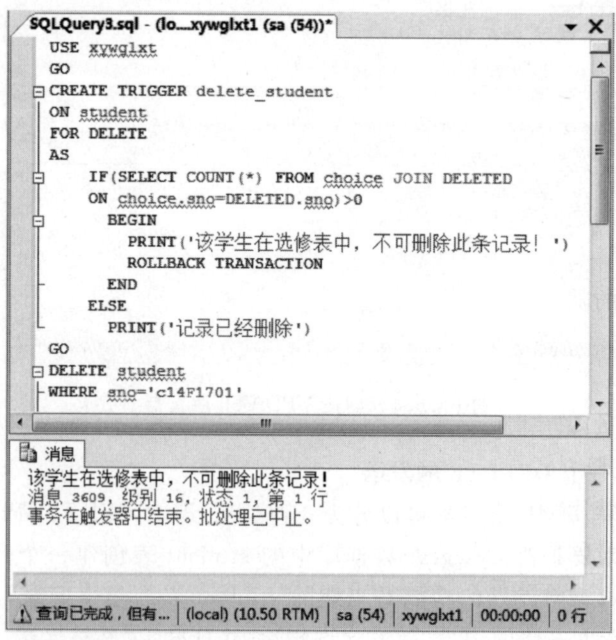

图 6.6.5 创建 DELETE 触发器

DELETE 语句试图删除学号为 c14F1701 的记录，但由于数据表 choice 中有该学生的选课记录，无法删除，说明创建的触发器发生作用了。

【实操练习】

一、选择题

1. 使用触发器会产生两个逻辑表(　　)。

   A. delete 和 inserte　　B. deleted 和 inserted

   C. open 和 close　　D. opened 和 closed

2. 在基本 SQL 语句中不可以实现(　　)。

   A. 定义视图　　B. 定义基表

   C. 查询视图和基表　　D. 并发控制

3. 用于求系统日期的函数是(　　)。

   A. YEARO　　B. GETDATEO　　C. COUNTO　　D. SUMO

4. 以下不属于数据库对象的是(　　)。

   A. 视图　　B. 存储过程　　C. 用户自定义函数　　D. 角色

5. 触发器可以创建在(　　)中。

   A. 表　　B. 过程　　C. 数据库　　D. 函数

6. 以下触发器是对[Tablel]进行(　　)操作时触发的。

```
CREATE TRIGGER abc ON Table1 FOR insert,update,delete AS …
```

   A. 只是修改　　B. 只是插入

   C. 只是删除　　D. 修改、插入、删除

7. 使用模糊查找 LIKE'_a%',可能的结果是(　　)。

   A. aili　　B. bai　　C. bba　　D. cca

8. 在 SQL 语句中，建立存储过程的命令是(　　)。

   A. CREATE PROCEDURE　　B. CREATE RULE

   C. CREATE DURE　　D. CREATE FILE

9. 计算两个日期之间的差值的函数是(　　)。

   A. getdate　　B. dateadd　　C. datename　　D. datedifif

10. 产生(0,1)的随机数的函数是(　　)。

   A. sqrt()　　B. md()　　C. floor()　　D. rand()

二、简答题

1. 什么是存储过程？简述其分类。
2. T-SQL 的注释方式有哪些？
3. 如何启用或禁用数据库 TestDB 的 trg_test 触发器？
4. 简述全局变量@@ERROR、@@ROWCOUNT、@@IDENTITY 的作用。
5. 分别写出存储过程和触发器的含义与作用。
6. 理解存储过程的编写格式。

校园网数据库的安全性管理

项目背景

SQL Server 是一个中大型的数据库管理系统，常常管理数量巨大的数据。SQL Server 采用了比较优秀的方法，提高了数据的查询处理效率；数据库中数据的安全很重要，SQL Server 提供了备份和恢复的方法，保障了数据库的安全；数据库在运行过程中往往有许多用户参与数据库中数据的更改、删除、查询等操作，对数据安全的影响比较大。SQL Server 的安全配置在一定程度上确保了数据库中数据的安全。

本项目旨在对数据库的安全性进行管理，因为数据库在使用过程中经常会遇到不可抗拒的客观因素或人为的原因，从而导致数据的一致性遭到破坏。

项目分析

本项目分为以下 3 个任务来完成。

任务一：数据安全保障。

任务二：数据库的备份与还原。

任务三：数据库中的数据与 Excel、Access 表数据的导入与导出。

通过本项目的完成，读者能够对数据库的安全性管理具有一定的认识，知道如何维护数据的一致性。

项目目标

【知识目标】 ①认识了解数据库系统的安全性管理；②掌握数据库的权限管理；③学会数据库的备份与还原；④理解数据库的安全机制与数据的完整一致性。

【能力目标】 ①具备理解数据库安全机制的能力；②具备数据库权限管理的能力；③具备数据库备份与还原的能力。

【情感目标】 ①培养良好的适应压力的能力；②培养沟通的能力及通过沟通获取关键信息的能力；③培养团队的合作精神；④培养实现客户利益最大化的理念；⑤培养对事物发展是渐进增长的认知。

任务一：数据安全保障

【任务说明】

SQL Server 2008 有一个功能强大的安全管理机制，能够对用户访问 SQL Server 服务器系统以及数据库的整个过程进行全程安全监督控制，既有利于用户的正常操作，又能防止非法的或者意外的操作，以保证数据库处于安全状态。

【任务分析】

本任务主要介绍数据系统安全方面的知识，将通过以下具体的任务来熟悉相关的概念以及操作。

1. 使用 SQL Server Management Studio 创建登录、数据库角色及用户。
2. 使用 SQL Server Management Studio 授予用户权限。
3. 使用 T-SQL 语句创建、查看、删除 SQL Server 登录账号。
4. 使用 T-SQL 语句创建和管理数据库用户及角色。
5. 使用 T-SQL 语句授予或回收用户权限。

【实施步骤】

第 1 步：了解 SQL Server 2008 的安全机制

SQL Server 2008 登录用户有两种管理方式，一种是验证，另一种是授权。验证指对登录用户的身份进行检查，主要是在用户登录 SQL Server 时进行验证；授权是指允许用户可以干什么，当用户对数据库进行访问或执行指令时会对用户是否有授权做这些操作进行检查，不允许用户进行未被授权的操作。

在 SQL Server 2008 数据库管理系统中，当一个用户要对某个数据库进行操作的时候这个用户必须通过以下验证。

(1) 当进入 SQL Server 时需要通过服务器的身份验证。

(2) 当对某个数据库进行操作时该用户必须是这个数据库中的一个用户，或者是该数据库中某个角色的成员之一。

(3) 该用户必须被赋予执行该操作的权限。

第 2 步：了解 SQL Server 2008 身份验证模式

当一个用户进入 SQL Server 系统时，第一步就是通过 SQL Server 安全机制的用户登录身份验证。系统通过身份验证，确认该用户是否为系统中的用户，如果没有身份验证，任何用户都不能连接到 SQL Server 系统。SQL Server 2008 确认用户的身份主要有两种模式，一种是 Windows 验证模式，另一种是 SQL Server 验证模式。

(1) Windows 验证模式：当计算机开机后，用户登录 Windows 时已经经过身份验证，再登录 SQL Server 时就不需要验证身份了。

(2) SQL Server 验证模式：这种模式下，对进入 SQL Server 的所有用户都要进行身份验证。

(3) Windows 验证模式+ SQL Server 验证模式：这种模式称为混合模式，在这种模式下 SQL Server 允许用户用 Windows 身份登录，也允许用户用 SQL Server 用户名进行登录。

第 3 步：了解 SQL Server 2008 登录的概念

登录是账户标识符，用于连接到 SQL Server 2008，其作用是用来控制对 SQL Server 2008 的访问权限。SQL Server 2008 只有在验证了指定的登录账号有效后才完成连接。但登录账户没有使用数据库的权利，即 SQL Server 2008 登录成功并不意味着用户已经可以访问 SQL Server 2008 中的数据库。

SQL Server 2008 的登录账户有两种，即 SQL 账户和 Windows 账户。

SQL Server 2008 中有两个默认的登录账户——Administrator 和 sa。Administrator 提供了对所有 Windows Server 管理员的登录权限，并且具有在全部数据库中的所有权限。数据库系统管理员(sa)是一个特殊的登录账户，只有在 SQL Server 2008 使用混合验证模式时有效，它也具有全部数据库中的所有权限。

第 4 步：了解 SQL Server 2008 用户的概念

在数据库内对象的全部权限和所有权由用户和账户控制。

在安装 SQL Server 后，数据库中默认包含两个用户——dbo 和 guest，即系统内置的数据库用户。

dbo 代表数据库的拥有者(database owner)。每个数据库都有 dbo 用户，创建数据库的用户是该数据库的 dbo，系统管理员也自动被映射成 dbo。

guest 用户账户在安装完 SQL Server 系统后被自动加入到 master、pubs、tempdb 和 norhwind 数据库中，且不能被删除。用户自己创建的数据库在默认情况下不会自动加入 guest 账户，但可以手工创建。guest 用户也可以像其他用户一样设置权限。当一个数据库具有 guest 用户账户时允许没有用户账户的登录者访问该数据库。所以 guest 账户的设立方便了用户的使用，但如果使用不当也可能成为系统的安全隐患。

第 5 步：了解 SQL Server 2008 的角色管理

在 SQL Server 中角色是管理权限的有力工具。将一些用户添加到具有某种权限的角色中，权限在用户成为角色成员时自动生效。"角色"概念的引入方便了权限的管理，也使权限的分配更加灵活。

角色分为服务器角色和数据库角色两种。服务器角色具有一组固定的权限，并且适用于整个服务器范围。它们专门用于管理 SQL Server，且不能更改分配给它们的权限。另外，可以在数据库中不存在用户账户的情况下向固定服务器角色分配登录。数据库角色与本地组有点类似，它也有一系列预定义的权限，可以直接给用户指派权限，但在大多数情况下只要把用户放在正确的角色中就会给予他们所需要的权限。一个用户可以是多个角色的成员，其权限等于多个角色权限的"和"，任何一个角色中的拒绝访问权限都会覆盖这个用户所有的其他权限。在创建数据库时系统会默认创建 10 个数据库固定的标准角色，具体如表 7.1.1 所示。

表 7.1.1　SQL Server 中数据库固定的标准角色

固定的标准角色	描　述
db-accessadmin	能够添加或删除用户
db-backupoperator	能够备份数据库
db-datareader	能够在数据库中所有的用户表上执行 SELECT 语句
db-datawriter	能够在数据库中所有的用户表上执行 INSERT、UPDATE 和 DELETE 语句
db-ddladmin	能够在数据库中发出 DDL 语句，即添加、修改或删除对象
db-owner	具有对数据库操作的所有权限
db-denydatawriter	不能在数据库中的用户表上执行 INSERT、UPDATE 和 DELETE 语句
db-denydatareader	不能在数据库中的用户表上执行 SELECT 语句
db-securityadmin	能够管理数据库中的所有权限、角色等
public	最基本的数据库角色，每个用户都属于该角色

第 6 步：了解 SQL Server 2008 的权限管理

SQL Server 中的用户权限有 3 种，即对象权限、语句权限和隐式权限。

(1) 对象权限：对象权限是指用户在数据库中执行与表、视图、存储过程等数据库对象有关的操作的权限。例如是否可以查询表或视图，是否允许向表中插入记录或修改、删除记录，是否可以执行存储过程等。

对象权限的主要内容如下：

① 对表和视图是否可以执行 SELECT、INSERT、UPDATE、DELETE 语句。

② 对表和视图的列是否可以执行 SELECT、UPDATE 语句的操作，以及在实施外键约束时作为 REFERENCES 参考的列。

③ 对存储过程是否可以执行 EXECUTE 语句。

(2) 语句权限：语句权限是指用户创建数据库和数据库中对象(如表、视图、自定义函数和存储过程等)的权限。例如，如果用户想要在数据库中创建表，则应该向该用户授予 CREATE TABLE 语句权限。语句权限适用于语句自身，而不是针对数据库中的特定对象。

语句权限实际上是授予用户使用某些创建数据库对象的 T-SQL 语句的权利。

只有系统管理员、安全管理员和数据库所有者才可以授予用户语句权限。

(3) 隐式权限：隐式权限是指 SQL Sever 预定义的服务器角色、数据库所有者和数据库对象所有者所拥有的权限，隐式权限相当于内置权限，并不需要明确地授予这些权限。

权限的管理：由于隐式权限是系统内置的，这里所说的权限管理主要是针对对象权限和语句权限的管理，分为以下几个部分。

① 授予权限(GRANT)：允许某个用户或者角色对一个对象执行某种操作或某种语句。

② 拒绝访问(DENY)：拒绝某个用户或者角色访问某个对象。

③ 废除权限(REVOKE)：取消先前被授予或者拒绝的权限。

REVOKE 和 DENY 的区别如下。

REVOKE：废除类似于拒绝，但是废除权限是删除已授予的权限，并不妨碍用户、组或角色从更高级别继承已授予的权限。因此，如果废除用户查看表的权限，不一定能防止用户查看该表，因为已将查看该表的权限授予了用户所属的角色。

DENY：禁止权限，表示在不撤销用户访问权限的情况下禁止某个用户或角色对几个对象执行某种操作。这个权限有别于所有其他权限，拒绝给当前数据库内的安全账户授予并防止安全账户通过其组或角色成员资格继承权限。

第 7 步：SQL Server 2008 安全机制总结

SQL Server 2008 的安全机制可以分为 3 个阶段，即身份验证、授予权限、审核。

其中，身份验证用来确定登录者的身份；授予权限则是确定允许用户能够做些什么；审核是跟踪与安全有关的事件，并在日志中记录下来，用于事后检查。

从用户可以访问系统的对象来看，SQL Server 2008 的访问对象可以分为 3 类，分别是服务器、数据库、数据库中的具体对象。

(1) 服务器级别的安全机制，负责登录名、服务器中的角色等的安全配置。

(2) 数据库级别的安全机制，负责用户、角色、应用程序角色等的安全配置。

(3) 数据库对象级别的安全机制，负责表、视图、存储过程等的安全配置。

第 8 步：使用 SQL Server Management Studio 创建登录、数据库角色及用户

使用 SQL Server Management Studio 创建一个服务器登录，名称为 xywglxtuser1，创建一个数据库角色 xywglxt，创建一个 xywglxt 数据库的用户 yhy。

一个 SQL Server 登录账号只有成为数据库的用户才对该数据库有访问权限。每个登录账号在一个数据库中只能有一个用户账号，但可以在不同的数据库中各有一个用户账号。

角色分为服务器角色和数据库角色两种，本任务要求创建的是数据库角色。

(1) 启动 SQL Server Management Studio，在"对象资源管理器"中选择服务器，依次展开"安全性"和"登录名"，右击"登录名"，在弹出的快捷菜单中选择"新建登录名"命令，如图 7.1.1 所示。

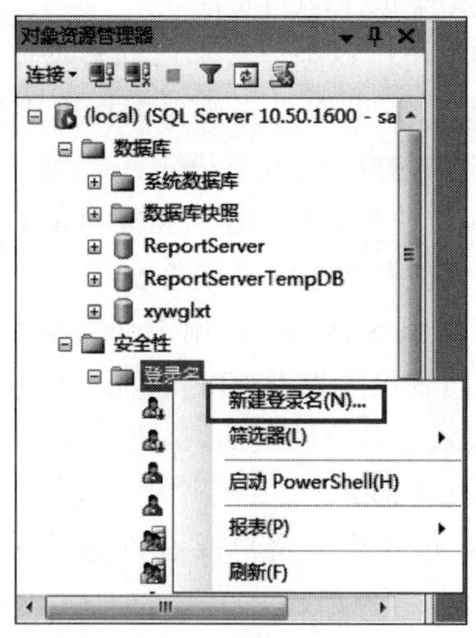

图 7.1.1　右击"登录名"

(2) 打开"登录名-新建"对话框，在"常规"选项卡的"登录名"文本框中输入用户登录名称，例如"xywglxtuser1"，选择"SQL Server 身份验证"，同时在"密码"文本框中输入密码并在"确认密码"文本框中再次输入相同的密码，"默认数据库"选择 xywglxt，然后单击"确定"按钮，如图 7.1.2 所示。

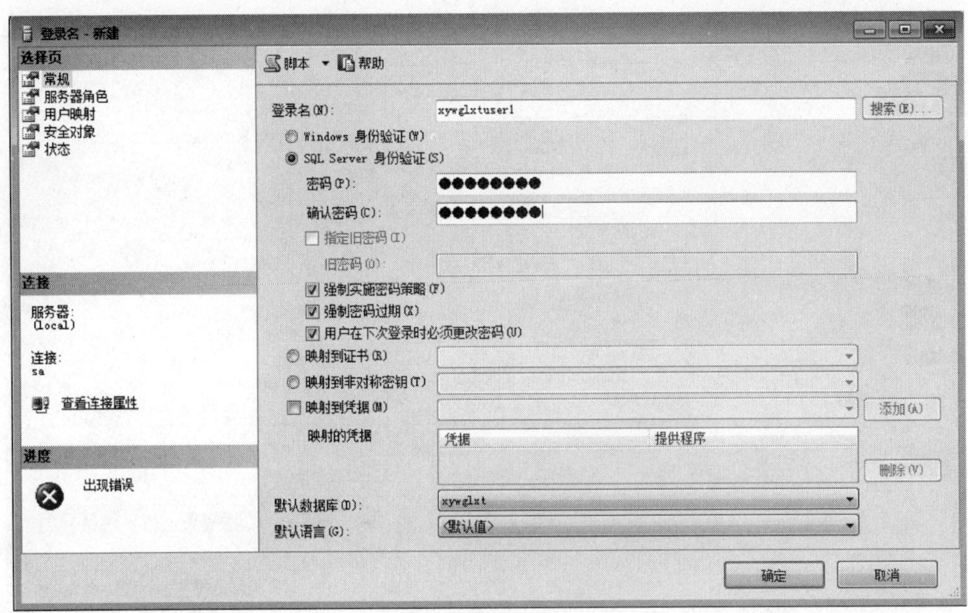

图 7.1.2 新建登录名

(3) 在"对象资源管理器"中选择服务器,依次展开"数据库"→xywglxt→"安全性"→"角色",右击"数据库角色",在弹出的快捷菜单中选择"新建数据库角色"命令,打开"数据库角色-新建"对话框,如图 7.1.3 所示。

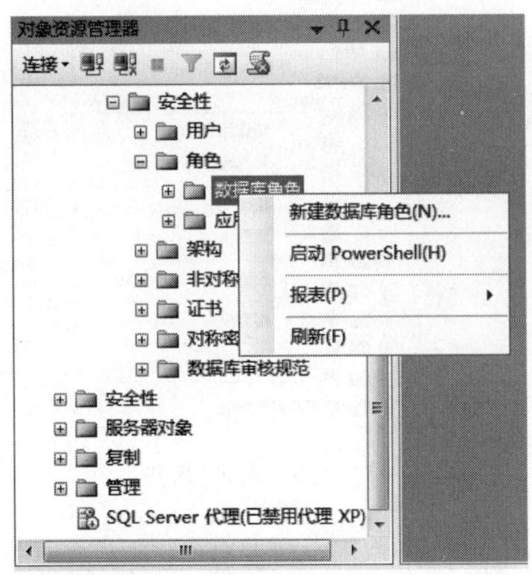

图 7.1.3 右击"数据库角色"

(4) 在"角色名称"文本框中输入"xywglxt",然后单击"所有者"文本框右侧的"浏览"按钮。在打开的"选择数据库用户或角色"对话框中单击右侧的"浏览"按钮,打开"查找对象"对话框,在列表框中选择数据库角色 xywglxt,如图 7.1.4 所示,

(5) 在"对象资源管理器"中选择服务器,依次展开"数据库"→xywglxt→"安全性",右击"用户"结点,在弹出的快捷菜单中选择"新建用户"命令,如图 7.1.5 所示。

图 7.1.4　新建数据库角色

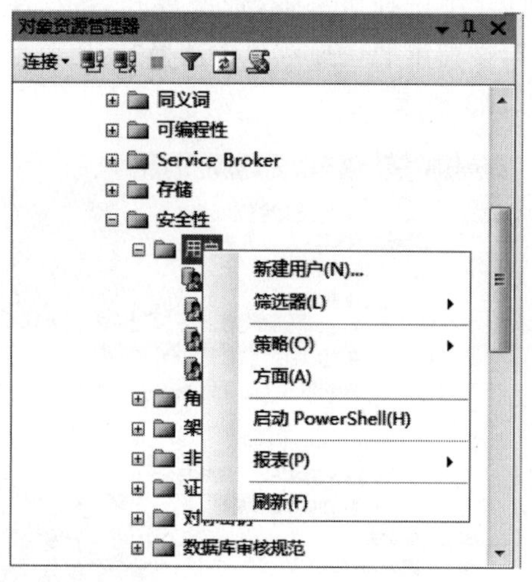

图 7.1.5　右击“用户”

(6) 打开“数据库用户-新建”对话框，在“常规”选项卡的“用户名”文本框中输入用户名称，例如“yhy”，单击“登录名”右侧的“浏览”按钮，打开“选择登录名”对话框，然后单击右侧的“浏览”按钮，打开“查找对象”对话框，选择登录名，例如 xywglxtuser1，返回“数据库用户-新建”对话框，如图 7.1.6 所示。

(7) 选择赋给用户的数据库角色，在“数据库角色成员身份”列表框中选择“xywglxt”，完成新用户的创建，如图 7.1.7 所示。

设置完成后可以测试创建的登录名是否成功。具体方法是单击“开始”按钮，选择“程序”→Microsoft SQL Server 2008→SQL Server Management Studio，启动 SQL Server，从

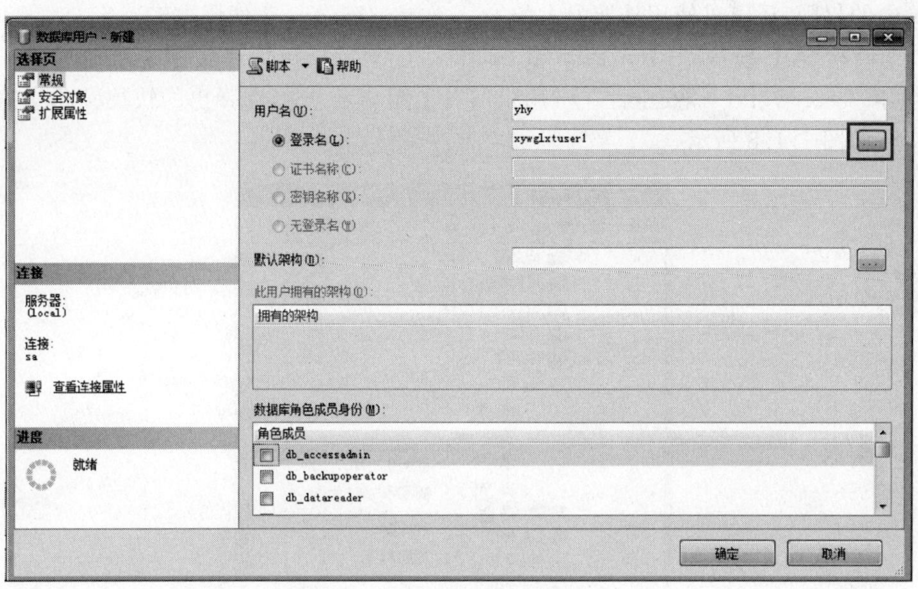

图 7.1.6　新建数据库用户

图 7.1.7　选择数据库角色成员身份

“身份验证”下拉列表中选择“SQL Server 身份验证”选项，在“登录名”文本框中输入“xywglxtuserl”，在“密码”文本框中输入设定的密码，单击“连接”按钮，如果成功登录，则可打开数据库 xywglxt 的窗口。

第 9 步：使用 SQL Server Management Studio 授予用户权限

给数据库 xywglxt 的用户 susan 授予查看 choice 表、class 表和 course 表的权限，并给相应的列授予相应的权限。

用 Management Studio、系统存储过程、系统视图、自定义脚本都可以确定用户在 SQL

Server 中的权限,还可以使用功能强大的 fn-my-permissions 表值函数来确定。

(1) 启动 SQL Server Management Studio,在“对象资源管理器”中选择服务器,依次展开“数据库”→xywglxt→“安全性”→“用户”,右击用户名 yhy,在弹出的快捷菜单中选择“属性”命令,如图 7.1.8 所示。

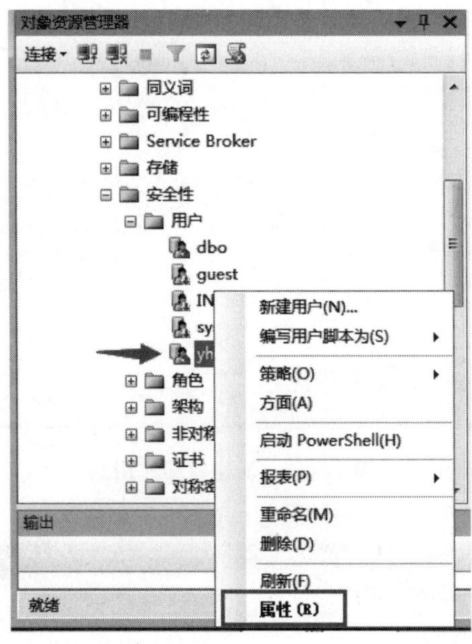

图 7.1.8 选择“属性”命令

(2) 打开“数据库用户-yhy”对话框,选择“安全对象”,单击“搜索”按钮,然后选择“特定对象”单选按钮,单击“确定”按钮,如图 7.1.9 所示。

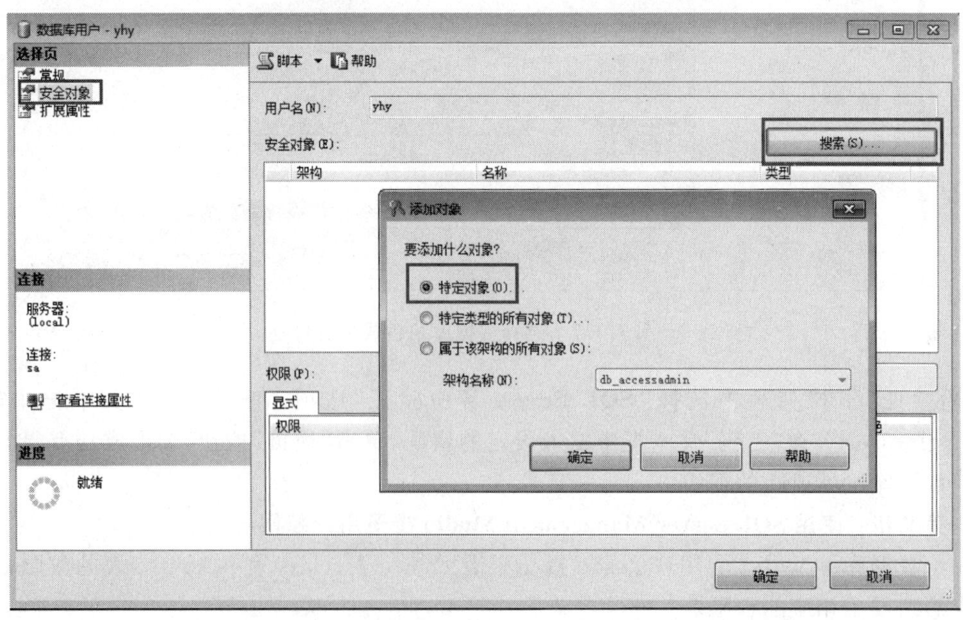

图 7.1.9 选择安全对象

(3) 在打开的“选择对象”对话框中单击右侧的“对象类型”按钮，打开“选择对象类型”对话框，在列表中选择相应的选项，单击“确定”按钮，如图 7.1.10 所示。

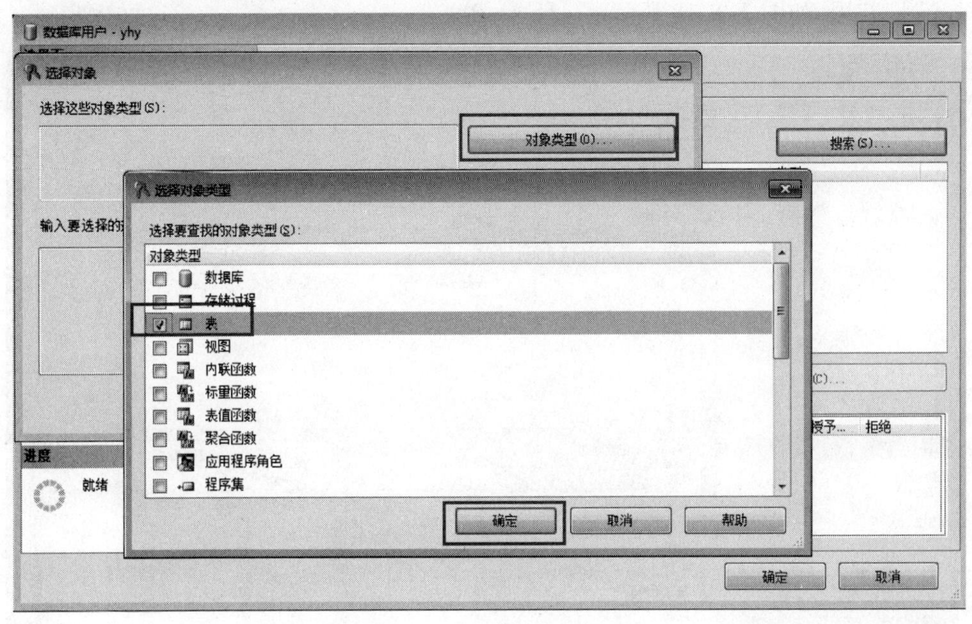

图 7.1.10　选择对象类型

(4) 在“选择对象”对话框中单击右侧的“浏览”按钮，打开“查找对象”对话框，选中 choice、class 和 course 表，然后单击“确定”按钮，如图 7.1.11 所示。

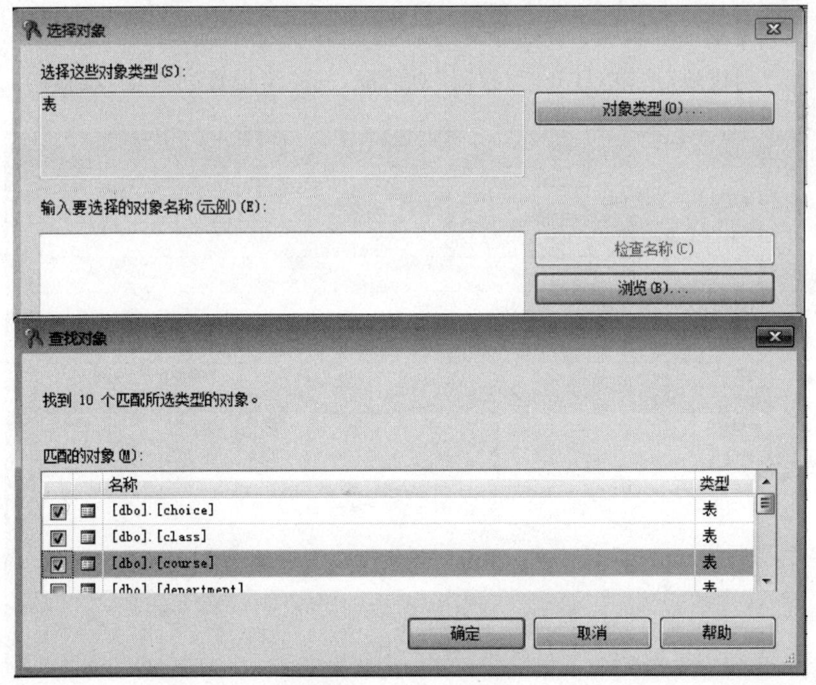

图 7.1.11　查找对象

(5) 在“数据库用户-yhy”对话框中先选中 choice 表,然后在对话框下方的 choice 显式权限列表框中选中更改(ALTER)权限、删除(DELETE)权限、更新(INSERT)权限和选择(SELECT)权限,如图 7.1.12 所示。

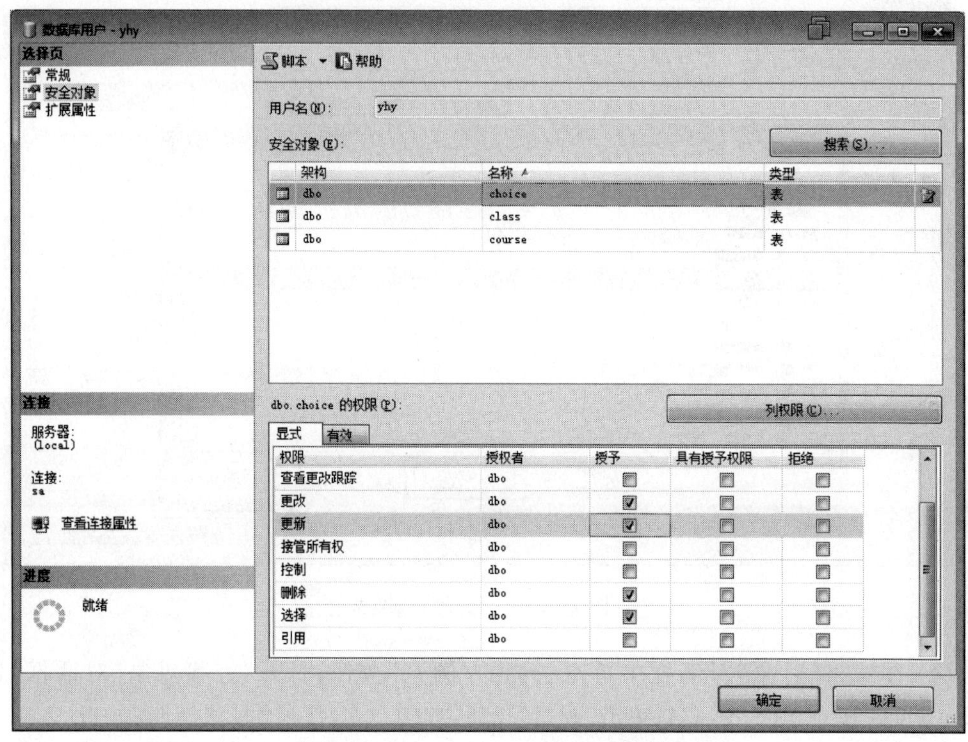

图 7.1.12　设置权限

(6) 单击“列权限”按钮,打开“列权限”对话框,进一步设置列权限,如图 7.1.13 所示。

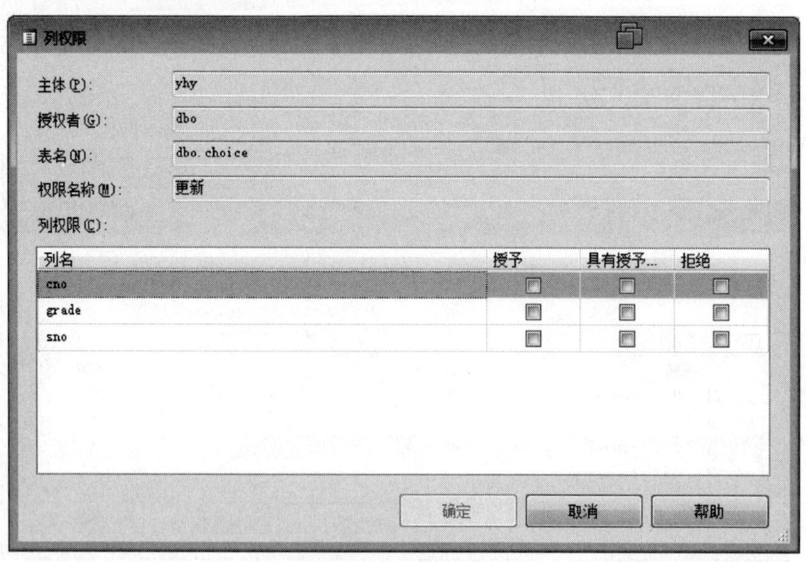

图 7.1.13　设置列权限

第 10 步：使用 T-SQL 语句创建、查看、删除 SQL Server 登录账号

创建 SQL Server 登录账户 Heaven，然后与数据库 xywglxt 中的用户 xywglxtuser2 相关联，最后删除登录账户 Heaven。

使用系统存储过程来完成权限的管理。根据任务要求，先查看 xywglxt 数据库中有没有用户 xywglxtuser2，如果无此用户，要先创建。注意，要先删除与登录名相关联的数据用户才能删除登录账户。

注意：不能删除系统管理者 sa 以及当前连接到 SQL 的登录账户。

(1) 创建登录账户 Heaven，并查看登录账户，如图 7.1.14 所示。

```
sp_addlogin 'Heaven','112233'
USE xywglxt
GO
```

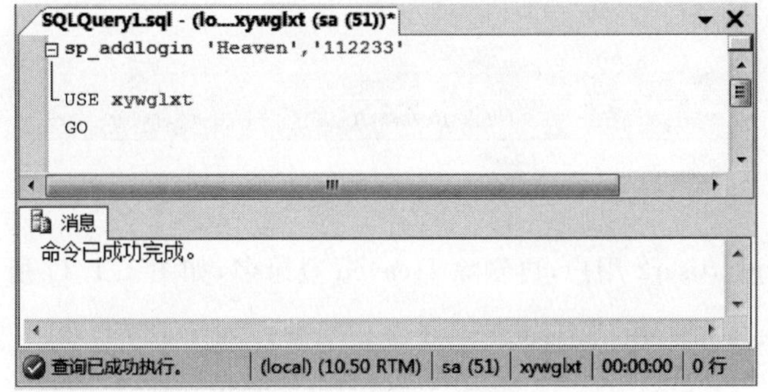

图 7.1.14　创建登录并查看登录账户

(2) 查看数据库用户，如图 7.1.15 所示。

```
USE xywglxt
EXEC sp_helpuser
GO
```

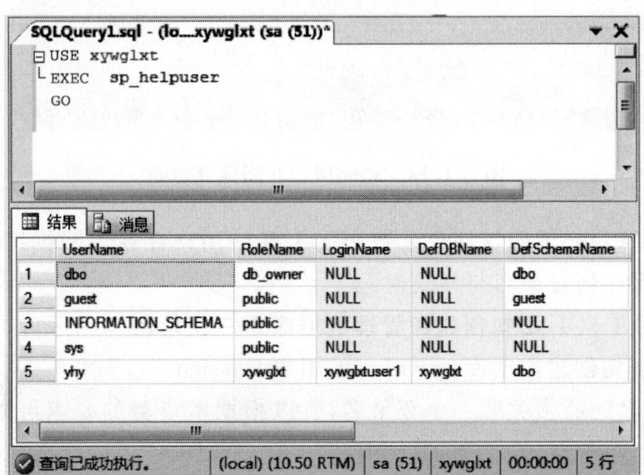

	UserName	RoleName	LoginName	DefDBName	DefSchemaName
1	dbo	db_owner	NULL	NULL	dbo
2	guest	public	NULL	NULL	guest
3	INFORMATION_SCHEMA	public	NULL	NULL	NULL
4	sys	public	NULL	NULL	NULL
5	yhy	xywglxt	xywglxtuser1	xywglxt	dbo

图 7.1.15　查看数据库用户

(3) 如果没有发现 xywglxtuser2 用户，则在数据库 xywglxt 中创建此用户，如图 7.1.16 所示。

```
USE xywglxt
EXEC sp_grantdbaccess'Heaven','xywglxtuser2'
GO
```

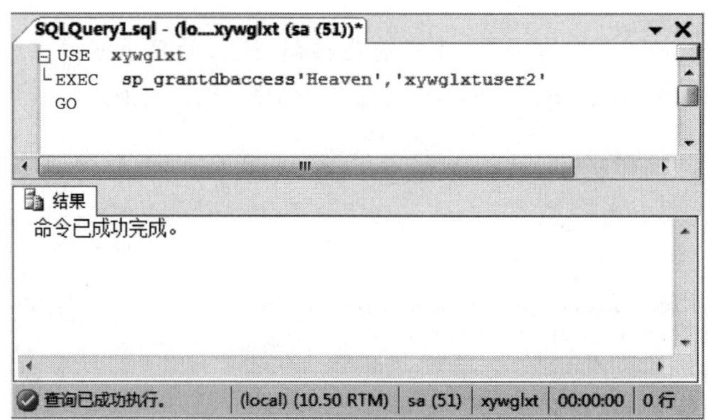

图 7.1.16　创建用户

(4) 删除 xywglxtuser2 用户，再删除 Heaven 登录名，如图 7.1.17 所示。

```
EXEC sp_revokedbaccess'xywglxtuser2'
EXEC sp_droplogin 'Heaven'
```

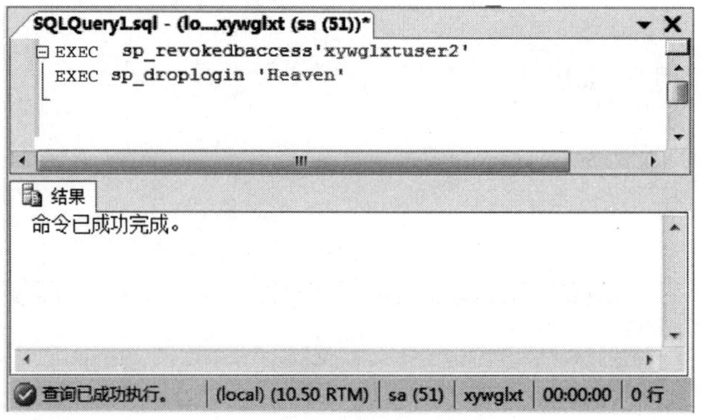

图 7.1.17　删除用户并删除登录名

删除一个登录账户必须确认该登录账户无关联的用户存在于数据库系统中，即不存在孤儿型的用户(没有任何登录名与其映射)。

第 11 步：使用 T-SQL 语句创建和管理数据库用户及角色

使用 T-SQL 语句创建数据库 xywglxt 的用户 Cassice。

因为创建用户名时必须关联一个登录名，所以根据本步骤的要求可以再分成 3 个小的步骤：

第 1 小步：使用 CREATE USER 语句创建一个名为 Cassice 的登录名；

第 2 小步：创建用户 Cassice，并将它与登录名 Cassice 进行映射关联；

第 3 小步：创建角色 teachers，并将用户 Cassice 加入 teachers 数据库角色。

以下是具体的代码：

```
CREATE LOGIN Cassice WITH password = 'yhy112233'
CREATE USER Cassice FOR LOGIN Cassice
SELECT * FROM sys. Database_principals
CREATE ROLE teachers
GO
EXECUTE sp_addrolemember'teachers','Cassice'
```

在“对象资源管理器”中依次展开“数据库”→xywglxt→“安全性”→“用户”，右击“用户”，在弹出的快捷菜单中选择“刷新”命令，可以看到新建的数据库用户 Cassice，如图 7.1.18 所示。

可以使用数据库角色为一组数据库用户指定数据库权限。这里创建数据库角色 teacher，在“对象资源管理器”中依次展开“数据库”→student→“安全性”→“角色”→“数据库角色”，右击“数据库角色”，在弹出的快捷菜单中选择“刷新”命令，可以看到新建的数据库角色 teacher。

通过在数据库中加入角色对数据库用户进行分组，必须与某个数据库中的一个用户名相关联后，用这个登录名相连接的用户才能访问该数据库中的对象。

另一方面，用户名只有在特定的数据库内才能被创建，一个用户要连接到 SQL Server，就必须用特定的登录账户标识自己，所以在创建用户名时必须关联一个登录名。

一个登录名可能关联所有的数据库，但在一个数据库内一个登录名只能关联一个用户。

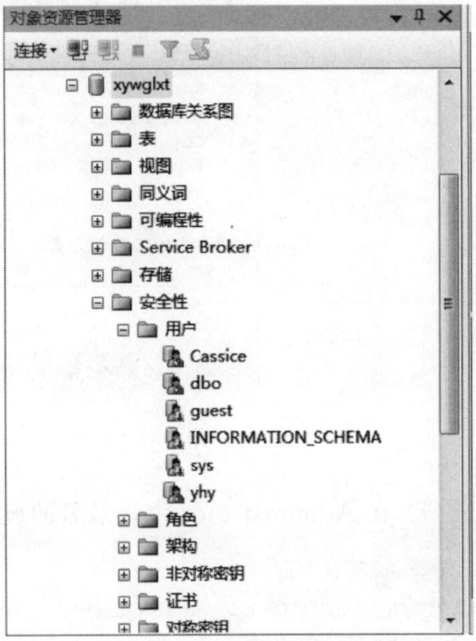

图 7.1.18　创建数据库用户

第 12 步：使用 T-SQL 语句授予或收回用户权限

授予用户 Cassice 查看数据库 xywglxt 中 course 和 teacher 表的权限，拒绝 Cassice 查看数据库 xywglxt 中的 teacher 表，然后撤销 Cassice 查看数据库 xywglxt 中 course 表的权限。

此任务是在上一步骤的基础上完成的，根据任务要求，使用 GRANT、DENY 和 REVOKE 语句来完成权限的管理。

在 SQL Server 中使用 GRANT、DENY 和 REVOKE 三条 T-SQL 语句来管理权限。

GRANT 命令用于把权限授予某一用户，以允许该用户执行针对某数据库对象的操作或允许其运行某些语句。DENY 命令可以用来禁止用户名对某一对象或语句的权限，它不允许该用户执行针对数据库对象的某些操作或不允许运行其他某些语句。REVOKE 命令可以用来撤销用户对某一对象或语句的权限，使其不能执行操作，除非该用户是角色成员，且角色被授权。

以下是具体的代码：

```
USE xywglxt
GRANT SELECT ON course TO Cassice
GRANT SELECT ON teacher TO Cassice
GO
DENY SELECT ON teacher TO Cassice
GO
REVOKE SELECT ON course TO Cassice
GO
```

运行结果如图 7.1.19 所示。

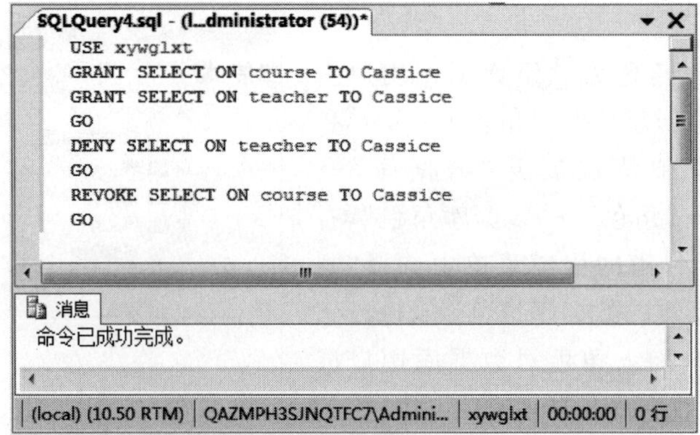

图 7.1.19 使用 T-SQL 语句授予或收回用户权限

(1) 在 Administrator 为登录名的服务器上的查询窗口中输入以下代码：

```
USE xywglxt
 GRANT SELECT ON course TO Cassice
 GRANT SELECT ON teacher TO Cassice
 GO
```

(2) 以 Cassice 为登录名登录到服务器，依次展开“数据库”→xywglxt→“表”，可以查看到 course 和 teacher 两张表。

(3) 再返回到以 Administrator 为登录名的服务器对象中，关闭刚才的查询窗口，打开新的查询窗口，输入以下代码：

```
USE xywglxt
  DENY SELECT ON teacher TO Cassice
GO
```

(4) 返回到以 Cassice 为登录名的服务器名上右击，在弹出的快捷菜单中选择“刷新”命令，依次展开“数据库”→xywglxt→“表”，可见刚才的 course 和 teacher 两张表已经没有了，打开查询窗口，输入以下语句并执行：

```
USE xywglxt
  REVOKE SELECT ON course TO Cassice
GO
```

然后依次展开“数据库”→xywglxt→“表”，将会返回出错信息。

注意：管理语句权限的语句只能在系统数据库 master 中执行，只有经过授权的数据库对象才能使用 REVOKE 语句。

【实操练习】

一、选择题

1. 向用户授予操作权限的 SQL 语句是(　　)。

A. CREATE　　B. REVOKE
C. SELECT　　D. GRANT

2. 在默认条件下，任何数据库用户都至少是(　　)角色。

A. Sysadmin　　B. Guest　　C. Public　　D. DBO

二、填空题

1. SQL Server 2008 的身份验证机制有________和________两种。
2. SQL Server 安装好后会自动生成一个用户 sa，该用户具有________权限。

三、简答题

1. 理解 SQL Server 中的安全机制。
2. 说出登录用户的两种类型。
3. 理解 SQL Server 中的权限管理，说出权限管理的 3 种常见操作，并写出关键字。

任务二：数据库的备份与还原

【任务说明】

SQL Server 的确采取了各种措施来保证数据库的安全和完整，不过现实中还存在各种破坏因素，比如计算机本身的故障、硬盘损坏、病毒破坏等，都有可能破坏和丢失数据库中的数据。在数据库被破坏时怎样才能将数据库恢复为正常状态呢?

如果要恢复数据，首先要在平时经常对数据库进行备份，一旦需要把数据库从错误的状态恢复为正常状态，就可以借助备份的数据做恢复了。

所以，用户平时要注意定期备份。数据库管理员的重要工作之一就是定时进行数据备份、导入/导出工作，这样数据库一旦出现损坏才能在第一时间进行修复。

【任务分析】

本任务主要涉及数据库的备份与还原的相关知识，将通过以下具体的步骤来熟悉相关的概念以及操作：

1. 使用 SQL Server Management Studio 完整备份数据库 xywglxt。
2. 使用 T-SQL 语句完整备份数据库 xywglxt。
3. 使用 T-SQL 语句差异备份数据库 xywglxt。
4. 使用 T-SQL 语句事物日志备份数据库 xywglxt。
5. 制定 xywglxt 数据库备份策略，实施备份方案。

6. 使用 SQL Server Management Studio 还原数据库 xywglxt。

7. 使用 T-SQL 语句还原数据库 xywglxt。

【实施步骤】

第 1 步：了解数据库的备份

SQL Server 2008 数据库备份的基本原则是以较小的资源恢复数据，备份的方式和恢复的方式是相对应的。

备份和恢复除了用于保证数据安全之外，还可以用来将数据库从一个服务器转移到另一个服务器。

SQL Server 2008 提供了 4 种备份方式，即完整备份、差异备份、事务日志备份、自动备份。

(1) 完整备份：完整备份是指所拥有的数据库对象、数据和事务日记都将被备份。与事务日志备份和差异备份相比，完整备份的每个备份使用的存储空间更多。另一方面，由于完整备份不能频繁地创建，因此不能最大程度地恢复丢失的数据。一般来说，完整备份应该与后面的备份方法结合使用才能最大程度地保护数据库中的数据，只有在以下几种情况下才可以单独使用：

① 系统中所存数据的重要性很低。

② 系统中所存的数据可以很容易再创建。

③ 数据库不经常被修改。

(2) 差异备份：差异备份只记录自上次完整备份后发生更改的数据。

在执行差异备份时需注意以下几点：

① 定期创建数据库备份。

② 在每个数据库备份之间定期创建差异备份。

③ 应该在两个差异备份的时间间隔内执行事务日志备份，把数据损失的风险降到最小。

(3) 事务日志备份：事务日志是自上次备份事务日志后对数据库执行的所有事务的一系列记录，可以使用事务日志备份将数据库恢复到特定的时间点，恢复到故障点时的状态。采用事务日志备份，在故障发生时尚未提交的事务将会丢失。所有在故障发生时已经完成的事务都将会自动恢复。在一般情况下，事务日志备份比完整备份使用的资源少。

(4) 数据库自动备份：数据库备份是一个周期性的工作，因此要让 SQL Server 按照我们制定的备份方案自动地完成各种备份，所以要设置为自动启动。

数据库维护计划完成了数据库的自动备份，最终设置的结果都是一个作业(JOB)调度，因此也可以直接创建作业，由作业定时调用备份处理的语句来实现自动备份。

第 2 步：了解数据库的恢复

当数据库出现故障时将备份的数据库重新加入到系统中，使数据库恢复为正常状态，这个过程称为数据库恢复。

SQL Server 2008 数据库的恢复的模式分为 3 种，即完整恢复模式、大容量日志恢复模式、简单恢复模式。

(1) 完整恢复模式：这是 SQL Server 2008 的默认恢复模式，完整恢复模式将整个数据库恢复到备份时的状态。

(2) 大容量日志恢复模式：这种模式是在完整恢复模式的基础上将完整备份后变化的数据补充进来。这种模式利用了日志记录比较小型的模式，对大容量操作进行恢复，节省了文件的空间。

(3) 简单恢复模式：在这种模式下数据库会把不活动的日志删除，简化恢复过程，但因为没有事务日志备份，有可能会恢复不成功。因此，这种模式仅限于对数据安全要求不太高的数据库进行恢复。

相对于备份操作，数据库恢复是在系统处于非正常状态的情况下进行的操作，要考虑的因素多一些，一般要经过以下两个步骤。

(1) 准备工作：包括系统安全检查和备份介质的查验。在恢复时系统会进行安全性检查、重建数据库和有关文件，以防止发生错误。

(2) 进行恢复数据库的操作：用图形向导方式或 SQL 语句进行恢复数据库的操作。

第 3 步：数据库恢复-制定数据库恢复策略

简单恢复：指在进行数据库恢复时仅使用数据库完整备份或差异备份，而不涉及事务日志备份。

完整恢复策略：指通过使用数据库备份和事务日志备份将数据库恢复。

当数据有丢失或其他系统故障需要恢复时，一般恢复顺序如图 7.2.1 所示。

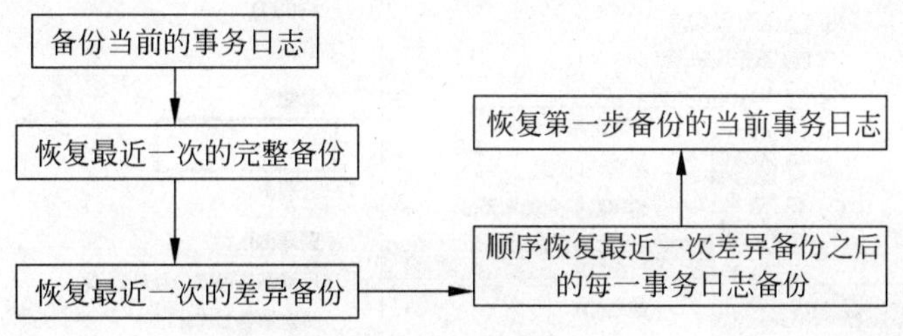

图 7.2.1　数据库的恢复顺序

第 4 步：理解用 RESTORE 命令恢复数据库

用户除了可以使用企业管理器还原数据库外，还可以用 T-SQL 语句提供的 RESTORE 命令进行恢复操作，其语法格式如下：

```
RESTORE DATABASE{database_name | @database_name_var}
[FROM<backup_device>[,…n]]
[WITH
[DBO_ONLY]
[[,]FILE = file_number]
[[,]MEDIANAME = {MEDIA_NAME|@media_name_variable}]
[[,]MOVE'longical_file_name'TO'operating_system_file_name']
[…n]
[[,]{NORECOVERY|RECOVERY|STANDBY = undo_file_name}]
[[,]{NOUNLOAD|UNLOAD}]
[[,]REPLACE]
[[,]RESTART]
[[,]STATS[ = PERCENTAGE]]
]
```

使用 RESTORE 命令恢复数据库，参数如表 7.2.1 所示。

表 7.2.1　RESTORE 命令参数的含义

参　数	参 数 的 含 义
DBO_ONLY	表示将新数据恢复的数据库的访问权限只授予数据库所有者
FILE	表示恢复具有多个备份子集的备份介质中的那个备份子集
MEDIANAME	表示在备份时所使用的备份介质名称，如果给出该选项，则在恢复时首先检查其是否与备份时输入的名字相匹配，若不相同恢复操作将结束
MOVE	表示把备份的数据库文件恢复到系统的某一位置，在默认条件下恢复到备份时的位置
NORECOVERY	表示恢复操作不回滚任何未提交的事务，若恢复某一数据库备份后又将恢复多个事务日志，或在恢复过程中执行多个 RESTORE 命令外其他的必须使用该选项

第 5 步：使用 SQL Server Management Studio 完整备份数据库 xywglxt

在“对象资源管理器”中依次展开“数据库”→xywglxt，右击 xywglxt，选择“任务”→“备份”命令，如图 7.2.2 所示。

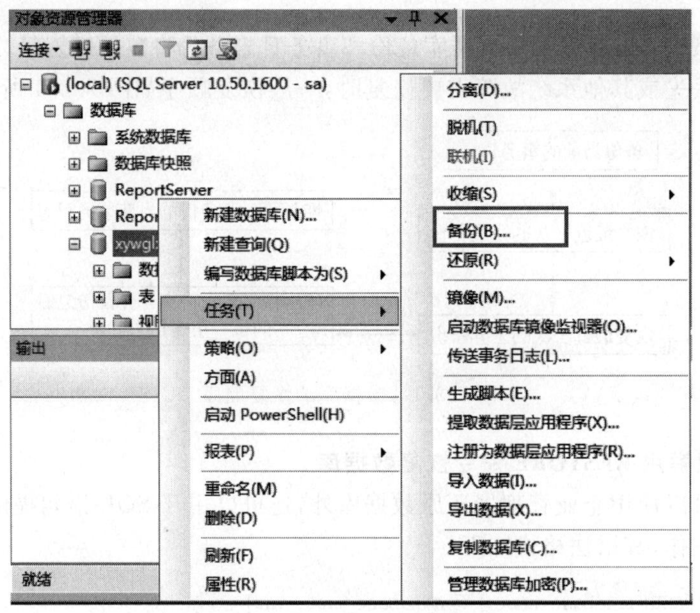

图 7.2.2　选择“备份”命令

打开“备份数据库-xywglxt”对话框，设计备份集的名称和备份路径，如图 7.2.3 所示，备份完毕如图 7.2.4 所示。

第 6 步：使用 T-SQL 语句完整备份数据库 xywglxt

将数据库 xywglxt 完整备份到设备 yhybackup。

对于数据库的完整备份，可每周备份一次。

根据任务要求，先创建一个备份设备 yhybackup，然后才能将数据库 xywglxt 备份到备份设备 yhybackup。备份设备在硬盘中以文件方式存储。

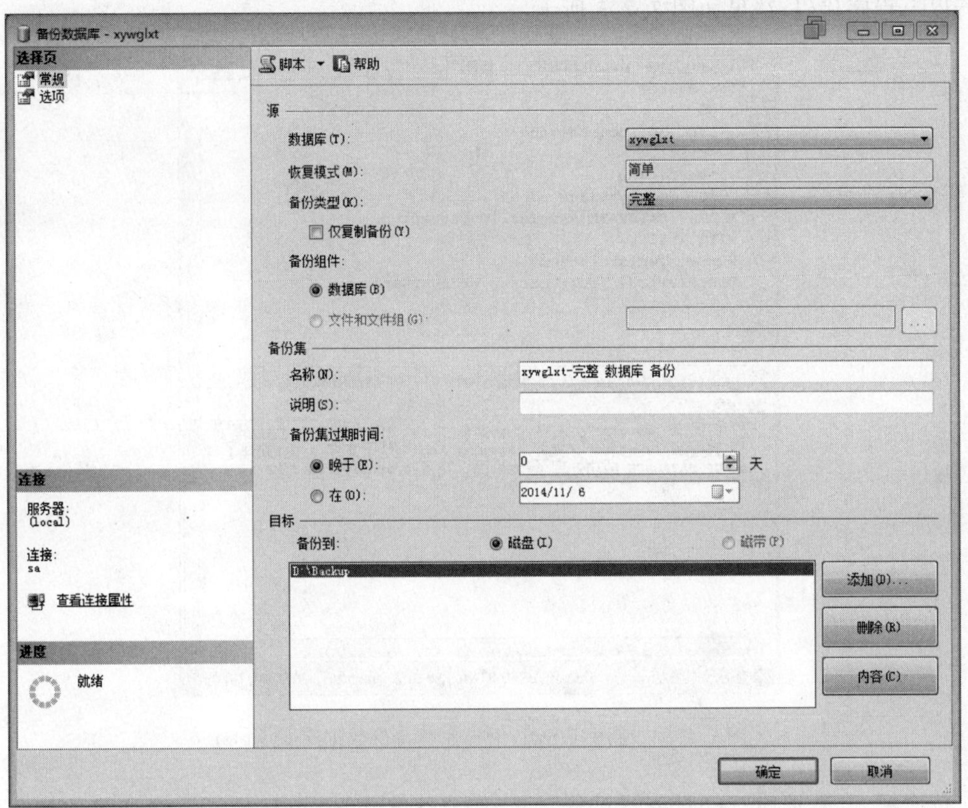

图 7.2.3 备份数据库

图 7.2.4 完成数据库备份

以下是详细的程序代码：

```
USE master
  GO
  EXEC sp_addumpdevice
  'disk',
  'yhybackup' ,
  'C:\dump\yhybackup.bak'
BACKUP DATABASE xywglxt TO yhybackup
WITH INIT,
NAME = 'xywglxt - backup',
DESCRIPTION = 'Full backup of xywglxt'
```

新建文件夹 dump，为数据库 xywglxt 创建完整备份到备份设备做准备，在查询窗口中执行以上程序代码,结果如图 7.2.5 所示。

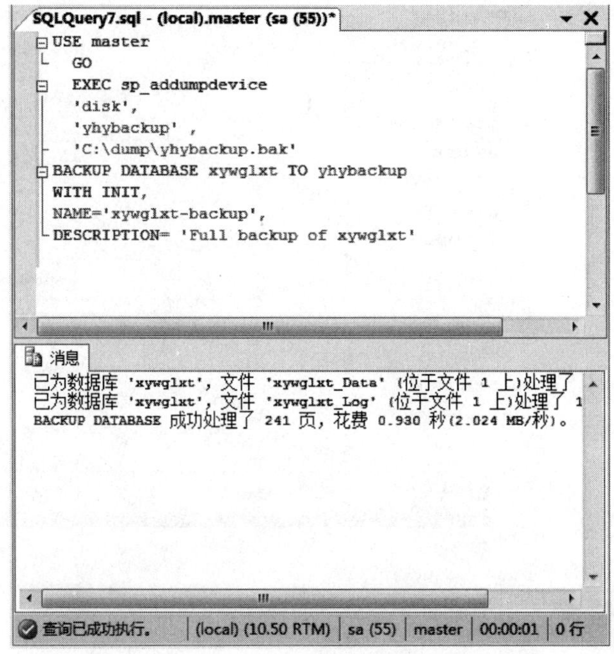

图 7.2.5　使用 T-SQL 语句完整备份数据库 xywglxt

依次展开"数据库"→"服务器对象",并右击"备份设备 yhybackup",在弹出的快捷菜单中选择"属性"命令,查看新创建的数据库 xywglxt 的备份设备。

注意:每一个备份设备都可以存储多个备份,可以通过 BACKUP DATABASE 语句的参数来指定是否覆盖或添加设备上已经存在的备份,用于覆盖的选项是 INIT,用于添加的选项是 NOINIT,默认值是 NOINIT。

第 7 步:使用 T-SQL 语句差异备份数据库 xywglxt

将数据库 xywglxt 差异备份到"C:\dump\difbackup.bak"。

根据案例要求,执行差异备份与执行完整备份的不同在于需要在备份的 WITH 选项中指明 INIT、DIFFERENTIAL。

在进行差异备份时要用到完整备份。

对于数据库的差异备份,可每天备份一次。

以下是详细的程序代码:

```
BACKUP DATABASE xywglxt TO
 DISK = 'C:\dump\difbackup.bak'
 WITH DIFFERENTIAL, NOINIT,
 NAME = 'xywglxt_difbackup',
 DESCRIPTION = 'Differential backup of xywglxt'
```

在数据库 xywglxt 的 class 表中插入一行记录,在新建查询窗口中输入以下语句:

```
USE xywglxt
INSERT INTO class
```

```
(classno,classname,pno)
VALUES('c14F1718','汽车','0103')
```

为数据库 xywglxt 创建差异备份到文件,在查询窗口中输入详细的程序代码。单击"执行"按钮,运行结果如图 7.2.6 所示。

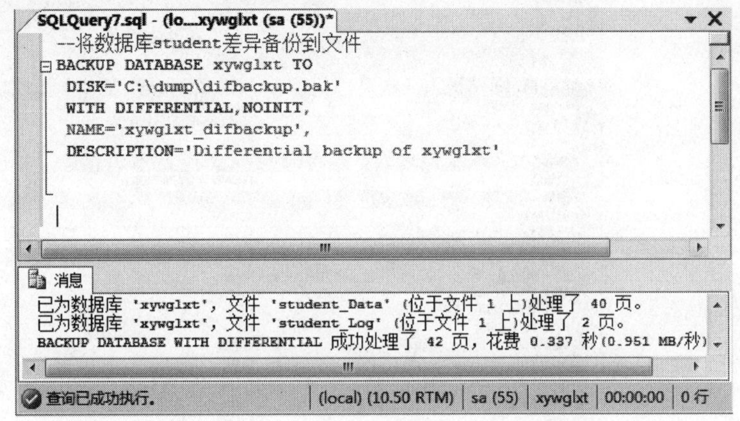

图 7.2.6　使用 T-SQL 语句差异备份数据库 xywglxt

差异备份只存储在上一次完整备份之后发生改变的数据。差异备份的好处在于它只备份更改过的数据,因此所要备份的数据量也会比完整备份的数据量要小,差异备份可每天进行一次。

第 8 步:使用 T-SQL 语句事务日志备份数据库 xywglxt

将 xywglxt 事务日志备份到设备 yhylog。

事务日志备份必须建立在完整备份的基础上,即必须有一次完整备份,然后才有事务日志备份。本任务的完整备份与事务日志备份均建立在设备名为 yhylog. bak 的备份集文件上。

为数据库 xywglxt 进行日志备份,一定要将数据库 xywglxt 的恢复模式设为完整。展开"数据库",并右击 xywglxt,在弹出的快捷菜单中选择"属性"命令。

打开"数据库属性-xywglxt"对话框,单击左侧"选择页"中的"选项",在"选项"选项卡的"恢复模式"下拉列表框中选择"完整"选项,如图 7.2.7 所示。

为数据库 xywglxt 创建完整备份,在查询窗口中输入以下语句并执行,如图 7.2.8 所示。

--将数据库 xywglxt 进行事务日志备份,备份到设备 mylog

```
USE master
GO
EXEC sp_addumpdevice 'disk', 'mylog', 'C:\dump\yhylog.bak'
BACKUP DATABASE xywglxt TO yhylog
BACKUP LOG xywglxt TO yhylog
```

执行结果如图 7.2.8 所示。

数据库事务日志备份可每小时备份一次。

事务日志文件(Transaction Log)存放事务日志,记录数据库中已发生的所有修改和执

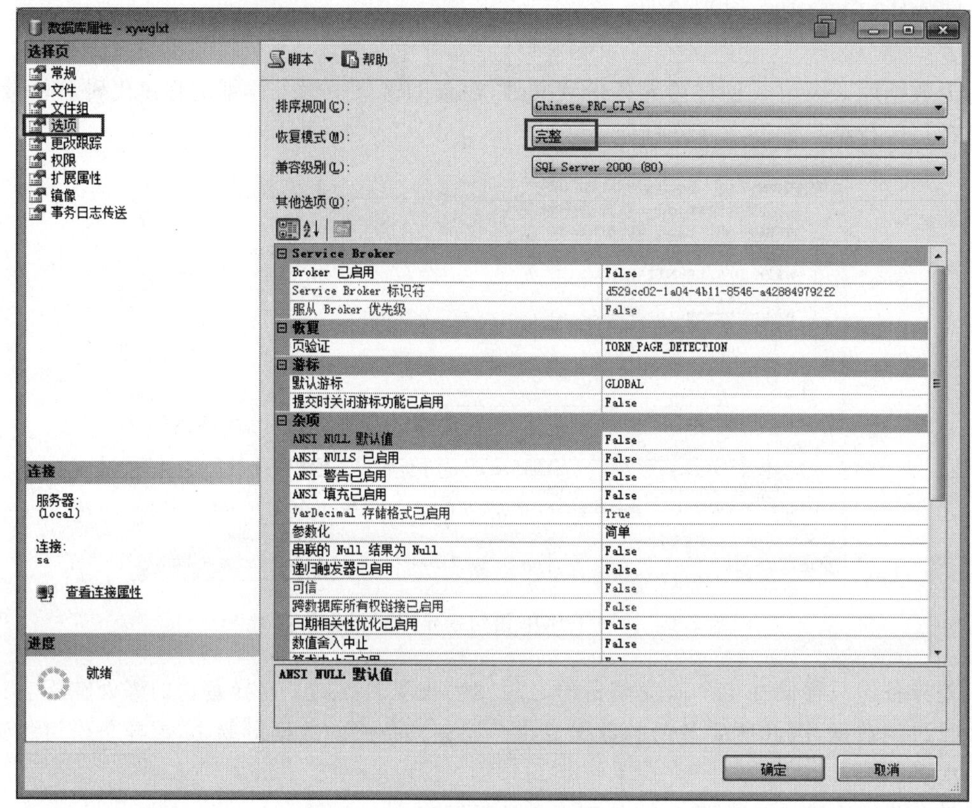

图 7.2.7 完整备份

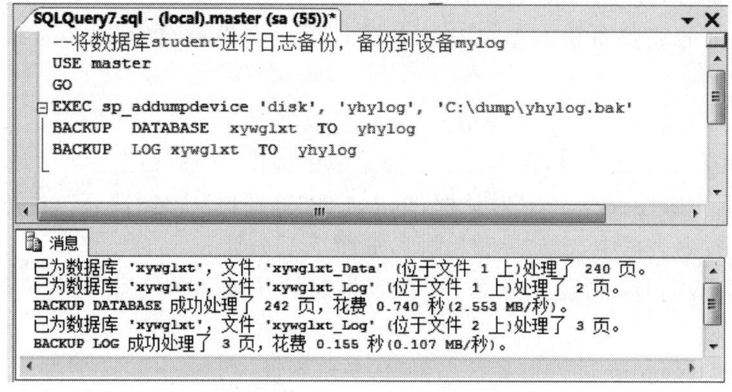

```
--将数据库student进行日志备份，备份到设备mylog
USE master
GO
EXEC sp_addumpdevice 'disk', 'yhylog', 'C:\dump\yhylog.bak'
BACKUP  DATABASE  xywglxt  TO  yhylog
BACKUP  LOG xywglxt  TO  yhylog
```

```
已为数据库 'xywglxt'，文件 'xywglxt_Data' (位于文件 1 上)处理了 240 页。
已为数据库 'xywglxt'，文件 'xywglxt_Log' (位于文件 1 上)处理了 2 页。
BACKUP DATABASE 成功处理了 242 页，花费 0.740 秒(2.553 MB/秒)。
已为数据库 'xywglxt'，文件 'xywglxt_Log' (位于文件 2 上)处理了 3 页。
BACKUP LOG 成功处理了 3 页，花费 0.155 秒(0.107 MB/秒)。
```

图 7.2.8 使用 T-SQL 语句事务日志备份数据库 xywglxt

行每次修改的事务。

事务日志备份指对数据库发生的事务进行备份，包括从上次进行事务日志备份之后所有已经完成的事务。因此，为了使用事务日志备份还原数据库，需要完整备份和完整备份之后所备份的所有事务日志备份。

事务日志备份能够将数据库恢复到特定的时间点。通过这种备份数据库可以恢复到最后一个事务发生后的状态。

事务日志备份的适用条件为完整备份后不允许发生数据丢失或损坏现象。

第 9 步：制定 xywglxt 数据库备份策略，实施备份方案

恢复 xywglxt 数据库，制定简单恢复策略和完整恢复策略两种恢复策略。简单恢复策略使用完整备份＋差异备份。完整恢复策略使用完整备份＋差异备份＋事务日志备份。使用维护计划向导制定数据库完整备份、差异备份和事务日志备份 3 个作业。

(1) 制定完整恢复策略。在“对象资源管理器”中展开“管理”，右击“维护计划”，选择“维护计划向导”命令，如图 7.2.9 所示。

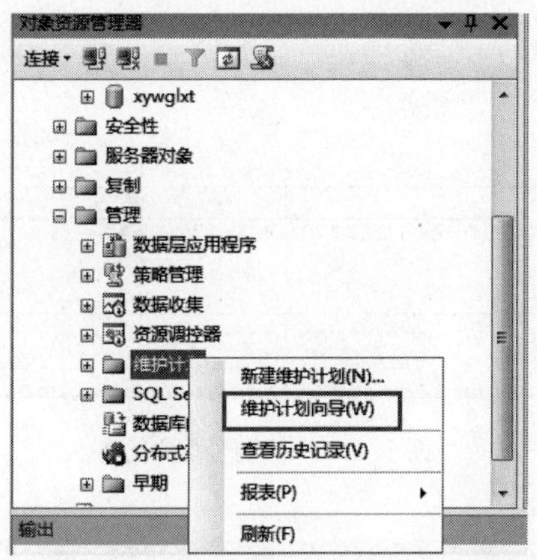

图 7.2.9　选择“维护计划向导”命令

(2) 在弹出的“维护计划向导”对话框中选择服务器及登录方式，如图 7.2.10 所示。

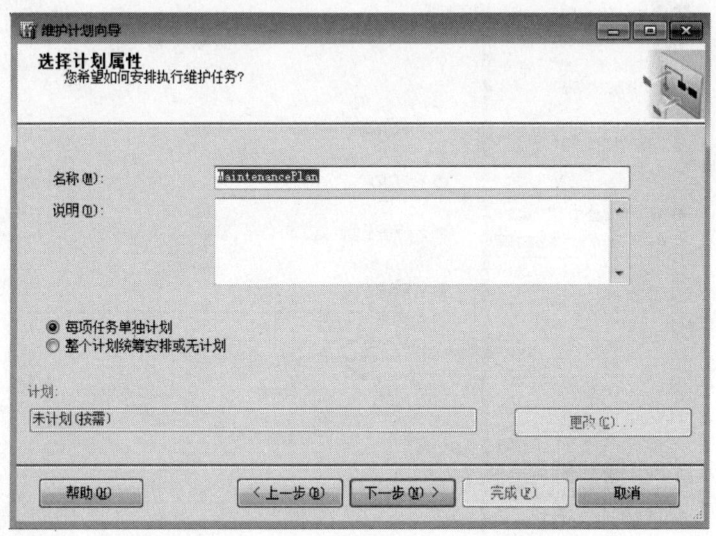

图 7.2.10　选择计划属性

(3) 在“选择维护任务”对话框中选择“备份数据库(完整)”复选框，如图 7.2.11 所示。

(4) 在“定义‘备份数据库(完整)’任务”对话框中展开“数据库”列表框，选择数据库 xywglxt，如图 7.2.12 所示，单击“确定”按钮。

图 7.2.11　选择维护任务

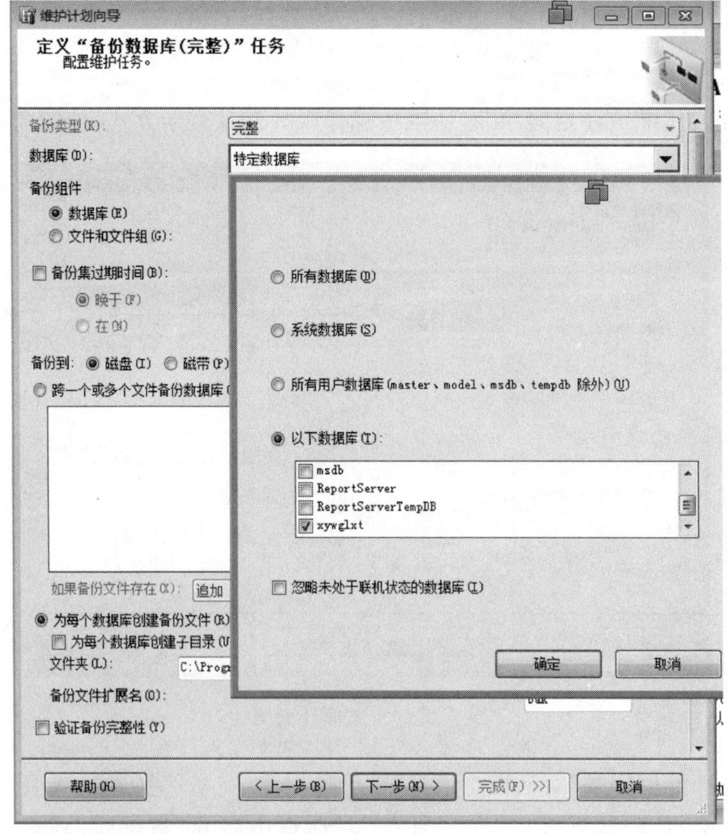

图 7.2.12　定义"备份数据库(完整)"任务

(5) 在“选择计划属性”对话框中单击“更改”按钮，打开“作业计划属性”对话框，选择“计划类型”为“重复执行”，在“频率”“每天频率”和“持续时间”中进行相关设置，完成维护计划设置后，单击“确定”按钮，如图 7.2.13 所示。

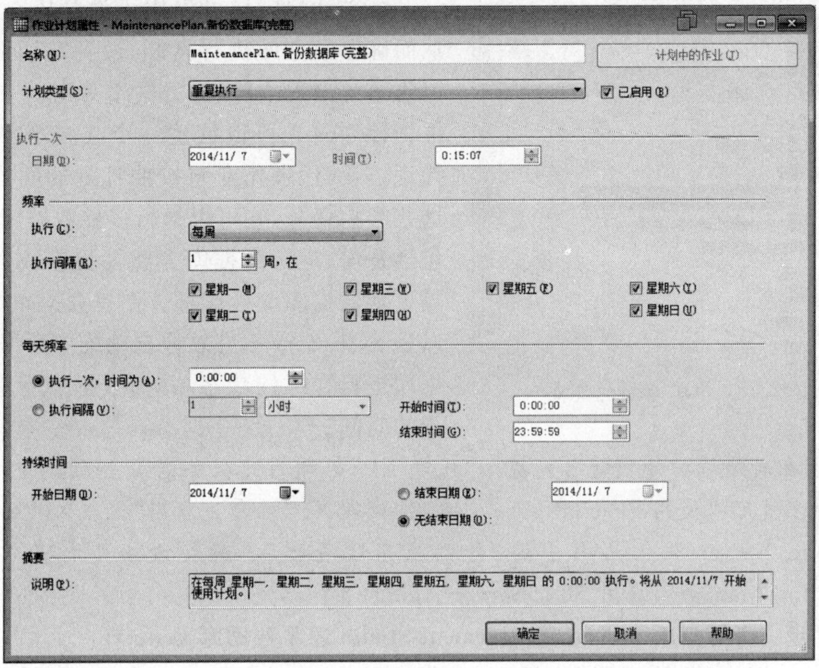

图 7.2.13　作业计划属性

(6) 在“完成该向导”对话框中单击“确定”按钮，完成完整备份计划的创建，如图 7.2.14 所示。

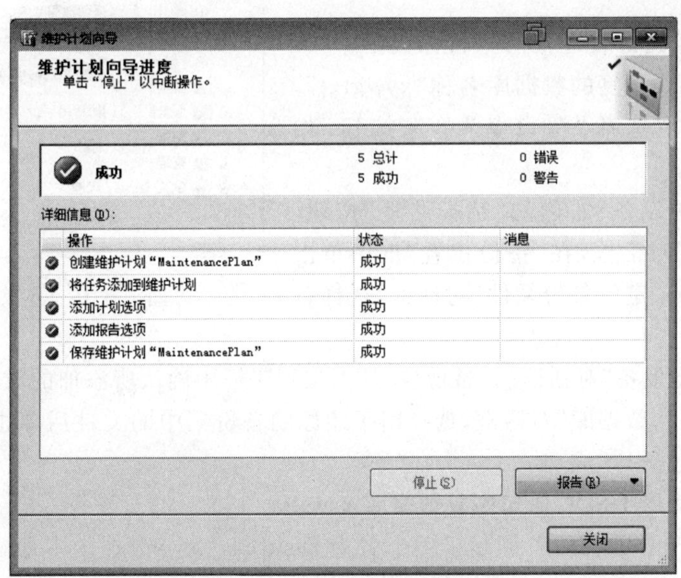

图 7.2.14　完成备份计划

(7) 差异和事务日志备份计划的创建也是由维护计划向导,完成后返回“对象资源管理器”,展开“SQL Server 代理”→“作业”,可以看到创建的3项作业,如图7.2.15所示。

图7.2.15 SQL Server 作业

维护计划向导可以用于设置核心维护任务,从而确保数据库执行良好,做到定期备份数据库以防系统出现故障,对数据库实施不一致性检查。维护计划向导可以创建一个或多个SQL Server代理作业,代理作业将按照计划的间隔自动执行这些维护任务,它可以执行多种数据库管理任务,包括备份、运行数据库完整性检查或以指定的间隔更新数据库统计信息。创建数据库维护计划可以让SQL Server有效地自动维护数据库,保持数据库运行在最佳状态,并为数据库管理员节省宝贵的时间。

注意:*在新建维护计划时可能提示“代理XP”已作为此服务器安全配置的一部分被关闭,系统管理员可以使用SP-configure来启用“代理XP”。有关启用“代理XP”的详细信息,请参阅SQL Server联机丛书中的“外围应用配置器”。解决方法是打开SQL Server Configuration Manager,启用SQL Server Agent(实例名)。*

第10步:使用SQL Server Management Studio还原数据库xywglxt

(1) 在“对象资源管理器”中展开“数据库”,并右击xywglxt,选择“删除”命令。

(2) 在“对象资源管理器”中右击“数据库”,在弹出的快捷菜单中选择“还原数据库”命令,如图7.2.16所示。

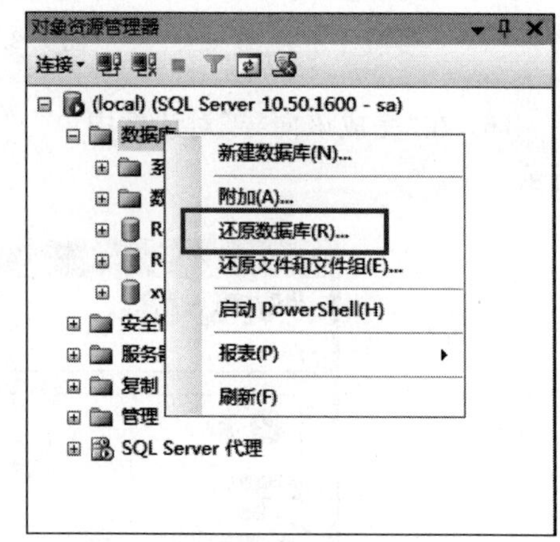

图7.2.16 还原数据库

(3) 在“对象资源管理器”的“目标数据库”下拉列表框中填入要恢复的数据库名称“xywglxt”,在“还原的源”中选择“源设备”单选按钮,如图7.2.17所示。

(4) 单击“源设备”右侧的“选择路径”按钮,打开“指定设备”对话框,在“备份位置”框中单击“添加”按钮,打开“定位备份文件”对话框,选择备份文件。

(5) 在“指定设备”对话框的“备份位置”下拉列表框中确认所添加的文件,然后单击“确定”按钮打开“还原数据库”对话框,选择用于还原的备份集中的文件后单击“确定”按钮,显示还原数据库xywglxt成功。

第11步:使用T-SQL语句恢复数据库xywglxt

假设在“D:\stubak”位置创建了一个名为DiskBak_ xywglxt的本地磁盘备份文件,将设备DiskBak_xywglxt wan完全恢复到数据库xywglxt。

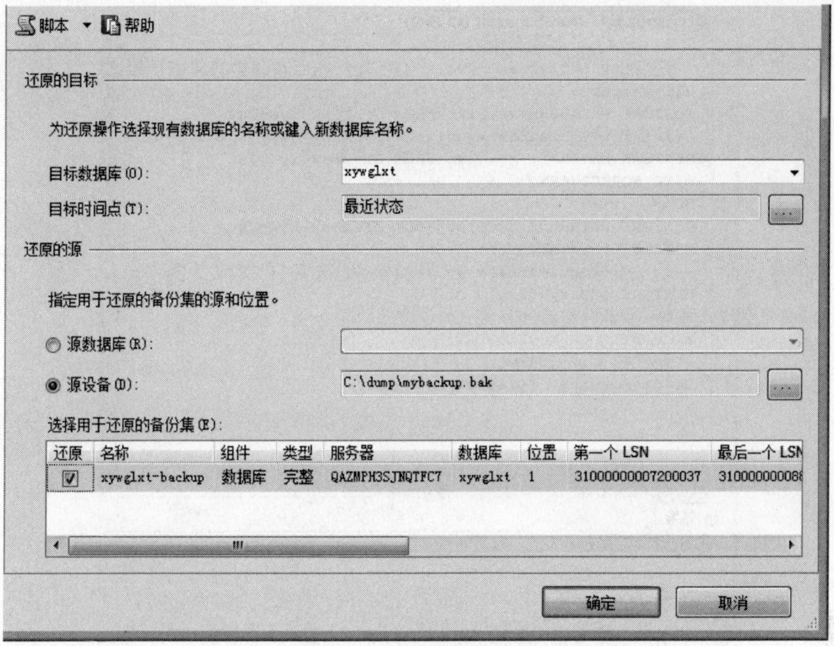

图 7.2.17 选择还原目标

以下是详细的程序代码：

```
--从备份设备 DiskBak_xywglxt 的完整数据库备份中恢复数据库 xywglxt
USE master
RESTORE DATABASE xywglxt FROM DiskBak_xywglxt
--从备份设备 DiskBak_xywglxt 的差异数据库备份(假设为第个备份集)中恢复数据库 xywglxt
RESTORE DATABASE xywglxt FROM DiskBak_xywglxt
WITH NORECOVERY
GO
RESTORE DATABASE xywglxt FROM DiskBak_xywglxt
WITH FILE = 14,RECOVERY
--从备份设备 DiskBak_xywglxt 的事务日志备份(假设为第个设备集)中恢复数据库 xywglxt
RESTORE LOG xywglxt
FROM DiskBak_xywglxt
WITH FILE = 10,NORECOVERY
--删除特定备份设备
Sp_dropdevice 'DiskBak_xywglxt'
```

如图 7.2.18 所示。

在恢复数据库 xywglxt 时要先查看备份设备中的备份集包含的数据库和日志文件列表。

```
RESTORE FILELISTONLY FROM DiskBak_xywglxt
```

然后查看特定备份设备上所有备份集的备份首部信息。

```
RESTORE FILELISTONLY FROM DiskBak_xywglxt
```

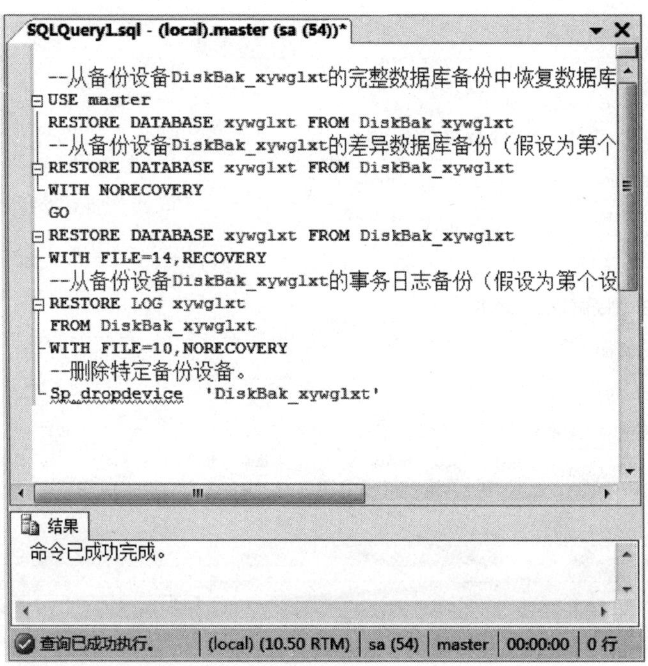

图 7.2.18　使用 T-SQL 语句恢复数据库 xywglxt

在执行上述语句返回的结果集中：

BackupName：备份集号；BackupDescription：备份描述；BackupType：备份类型；Position：备份集名；BackupDescription：备份设备名；ServerName：服务器名；DatabaseName：数据库名；BackupSize：备份集大小。

其中 BackupType 值的含义如下：

①完整数据库备份；②事务日志备份；③文件备份；④差异数据库备份；⑤差异文件备份。

【实操练习】

一、选择题

1. 下列用于备份数据库的命令是(　　)。

A. CMDSHELL　　B. BACKUP DATABASE
C. RESTORE DATABASE　　D. BCP

2. 下列用于还原数据库的命令是(　　)。

A. CMDSHELL　　B. BACKUP DATABASE
C. RESTORE DATABASE　　D. BCP

3. SQL Server 支持在线备份，但在备份过程中不允许执行的操作是(　　)。

(1) 创建或删除数据库文件　　(2) 创建索引
(3) 执行非日志操作　　(4) 自动或手工缩小数据库或者数据库文件的大小

A. (1)　　B. (1)、(2)
C. (1)、(2)、(3)　　D. (1)、(2)、(3)、(4)

4. 系统管理员 sa 对数据库做了以下备份：

1：30 执行了完整备份；2：30 执行了日志备份；3：30 执行了差异备份。

现在要恢复数据到 3：30 的状态，操作步骤是(　　)。

A. 直接恢复差异备份

B. 先恢复完整备份，再恢复日志备份

C. 先恢复日志备份，再恢复差异备份

D. 先恢复完整备份，再恢复差异备份

二、简答题

1. 备份设备最终也是以什么形式体现的？文件的扩展名是什么？

2. 创建一个名为“yhy”的数据库，并建立名为“yhytable”的数据表。

3. 备份上述“yhy”数据库并还原。

任务三：数据库中的数据与 Excel、Access 表数据的导入与导出

【任务说明】

数据的导入：数据的导入是只将数据从其他数据源复制到 SQL Server 数据库中。比如可以通过 SQL Server 中的导入和导出向导将 Excel、文本文件等转换为 SQL Server 中的数据文件格式。

数据的导出：数据的导出是指将数据从 SQL Server 数据库中复制到其他数据源中。比如可以通过 SQL Server 中的导入和导出向导将 SQL Server 中的数据转换为 Excel、文本文件等数据格式。访问的数据源包括 SQL Server 数据源、Excel、Access、Oracle 及文本文件等。

【任务分析】

在操作数据库的过程中有时需要将其他格式的数据文件变为 SQL Server 数据库中的数据，这时就要用到数据的导入操作；有时需要将 SQL Server 数据库中的数据转换成其他格式的数据文件，这时就要用到数据的导出操作。

在本任务中，Excel 表中有一份学生的基本数据表，在创建表时不需要将这些记录重新录入，只需要通过导入操作获取这些电子表格中的数据。另外要将 SQL Server 数据库中的 student 表导出到 Access 数据库中，这里在 Access 中需要事先建立一个名为 s 的数据库。

【实施步骤】

第 1 步：将 Excel 中的数据导入到数据库 xywglxt 中

(1) 右击“对象资源管理器”中的数据库结点 xywglxt，弹出快捷菜单，选择“任务”→“导入数据”命令，如图 7.3.1 所示。

(2) 选择“导入数据”命令后将打开“SQL Server 导入和导出向导”对话框，如图 7.3.2 所示。

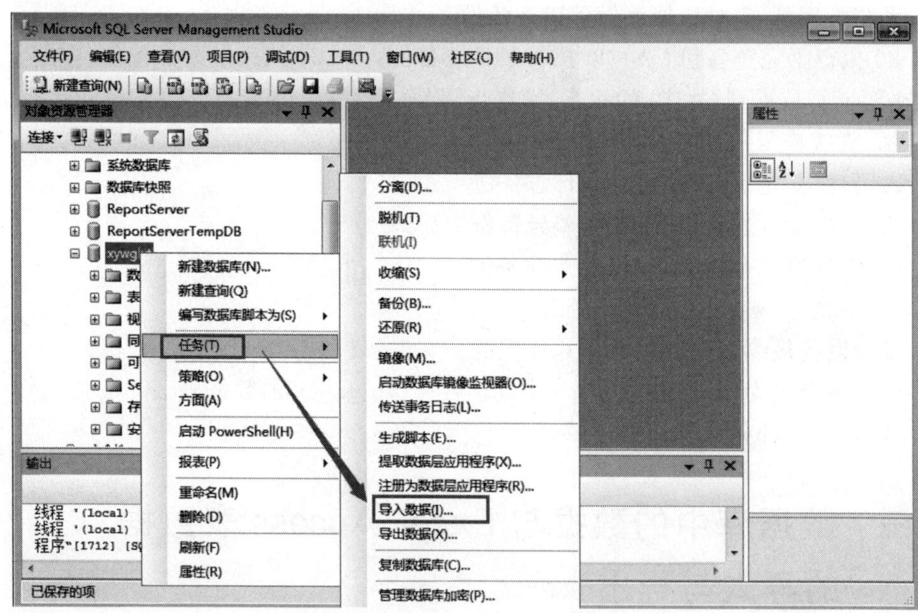

图 7.3.1　导入数据

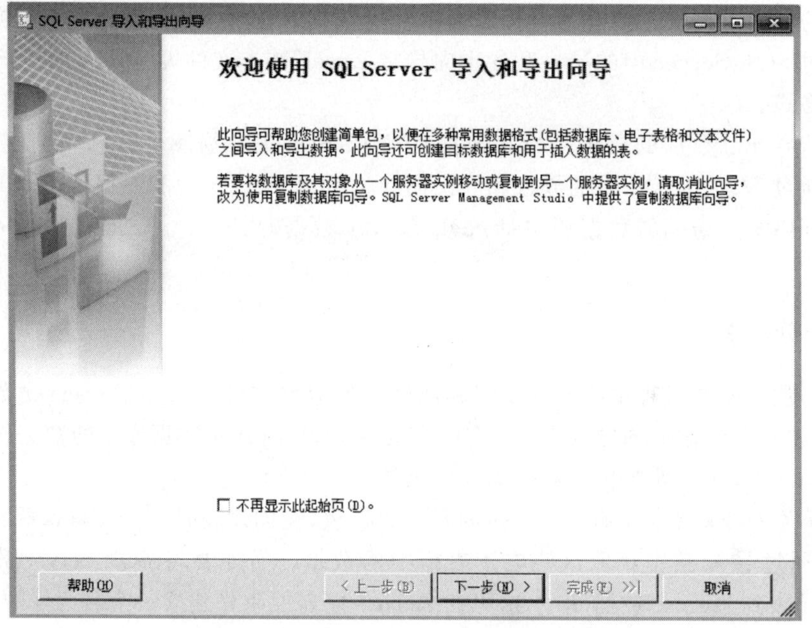

图 7.3.2　SQL Server 导入和导出向导

(3) 单击“下一步”按钮，进入“选择数据源”对话框。在“数据源”下拉列表框中选择 Microsoft Excel，在“Excel 文件路径”文本框中输入 Excel 文件所在的路径及名称，如图 7.3.3 所示。

(4) 单击“下一步”按钮，进入“选择目标”对话框。在“目标”下拉列表框中选择 SQL Server Native Client 10.0，其他选项采用默认设置，如图 7.3.4 所示。

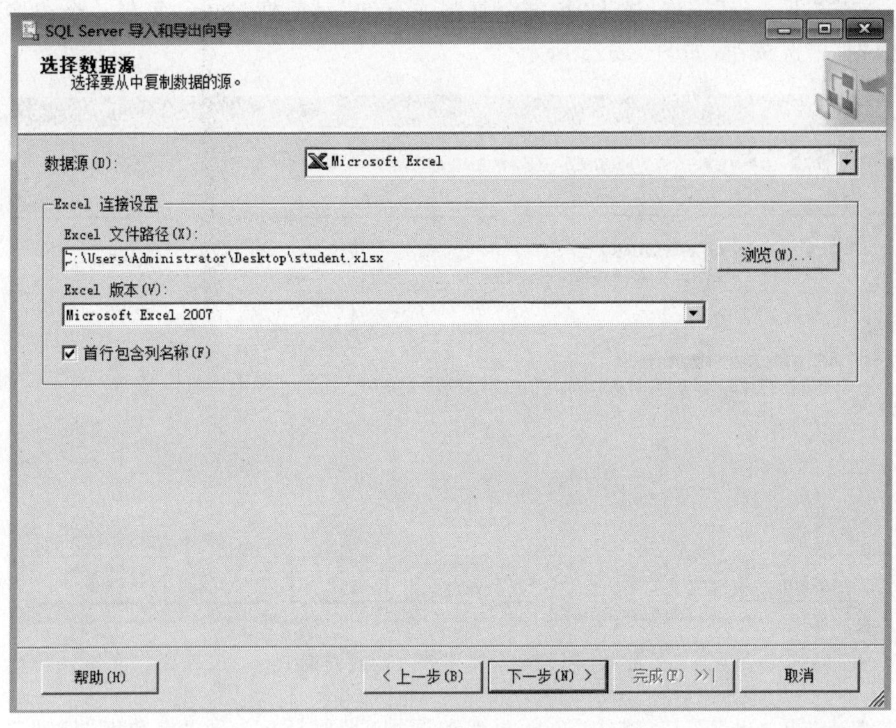

图 7.3.3　选择数据源

SQL Server 导入和导出向导

选择目标

指定要将数据复制到何处。

目标(D): SQL Server Native Client 10.0

服务器名称(S): (local)

身份验证

使用 Windows 身份验证(W)

使用 SQL Server 身份验证(Q)

用户名(U): sa

密码(P): ********

数据库(T): xywglxt　刷新(R)　新建(E)...

帮助(H)　< 上一步(B)　下一步(N) >　完成(F) >>|　取消

图 7.3.4　选择目标

(5) 单击“下一步”按钮,进入“指定表复制或查询”对话框,选择“复制一个或多个表或视图的数据”单选按钮,如图 7.3.5 所示。

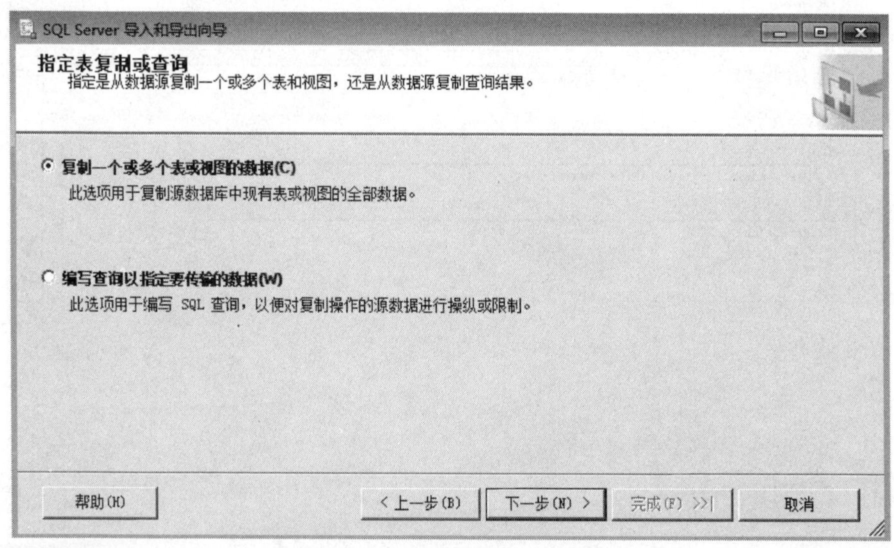

图 7.3.5　指定表复制或查询

(6) 单击“下一步”按钮,进入“选择源表和源视图”对话框。在“表和视图”列表框中选择“student $”,在默认情况下,目标表的名称与源表的名称相同,这里将目标表改为“student1”,如图 7.3.6 所示。这里列出了源数据库中所有的表和视图,可以单击“全选”按钮选择所有的表和视图,也可以有目的地选择所需要的表和视图。选中表或视图后可以单击“编辑”按钮,打开列映射对话框,对表和视图进行转化。

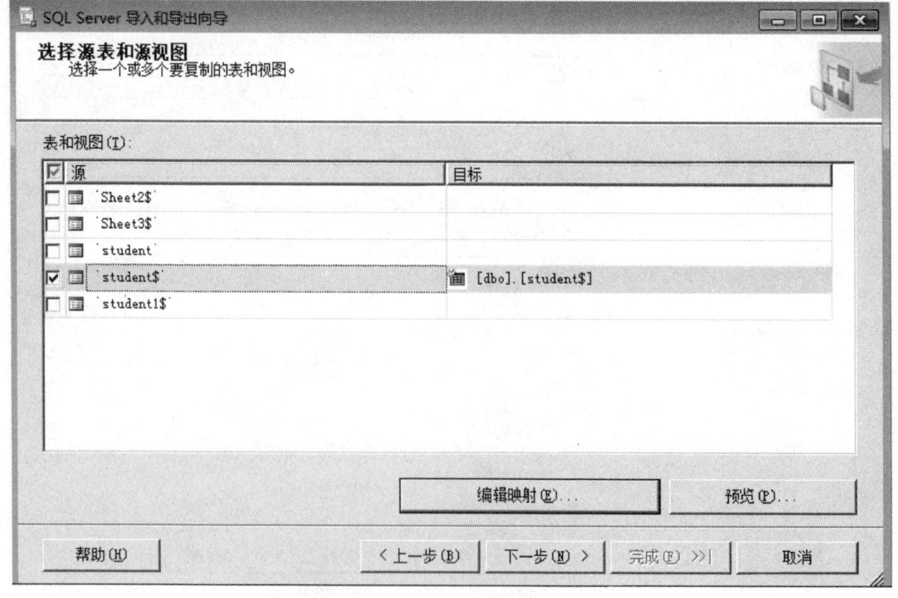

图 7.3.6　选择源表和源视图

(7) 单击“下一步”按钮，进入“保存并运行包”对话框。选择“立即运行”复选框，如图 7.3.7 所示。如果需要保存 SSIS 包，以便于以后执行，则选择“保存 SSIS 包”复选框和 SQL Server 单选按钮。

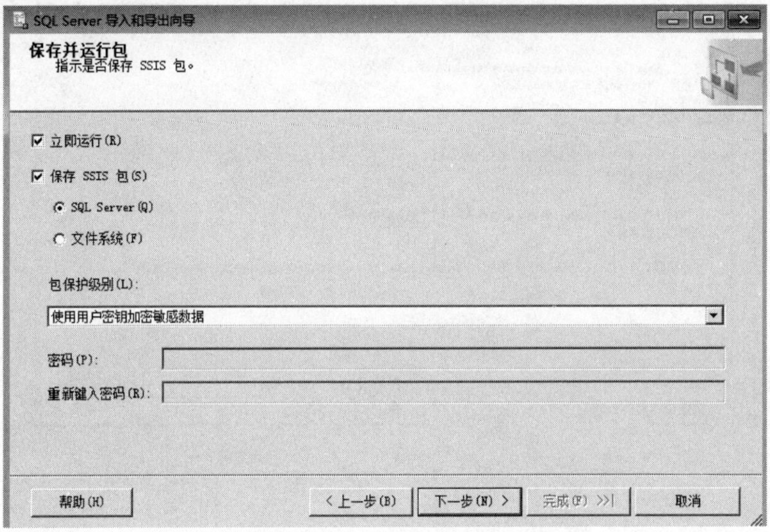

图 7.3.7　保存并运行包

(8) 单击“下一步”按钮，进入“保存 SSIS 包”对话框，并显示前面的设置，如图 7.3.8 所示。单击“上一步”按钮可以修改。

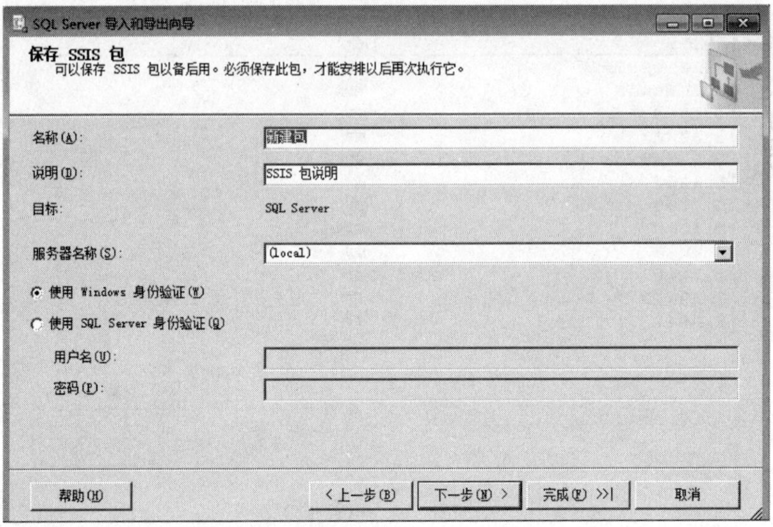

图 7.3.8　保存 SSIS 包

(9) 单击“完成”按钮，执行导入操作，并且显示执行步骤及执行状态，如图 7.3.9 与图 7.3.10 所示。

(10) 单击“关闭”按钮，关闭“SQL Server 导入和导出向导”对话框。打开 SQL Server 中的相应数据库，就可以看到从 Excel 中导入的数据表了。

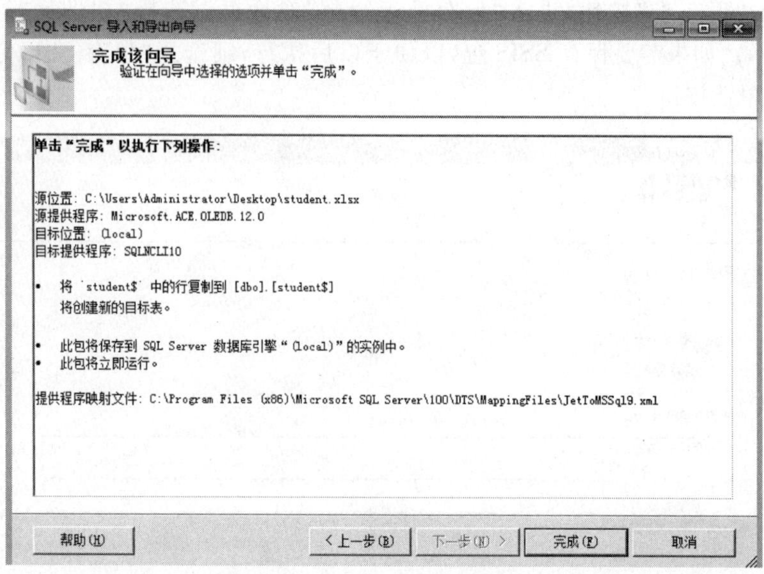

图 7.3.9 完成该向导

图 7.3.10 执行成功

第 2 步：将数据表 student 导出到 Access 数据库的 student 中

(1) 右击“对象资源管理器”中的结点 xywglxt，在弹出的快捷菜单中选择“任务”→“导出数据”命令，如图 7.3.11 所示。

(2) 选择“导出数据”命令后打开“SQL Server 导入和导出向导”对话框，如图 7.3.12 所示。

图 7.3.11　导出数据

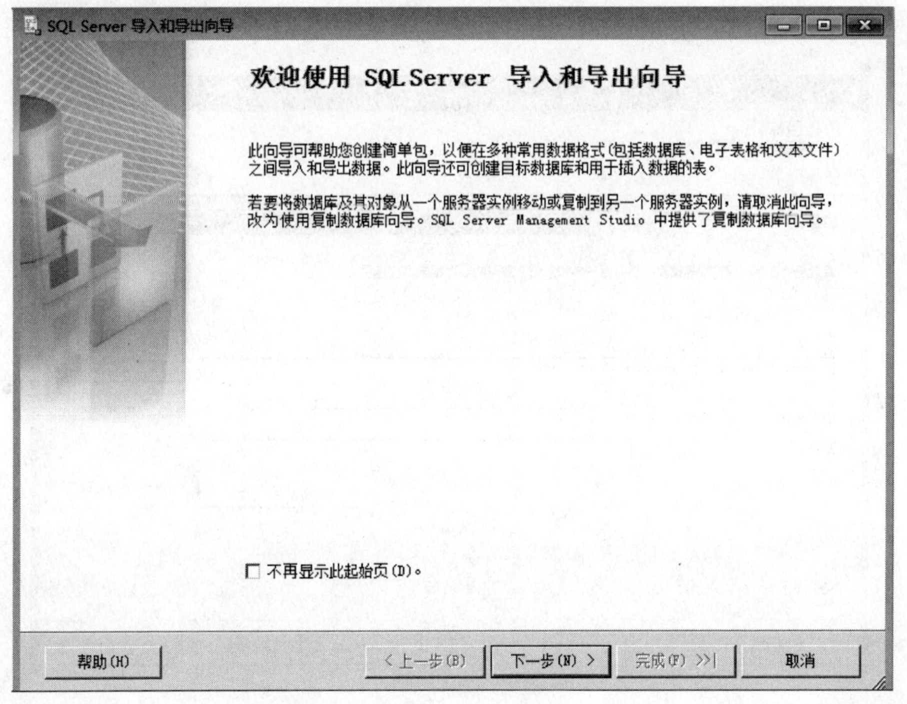

图 7.3.12　SQL Server 导入和导出向导

(3) 单击"下一步"按钮,进入"选择数据源"对话框。在"数据源"下拉列表框中选择 SQL Server Native Client 10.0,在"数据库"下拉列表框中选择数据库 xywglxt,如图 7.3.13 所示。

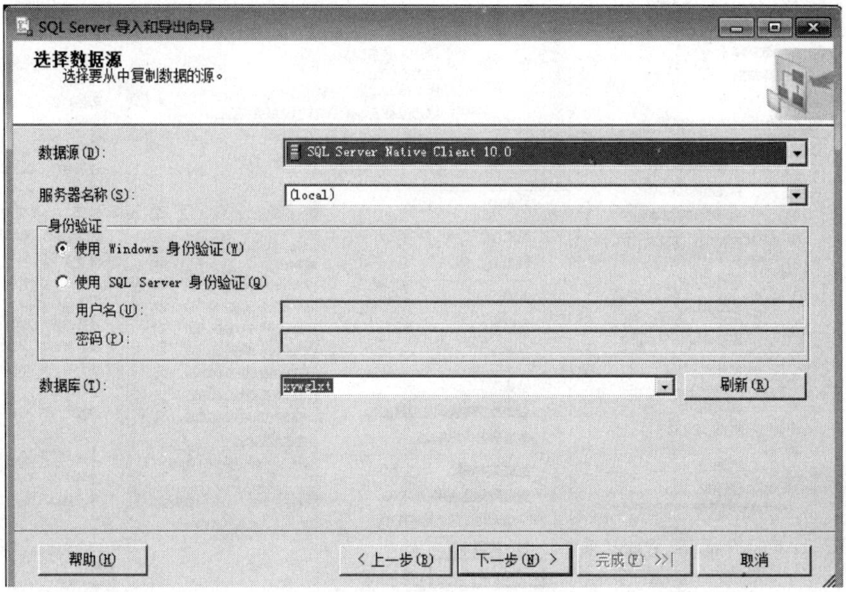

图 7.3.13 选择数据源

(4) 单击"下一步"按钮,进入"选择目标"对话框。在"目标"下拉列表框中选择 Microsoft Access,在"文件名"文本框中输入 Access 文件所在的路径及名称,如图 7.3.14 所示。

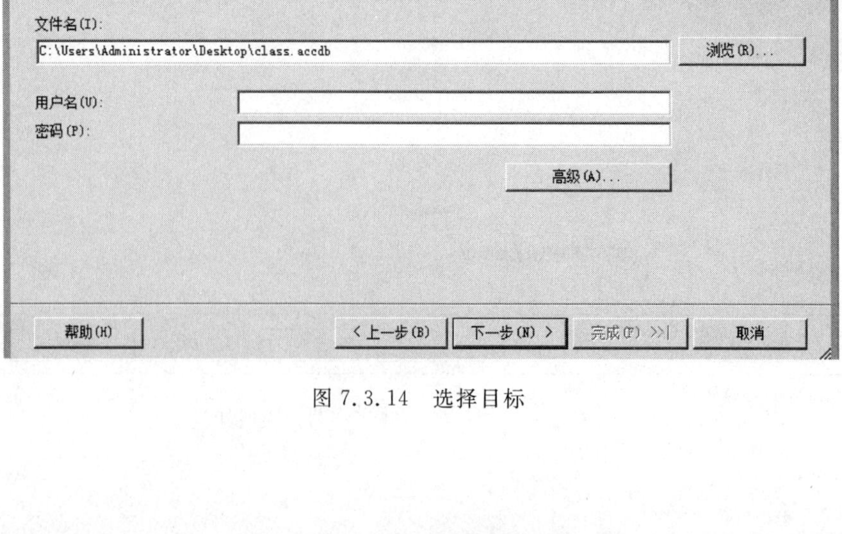

图 7.3.14 选择目标

(5) 单击"下一步"按钮,进入"指定表复制或查询"对话框,选择"复制一个或多个表或视图的数据"单选按钮,如图 7.3.15 所示。

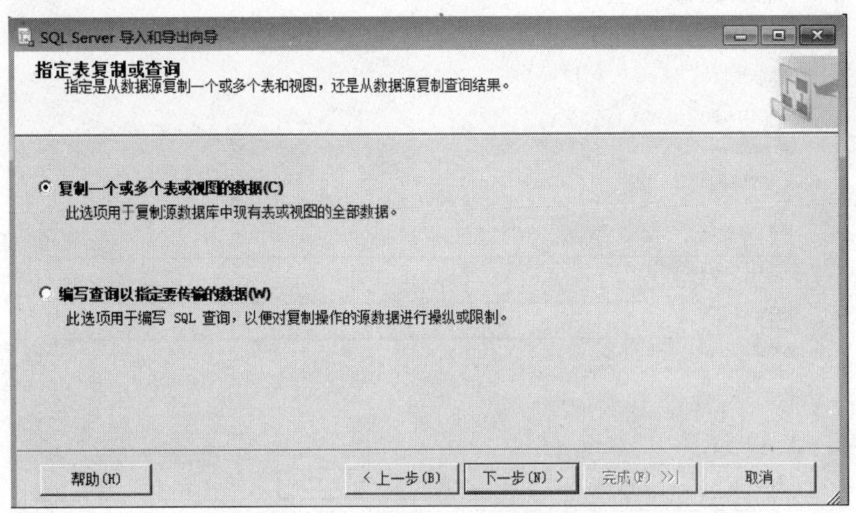

图 7.3.15 指定表复制或查询

(6) 单击"下一步"按钮,进入"选择源表和源视图"对话框,在"表和视图"列表框中选择"[dbo][student]",如图 7.3.16 所示。

图 7.3.16 选择源表和源视图

(7) 单击"下一步"按钮,进入"保存并运行包"对话框,选择"立即运行"复选框。如果需要保存 SSIS 包,以便以后执行,可选择"保存 SSIS 包"复选框和 SQL Server 单选按钮,如图 7.3.17 所示。

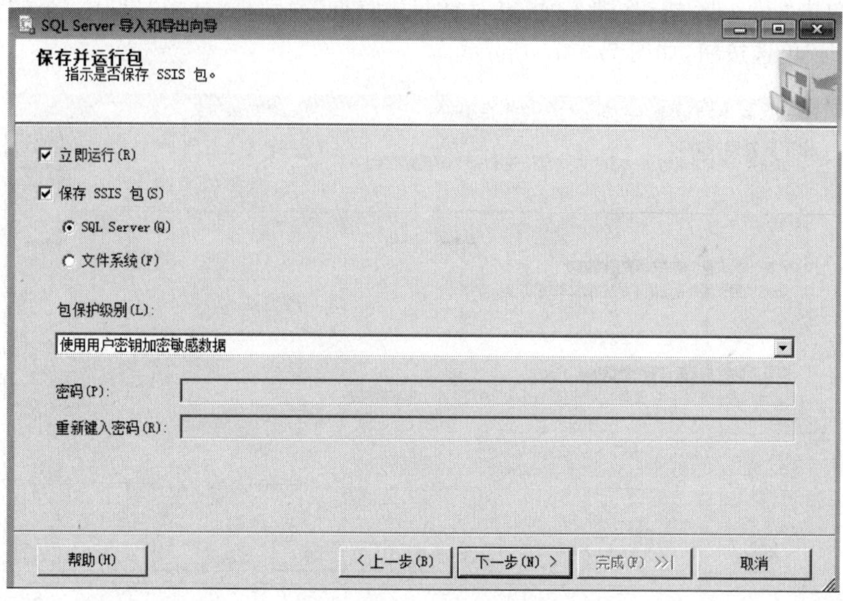

图 7.3.17　保存并运行包

(8) 单击“下一步”按钮，进入“完成该向导”对话框，可显示前面的设置，单击“上一步”按钮可以进行修改。单击“完成”按钮，执行导出操作，并且显示执行步骤及执行状态，如图 7.3.18 所示。

SQL Server 导入和导出向导

执行成功

成功　12 总计　12 成功　0 错误　0 警告

详细信息(D):

操作	状态	消息
正在初始化数据流任务	成功	
正在初始化连接	成功	
正在设置 SQL 命令	成功	
正在设置源连接	成功	
正在设置目标连接	成功	
正在验证	成功	
正在保存	成功	
准备执行	成功	
执行之前	成功	
正在执行	成功	
正在复制到 `student$`	成功	已传输 200 行
执行之后	成功	

停止(S)　报告(R)

关闭

图 7.3.18　执行成功

(9) 单击"关闭"按钮,关闭 SQL Server 中导出的数据表。

至此,此任务步骤全部完成。

【实操练习】

1. 导入数据并修改数据表结构。

新建学生宿舍管理数据库 ssglxt,导入工作表"学生"和"宿舍",分别重命名为 student 和 dorm,并按照需要修改数据表 student 和 dorm 的结构(包括数据类型、长度、是否为空等)。将数据结构记录在实训报告中,如表 7.3.1 和表 7.3.2 所示。

表 7.3.1　student 表的结构

字段名称	数据类型	长　度	是否为空

表 7.3.2　dorm 表的结构

字段名称	数据类型	长　度	是否为空

2. 建立主键、外键约束。

建立 student 表和 dorm 表的主键约束,建立两个表之间的额外键约束。

3. 数据的基本操作。

(1) 使用 INSERT 语句编写代码增加一条记录:

(c15F3488,杨海艳,男,汉,09,是)

(2) 使用 DELETE 语句删除未报到学生的信息。

(3) 用 UPDATE 语句修改数据表 student 的学生信息,将宿舍号"01"更改为"02"。

4. 数据的导出。

新建 Excel 工作簿"学生信息",将 student 表导出到该工作簿的 sheet1 工作表中。

校园网系统的构建

项目背景

本项目设计一个完整的校园网管理系统，该系统是一个现代校园网管理系统的雏形。通过该项目的学习可以起到抛砖引玉的作用，该校园网管理系统的前台用 ASP.NET 设计、后台用 SQL Server 2008 数据库设计，将前面设计数据库的知识全面融合到系统中，完成校园网管理系统的功能。

项目分析

本项目是完成一个具体的校园网管理系统。通过本项目的完成，读者能够对数据库作为后台形成全面的认识，具备数据库开发的能力。

项目目标

【知识目标】 ①全面掌握系统开发的流程及步骤；②学会运用所学知识开发系统；③综合运用相关开发工具开发系统。

【能力目标】 ①具备设计前台的能力；②掌握后台数据库的设计和管理的能力；③具备数据库管理的能力。

【情感目标】 ①培养良好的适应压力的能力；②培养沟通的能力及通过沟通获取关键信息的能力；③培养团队的合作精神；④培养实现客户利益最大化的理念；⑤培养对事物发展是渐进增长的认知。

任务一：数据库系统的设计

【任务说明】

设计一个系统首先要考虑其功能的完整性，其次考虑延展性。一个好的系统的结构是非常清晰的，每个模板都是一些独立的功能，各模板组合起来又能完成更加复杂的功能，所以设计好系统结构是非常重要的。

在此将校园网管理信息系统分为两类用户，分别是管理员用户和普通用户。管理员操作主要包括学生管理、教师管理、课程管理、班级管理、选课管理和成绩管理等功能；普通用户的对象主要是学生，包括修改密码、课程信息查询、选课、课程查询和成绩查询等功能。

对于模块图中的基本模块的功能可以具体描述出来，如图 8.1.1 所示。

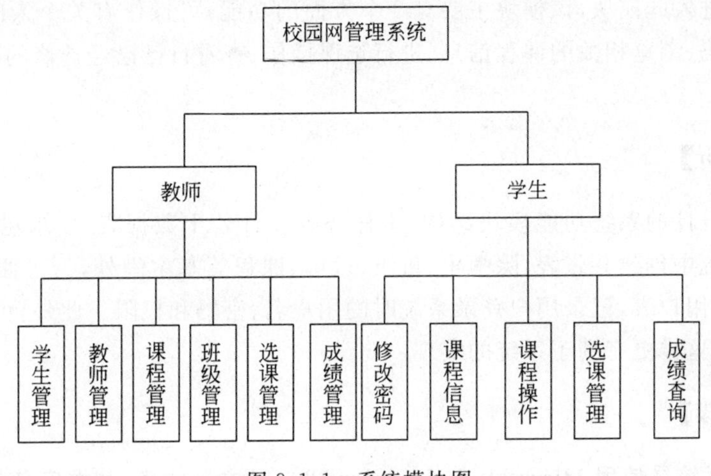

图 8.1.1　系统模块图

1. 教师模块

该模块主要由 6 个子模块构成，主要负责学生、教师、课程和班级等相关信息的管理功能。

(1) 学生管理：负责管理所有在校注册学生的个人信息，主要功能包括添加、删除、修改和查找学生信息。每个学生有唯一的学号，管理员添加新生后新生即可登录此系统浏览个人信息，登录此系统的用户名和密码默认都是此学生的学号。

(2) 教师管理：负责管理系统管理员的信息，主要功能是将本校教师的权限设为管理员。管理员可添加新教师信息，每个教师有唯一的编号，之后把教师设为管理员，使此教师拥有管理员的权限，从而使此教师可登录系统进行管理员的相关操作。

(3) 课程管理：负责管理所有课程的信息，主要功能包括添加、删除、修改和查找课程信息的查询。只有管理员才具有对班级管理信息进行维护的权限。课程管理模块是选课管理模块的基础，只有在课程管理中添加课程的信息，学生才能进行选课。

(4) 班级管理：负责班级的管理，主要功能包括添加、删除和修改班级信息，以及对班级信息的查询。只有管理员具有对班级管理信息进行维护的权限。学生信息的添加建立在班级信息维护的基础上，每个学生必须属于特定的班级，并且在管理员对学生成绩查询统计时可以统计各个班级的平均分、最高分等。

(5) 选课管理：负责选课的管理，主要功能包括删除、统计学生选课信息。它以在课程管理系统中维护好的信息作为基础，既可以对选修课程进行管理，可统计选修人数，也可在超过选课规定人数时进行删除。

(6) 成绩管理：学生选修的每一门课程最后都有成绩，查询的内容包括课程名称、某位学生的成绩等。只有管理员可录入学生每一门课程的成绩，并可以进行修改，也可以计算某个班级的某门课程的最高分、平均分,计算优秀和不及格人数等。学生只能查询自己所学课程的成绩。

2. 学生操作模块

学生只能进入此模块,该模块主要有5个方面的功能,可操作有关个人的信息,如修改个人的登录密码、浏览相关的课程信息、进行选课操作、查看自己已经选修的课程、查询自己的成绩等。

【任务分析】

根据前面设计的系统功能模块结构,本任务要设计若干数据表,要求尽量减少数据冗余。可以在系统中创建9张表,除学生、班级、教师、课程等基本表外,为了便于系统管理员管理,还设计了用户表,记录用户登录系统时的用户名、密码和权限。此外,可以在过程中创建临时数据表,这样更有利于系统的实现。

【实施步骤】

第1步:系统是使用 Microsoft SQL Server 2008 建立数据库,数据库名为 xywglxt

首先是用户表(users),用于存储校园网管理系统中所有参与人员的信息,包括管理员登录信息、学生登录信息,这样做的目的是方便系统判断用户登录的类型,以及对用户类型的统一管理。用户表中主要包括用户名、用户密码和用户类型,具体定义如表8.1.1所示。

表8.1.1 用户表(users)

字段名	类型	约束	备注
user_ID	varchar(20)	主键	用户名
user_password	varchar(20)		用户密码
user_power	int(4)		用户类型

本系统中最重要的对象是学生,学生表(student)是用于存储所有学生信息的,具体定义如表8.1.2所示。

表8.1.2 学生表(student)

字段名	类型	约束	备注
sno	char(10)	主键	学号
sname	char(10)	非空	姓名
ssex	char(2)	只取男、女	性别
sbirthday	datetime(8)		出生日期
sscore	numeric(18,0)		入学成绩
classno	char(8)	与班级表中的 classno 外键关联	班级编号

学生所在班级信息相对独立,系统用班级表(class)记录所有班级信息,具体定义如表8.1.3所示。

表 8.1.3 班级表(class)

字段名	类 型	约 束	备 注
classno	char(8)	主键	班级编号
classname	char(10)	非空	班级名称
pno	char(4)	与专业表中的 pno 外键关联	专业编号

系统构建教师表(teacher)来存储本校的所有教师信息,教师表给出一个较为简单的结构,具体定义如表 8.1.4 所示。

表 8.1.4 教师表(teacher)

字段名	类 型	约 束	备 注
tno	char(4)	主键	教师编号
tname	char(10)	非空	教师姓名
tsex	char(2)	只取男、女	性别
tbirthday	datetime(8)		出生日期
ttitle	char(10)		职称

对于每一个教师讲授什么课程,系统设计了课程表(course)来记录每位教师所上的课程,具体定义如表 8.1.5 所示。

表 8.1.5 教师授课表(teaching)

字段名	类 型	约 束	备 注
tno	char(4)	主键,与教师表中的 tno 外键关联,级联删除	教师编号
cno	char(7)	主键,与课程表中的 cno 外键关联	课程编号

学生总是离不开课程,系统设计了课程表(course),用于存储本校的所有课程信息,其中包括课程名称和学分,具体定义如表 8.1.6 所示。

表 8.1.6 课程表(course)

字段名	类 型	约束	备 注
cno	char(7)	主键	课程编号
cname	char(30)	非空	课程名称
credits	real(4)	非空	学分

学生所学课程都会有成绩,并且每个学生的每一门课只有一个成绩。系统设计了成绩表(choice),用于存储本校所有学生所学的课程信息,具体定义如表 8.1.7 所示。

表 8.1.7 成绩表(choice)

字段名	类 型	约 束	备 注
sno	char(10)	主键,与学生表中的 sno 外键关联,级联删除	学分
cno	char(7)	主键,与课程表中的 cno 外键关联	课程编号
grade	real(4)		成绩

学生所属专业情况记录在专业表(professional)中,具体定义如表 8.1.8 所示。

表 8.1.8 专业表(professional)

字段名	类 型	约 束	备 注
pno	char(4)	主键	专业编号
pname	char(30)	非空	专业名称
deptname	char(2)	与系部表中的 deptno 外键关联	系部编号

系部情况记录在系统表(department)中,具体定义如表 8.1.9 所示。

表 8.1.9 系部表(department)

字段名	类 型	约 束	备 注
deptno	char(2)	主键	系部编号
deptname	char(20)	非空	系部名称

第 2 步:利用存储过程完成一些较综合的功能

(1) select_student_1 存储过程的创建。

以下是具体的程序代码:

```
CREATE PROCEDURE [select_student_1]
(@sno [varchar](50))
AS
SELECT *
FROM student
WHERE sno = @sno
```

该存储过程用于从 student 表中查询特定的学生个人信息,具体内容包括学生的学号、姓名、性别、出生日期、入学成绩等信息。存储过程中涉及的表中各字段的含义都已描述。在本系统中,由于在很多情况下都需要判断学生信息的有效性,即此学生是否为已注册学生,调用此存储过程可方便地根据学号判断学生信息的有效性。此存储过程还可在学生浏览个人信息时使用,调用它将快速地返回学生的基本信息。

(2) insert_student_1 存储过程的创建。

以下是具体的程序代码:

```
CREATE PROCEDURE [insert_student_1]
    (@sno [char](10),
    (@sname [char](10),
    (@ssex [char](2),
    (@sbirthday[datetime],
    (@classno[char](8))
  AS INSERT INTO [Student_Class].[do].[student]
      ( [sno]
      [sname],
      [ssex],
      [sbirthday],
      [sscore],
      [classno])
```

```
VALUES
    ( @student id,
    @sname,
    @ssex,
    @sbirthday,
    @sscore,
    @classno
)
```

通过该存储过程向 student 表中添加新的学生基本信息，具体内容包括学号、姓名、性别、出生年月、入学成绩等信息。该存储过程在系统注册学生信息时被调用，每个学生有唯一的学号，在添加时输入的学号要保证唯一性，否则系统会提示出错。

【实操练习】

1. 创建向课程表 course 中添加新课程信息的存储过程 insert_course_1。
2. 创建向班级表 class 中添加班级信息的存储过程 insert_class_1。
3. 创建更新 student 表中特定的学生信息情况的存储过程 update_student_1。

任务二：首页与管理员页面的代码编写

【任务说明】

在本任务中主要掌握控件的使用方法，掌握数据库连接的一般方法，掌握判断用户登录的一般方法，掌握 DataGrid 等数据控件的使用方法，理解使用 DataSet 的作用和原理，掌握数据绑定的方法，掌握账务数据库编程在程序中的应用等。

【任务分析】

如果要完成本任务，主要实现以下操作步骤。

1. 主页面(登录)代码的编写。
2. 管理员操作模块中的学生信息管理主页面代码的编写。
3. 管理员操作模块中的课程信息管理主页面代码的编写。
4. 管理员操作模块中的成绩信息管理主页面代码的编写。
5. 管理员操作模块中的学生选课管理主页面代码的编写。

【实施步骤】

第 1 步：主页面(登录)代码的编写

编写如图 8.2.1 所示的系统登录页面，做好页面静态设计和控件设计，并要求登录有权力限制。登录页面通过下拉菜单进行用户识别，不同用户登录是将根据其不同的身份进入不同的功能页面。系统用户包括管理员和学生，在用户身份验证通过后，系统利用较方便的 GET 传值方式将用户名和用户身份等信息存储在临时变量中，再分别进入管理员操作模块和学生操作模块，并伴随用户对系统进行操作的整个生命周期。

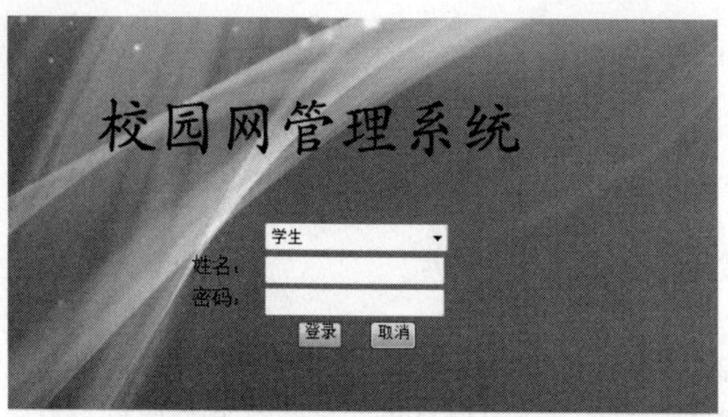

图 8.2.1　系统登录页面

以下给出学生课程管理系统首页(default.aspx.cs)的后台支持类的主要代码,前台脚本代码(default.aspx)可以通过使用.NET集成开发环境依照所给界面设计方案很方便地完成。

登录的主要代码:

```
Protected void Button1_Click(object sender,EventArgs e)
SqlConnection con = new SqlConnection(system.Configuration.configurationManager.AppSettings
["dsn"].ToString());
//创建连接数据库连接字符串,具体连接放在 Web.Config 文件中
con.Open();                                                   //打开连接
IF(this.DropDownList1.SelectedItem.Value.Equals("1"))         //判断登录的用户类型
{
  SqlCommand com = new SqlCommand("SELECT COUNT( * )FROM student WHERE sname = '" + this.TextBox1.
    Text  +  "AND sno = '" + this.TextBox2.Text + '",con);   //查找在数据库中是否含有此记录
  int n = Convert.ToInt32(com.ExecuteScalar());
  IF(n > 0)     //利用返回记录的个数来判断是否存在,若存在,则转入相应的功能页面
    {
    Response.Redirect ( " studentcheck.aspxS _ na = " + this.TexBox1.Text + " &s _ no = " + this.
      TexBox2.Text);
    }
  ELSE
    {
    This.Label1.Text = "输入学生用户名或密码错误!";
    }
}
ELSE
{
  SqlCommand com = new SqlCommand ( " SELECT COUNT ( * ) FROM user WHERE User _ id = ' " + this.
    TextBox1.Text  +  '"AND User_password = '" + this.TextBox2.Text + "'",.con);
  int n = convert ToInt32(com.ExecuteScalar());
  IF(n > 0)
{
  Response.Redirect ( " admin - student.aspx? no = " + this.TextBox1.Text  + " &psw = " + this.
    TextBox2.Text);
}
  ELSE
{
```

```
    This.Label1.text = "您输入的管理用户名或者密码错误
}
  }
con.Close();
}
```

在登录页面中利用了ADO.NET的一些数据库连接对象，例如SqlConnection创建数据库、SqlCommand获取操作、SqlDataReader读取记录等。一般利用ADO.NET中的这些对象来获取和修改数据库中的数据。

第2步：管理员操作模块中的学生信息管理页面代码的编写

学生信息维护页面窗体如图8.2.2所示，其所属的学生信息维护模块是学生课程管理系统中管理学生学籍的部分。学生信息维护页面主要是负责所有学生信息的浏览，以及到其他管理页面的链接，页面采用DataGrid控件管理student与DataSet数据集的绑定返回所有学生信息，分页显示，并可以对学生信息进行添加、修改、查找或删除。

学号	姓名	性别	出生日期	入学成绩	班级		
c14F1701	刘备	男	1988/6/4	123	电子商务	编辑	删除
c14F1702	杨贵妃	女	1987/6/10	234	电子商务	编辑	删除
c14F1703	张飞	男	1989/2/11	345	电子商务	编辑	删除
c14F1704	关羽	男	1988/2/16	456	电子商务	编辑	删除
c14F1705	赵龙	男	1987/1/23	567	电子商务	编辑	删除
c14F1706	啊芬	男	1987/1/28	555	电子商务	编辑	删除
c14F1707	杨博斯	男	1987/2/2	124	电子商务	编辑	删除
c14F1708	小王	男	1987/2/7	456	电子商务	编辑	删除
c14F1301	李艳	男	1987/1/24	345	计算机网络技术	编辑	删除
c14F1302	杨海艳	男	1987/1/29	342	计算机网络技术	编辑	删除
c14F1303	秦齐忠	男	1987/2/3	345	计算机网络技术	编辑	删除
c14F1401	月梅	男	1987/2/4	432	计算机应用技术	编辑	删除
c14F1402	可春	男	1987/1/25	340	计算机应用技术	编辑	删除
c14F1403	刘芬	男	1987/1/30	356	计算机应用技术	编辑	删除
c14F1501	杨延华	男	1987/1/26	333	计算机维修	编辑	删除
							1 2

图8.2.2　学生信息维护页面

在此页面中，“查询学生”按钮的Click事件把Panel的Visible属性重设为true用来显示输入查询条件的表格。根据提示，用户输入查询条件，“确定”按钮的Click事件通过生成SQL语句实现查询功能，查询的结果最终显示在DataGrid控件Dgd_student中，在该控件中设置了“编辑”和“删除”列，提供数据的修改、删除操作。在“显示所有信息”控件的Click事件Btn_all_Click()中完成DataGrid控件Dgd_student的数据绑定操作，使其显示所有学生的信息。同时令容纳查询条件的Panel控件的Visible属性设为false，因为此时系统不接受直接的查询条件，只有当触发“查询学生”按钮的Click事件后才能重新显示查询条件。

学生信息维护页面的后台支持类(student.aspx.cs)的主要代码如下。

在页面载入事件中进行数据绑定：

```
Protected void Page_Load(object sender,EventArgs e)
 {
    IF(! IsPostBack)
```

```
    {
        SqlConnection con = new SqlConnection(System. Configuration. ConfigurationManager.
            AppSettings["dsn"].ToString());
        con.Open();
        SqlCommand com = new SqlCommand("SELECT s.sno,s.sname,s.ssex,s.sbirthday,s.sscore,
            c.classname FROM student s LEFT OUTER JOIN class c ON s.classno = c.classno",con);
        SqlDataAdapter sda = new SqlDataAdapter();
        Sda.SelectCommand = com;
        DataSet ds = new DataSet();
        Sda.Fill(ds,"t1");
        this.stu_dg1.DataKeyField = "sno";        //要设置才可以查找控件
        this.stu_dg1.DataSource = ds.Tables["t1"].DefaultView;
        this.stu_dg1.DataBind();
        con.Close();
        this.Panel1.Visible = false;              //要放在 POSTBACK 里面,表示第一次执行有效
        this.Panel2.Visible = false;
      }                                           //DataGrid 里的数据要用样式表固定
    }
```

“添加新生”按钮的单击事件:

```
Protected void Button1_Click(object sender,EventArgs e)
 {
   this.Panel2.Visible = false;
   this.Panel1.Visible = true;
}
```

“编辑”记录事件需要重新绑定:

```
Protected void stu_dg1_EditCommand(object source,DataGridCommandEventArgs e)
{
  this.stu_dg1.EditItemIndex = e.Item.ItemIndex;
  SqlConnection con = new SqlConnection(System.Configuration.ConfigurationManager.
  AppSettings["dsn"].ToString());
  con.Open();
  SqlCommand com = new SqlCommand("SELECT s.sno, s.sname, s.ssex, s.sbirthday, s.sscore, c.
    classname FROM student s LEFT OUTER JOIN class c ON s.classno = c.classno",con);
  SqlDataAdapter sda = new SqlDataAdapter();
  sda.SelectCommand = com;
  DataSet ds = new DataSet();
  sda.Fill(ds,"t1");
  this.stu_dg1.DataSource = ds.Tables["t1"].DefaultView;
  this.stu_dg1.DataBind();
  con.Close();
}
```

“取消”按钮的单击事件:

```
  Protected void stu_dg1_CancelCommand(object source,DataGridCommandEventArgs e)
   {
      this.stu_dg1.EditItemIndex = -1;
      //控件再绑定
   }
```

“分页”事件：

```
Protected void stu_dg1_PageIndexChanged(object source,DataGridPageChangedEventArgs e)
{
  This.stu_dg1.CurrentPageIndex = e.NewPageIndex;
  //控件再绑定
}
```

更新记录事件：

```
Protected void stu_dg1_UpdateCommand(object source,DataGridCommandEventArgs e)
{
    string name,sex,bir,score,cla;
    string key = this.stu_dg1.DataKeys[e.Item.ItemIndex].ToString();
    TextBox tb;
    tb = (TextBox)e.Item.Cells[1].Controls[1];
    name = tb.Text.Trim();
    tb = (TextBox)e.Item.Cells[2].Controls[1];
    sex = tb.Text.Trim();
    tb = (TextBox)e.Item.Cells[3].Controls[1];
    bir = tb.Text.Trim();
    tb = (TextBox)e.Item.Cells[4].Controls[1];
    score = tb.Text.Trim();
    tb = (TextBox)e.Item.Cells[5].Controls[1];
    cla = tb.Text.Trim();
    SqlConnection con = new SqlConnection ( System. Configuration. ConfigurationManager.
      AppSettings["dsn"].ToString());
    con.Open();
    SqlCommand com = new SqlCommand(" UPDATE student SET sname = '" + name + "', ssex = '" +
      sex + "',sbirthday = '" + bir + "',sscore = '" + scre + "'WHERE sno = '" + key + "'",con);
    Com.ExecuteNonQuery();
    This.stu_dg1.EditItemIndex = -1;
    Com = new SqlCommand("SELECT s.sno,s.sname,s.ssex,s.sbirthday,s.sscore,c.classname FROM
      student s LEFT OUTER JOIN class c ON s.classno = c.classno",con);
    SqlDataAdapter sda = new SqlDataAdapter();
    sda.SelectCommand = com;
    DataSet ds = new DataSet();
    sda.Fill(ds,"t1");
    this.stu_dg1.DataSource = ds.Tables["t1"].DefaultView;
    this.stu_dg1.DataBind();
    con.Close();
  }
```

“删除”事件：

```
  Protected void stu_dg1_DeleteCommand(object source,DataGridCommandEventArgs e)
    {
string key = this.stu_dg1.DataKeys[e.Item.ItemIndex].ToString();
SqlConnection con = new SqlConnection(System.Configuration.ConfigurationManager.)
AppSettings["dsn"].ToString());
con.Open();
SqlCommand com = new SqlCommand("DELETE FROM student WHERE sno = '" + key + "'",con);
```

```
com.ExecuteNonQuery();
com = new SqlCommand("SELECT s.sno,sname,s.ssex,s.sbirthday,s.sscore,c.classname FROM
  student s LEFT OUTER JOIN class c ON s.classno = c.classno",con);
//控件再绑定
  }
```

确定"添加学生"按钮的单击事件：

```
Protected void Button4_Click(object sender,EventArgs e)
{
  SqlConnection con = new SqlConnection (System. Configuration. ConfigurationManager.)
  AppSettings["dsn"].ToString());
    con.Open();
  SqlCommand com1 = new SqlCommand("INSERT INTO student(sno,sname,sbirthday,ssex,sscore,classno)
    VALUES(@sno,@sname,@sbirthday,@ssex,@sscore,@classno)",con);  //写入数据库
  SqlParameter sq1 = new SqlParameter("@sname",SqlDbType.varchar);
  SqlParameter sq2 = new SqlParameter("@sno",SqlDbType.varchar);
  SqlParameter sq3 = new SqlParameter("@ssex",SqlDbType.varchar);
  SqlParameter sq4 = new SqlParameter("@sbirthday",SqlDbType.varchar);
  SqlParameter sq5 = new SqlParameter("@sscore",SqlDbType.varchar);
  SqlParameter sq6 = new SqlParameter("@classno",SqlDbType.varchar);
  sp1.Value = this.TextBox1.Text;
  sp2.Value = this.TextBox2.Text;
  sp3.Value = this.TextBox3.Text;
  sp4.Value = this.TextBox4.Text;
  sp5.Value = this.TextBox5.Text;
  sp6.Value = this.TextBox6.Text;
  com1.Parameters.Add(sp1);
  com1.Parameters.Add(sp2);
  com1.Parameters.Add(sp3);
  com1.Parameters.Add(sp4);
  com1.Parameters.Add(sp5);
  com1.Parameters.Add(sp6);
    SqlCommand com2 = new SqlCommand("SELECT COUNT(*)FROM student WHERE sno = '" + this.
    TextBox2.Text + "'",con);
    int n = Convert.ToInt32(com2.ExecuteScalar());
    IF(n>0)
      {
      This.Label2.Text = "学生编号不能重复!";
      This.TextBox2.Text = "
    {ELSE}
    Com1.ExecuteNonQuery();
    This.Label2.Text = "插入记录成功!"
    SqlCommand com = new SqlCommand("SELECT s.ssex,s.sbirthday,s.sscore,c.classname FROM
      student s LEFT OUTER JOIN class c ON s.classno = c.classno",con);    //控件再绑定
    Protected void Button5 Click (object sender,EventArgs e)
    This.Panel1.Visible = false;
```

"查询学生"按钮的单击事件：

```
Protected void Button6 Click (object sender e )
string ck = this.TextBox7.Text.Trim9{
```

```
};
SqlConnection con = new SqlConnection (System . Configuration. ConfigurationManager. AppSettings
  ["dsn"]. ToString9());
con. Open();
SqlCommand com = new SqlCommand ("SELECT count"( * )FROM student WHERE sname = '" + ck + "",con);
  int n = Convert. ToInt32(com. Execute Scalar());
IF(n>o)
This. Label4 . Text = "查找到' + n + '条记录!"

com' = new SqlCommand ('SELECT s. sname, s. sname, s. ssex, s. sbirthday, s. sscore, c. classname FROM
  student s LEFT OUTER JOIN class c ON s. classno = c, classno = c, classno = c, classno WHERE s.
  sname = " + ck + ",con);
//控件再绑定
  …
ELSE
 this. Label4, Text = "查找到 0 条记录!"
}
}
```

第 3 步：管理员操作模块中的课程信息管理主页面代码的编写

课程信息管理页面窗口如图 8.2.3 所示，它和学生信息维护页面非常相似。在页面初始加载时就进行 DataGrid 控件 Dgd-course 的绑定操作，完成课程信息的显示，Dgd-course 控件的第 0 列(授课信息列)下的链接信息指向与此课程相关内容的显示页面，例如任课老师的信息等。管理员也可以对课程信息进行编辑和删除。

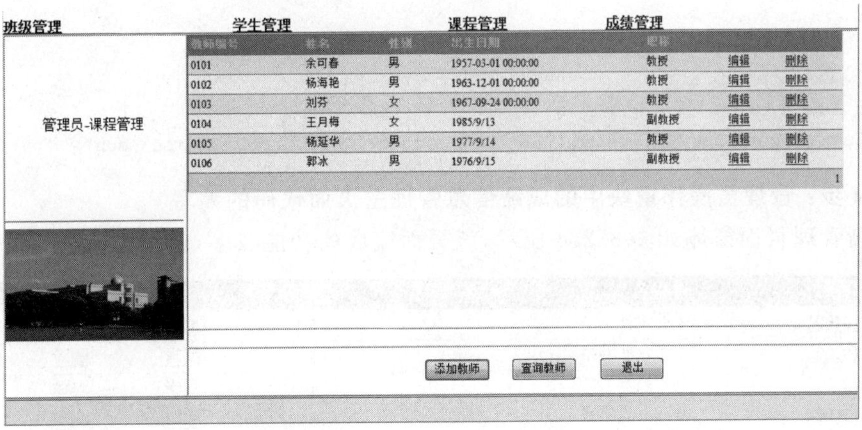

图 8.2.3　课程信息管理页面

管理员可以分页浏览所有课程信息，也可以单击第一列的“课程号”按钮浏览为课程分配的教师情况，对于该页的显示方式系统采用_blank，即不覆盖。

```
This. course_dg1. CurrentPageIndex = e. NewPageIndex;
SqlConnection con = SqlConnection(System. Configuration. ConfigurationManager. AppSettings ["dsn"].
  ToString());
con. Open();
SqlCommand com = new SqlCommand("SELECT cno, credits FROM couser", con)};
Protected void Button1_Click(object) sender EventArgs e)      //跳转到相关教师信息页面}
```

```
Response. Redirect("showdetails.aspx");
```

"添加课程"按钮单击事件:

```
Protected void Button_Click(object sender,EventArgs e)
SqlConnection con = new SqlConnection(System Configuration. ConfigurationManager. AppSettings
  ["dsn"]. ToString());
con Open();
SqlCommand. coml. = new SplCommand ( " INSERT INTO course ( cno, cname, credits) VALUES ( @ cno,
  @cname,@credits)",con);
SqlParameter sp1 =  new SqlParameter(@cno) SqlDbType. varchar)
SqlParameter sp2 = new SqlParameter(@cname SqlDbType varchar)
SqlParameter sp3 = new SqlParameter(@credits SqlDpType varchar)
sql Value = this TextBox1 text
sp2 Value = this TextBox2 text
sp3 Value = this TextBox3 text
com1. Parameters. Add(sp1)
com1. Parameters. add(sp2)
com1. Parameters. add(sp3)
SqlCommand com2 = new SqlCommand("SELECT COUNT( * )FROM course WHERE cno = '" + this. TextBox1
text + "'",con);
int n  = Convert ToInt32(com2 ExecuteScalar());
IF(n>0)
{
    This Label4 text = "课程编号不能重复!";
    This TextBox2 text = """
}
ELSE
}
Com1. ExecuteNonQuery()
This Label4 text = "插入记录成功!"
SqlCommand com = new SqlCommand ("SELECT cno,cname,credits FROM course",con);
```

第 4 步:管理员操作模块中的成绩信息管理主页面代码的编写

成绩管理页面窗体如图 8.2.4 所示,该页面完成的功能较多,包括按选定的条件进行限

课程号	课程名	学分		
0101001	平面设计	5.5	编辑	删除
0101002	小型企业网络	6	编辑	删除
0101003	艺术欣赏	4	编辑	删除
0101004	数码产品维修	3	编辑	删除
0101005	美术基础	3	编辑	删除
0101006	3dsmax	3.5	编辑	删除
0102001	网络操作系统	4	编辑	删除
0102002	JAVA程序设计	6	编辑	删除
0102003	微机原理	4	编辑	删除
0102004	SQL Server数据库	5.5	编辑	删除
1 2 3				

查询全部课程任课情况　添加课程　课程分配

图 8.2.4　成绩管理页面

定条件的成绩查询，同时也可根据成绩范围对包含在该范围中的学生成绩进行统计，具体统计这门课的平均分、最高分、优秀人数和不及格人数等。此页面实现的关键在于根据条件生成 SQL 语句。当“查询”“统计”操作被触发，系统将完成对数据库中的多个表的操作。

在“查询方式”下拉列表框控件中包含“按课号”“按课名”“按学号”等 4 类查询条件，在文本框控件中录入查询内容，按钮控件的 Click()事件完成组合条件查询。用户可以通过 DataGrid 控件的“编辑”列对查询出的成绩进行修改。

在成绩统计中，“统计范围”下拉列表框控件包含了“班级”“个人”等查询条件，录入成绩的具体范围、课号、统计内容后，通过 Button 控件的 Click()事件完成组合条件查询，并且在该事件中完成的统计数据将显示于 Label 控件 Lbl-average、high-Lbl-all、Lbl-a、Lbl-unpass 中，分别表示成绩平均分、最高分以及所有学生人数、优秀学生人数和不及格学生人数。匹配过程用到了 SQL Server 2008 数据库中的 AVG()、MAX()、COUNT()等统计函数。

成绩管理页面的后台支持类(grade-manage. aspx. cs)的统计内容的主要相关代码如下。

“查询”按钮单击事件：

```
 Protected void Button5-Click(object sender,EventArgs e)
{
  SqlConnection con = new SqlConnection (System.Configuration.ConfigurationManager.
    AppSettings["dsn"].ToString());
  con.Open();
IF(this.DropDownList1.SelectedItem.Value.Equals("0"))     //判断查询条件
{
  SqlCommand com = new SqlCommand("SELECT c.cno,c.grade,s.sno,s.sname,sclassno
  FROM choice c LEFT OUTER JOIN student s ON s. sno = c.sno WHERE c.cno + this.TextBox5.
  Text + "",con;
  SqlDataAdapter sda = new AqlDataAdapter();
  Sda.SelectCommand = com;
  DataSet ds = new SqlDataSet();
  Sda.Fill(ds,"t1");
  this.score dg1.DataSource = ds.Tables["t1"].DefaultView;
  this.score_dg1.DataBind( )
{;
ELSE IF (this.DropDownList1.SelectedItem.Value.Equals("1")
}{
  SqlCommand com = new SqlCommand ("SELECT c. con,c.grade,s.sname,s.classno
  FROM choice c LEFT OUTER JOIN student s ON s.sno = c.sno WHERE c.sno = "" + TextBox5.
  Text + "",con);
  SqlDataAdapter sda = new SqlDataAdapter();
  Sda.Fill(ds,"t1");
  this.score_dg1.DataSource = ds.Tables["t1"].DefaultView;
  this.score_dg1.Data.Bind();
}
con.Close();
}
```

“统计”按钮单击事件：

```
Protected void Button6_Click(object sender ,EventArgs e )
{
```

```
SqlConnection con = new SqlConnection (System. Configuration. ConfigurationManager.
AppSettings["dsn"].ToString( ) );
con.Open();
String t4 = this.TextBox4.Text.Trim();
String t6 = this.TextBox6.Text.Trim();
IF ( this. DropDownList2.SelectedItem.Value.Equals("0") &&this. DropDownList3.
  SelectedItem.Value.Equals("0"))                    //判断统计条件
{
  SqlCommand com = new SqlCommand("SELECT MAX(grade MAX(grade) FROM choice WHERE sno = + t4
    + "",con);
int n = Convert.ToInt32(com.ExecuteScalar());
this.Label7.Text = this.TextBox4. Text + "的" + this. DropDownList3. SelectedItem. Text + "为"
  + n + "分";
}
  IF (this. DropDownList2. SelectedItem. Value. Equals ("o") &.& this. DropDownList3.SelectedItem.
    Value. Equals("1")                                //查个人时不可以输入课程
{
  SqlCommand com = new SqlCommand("SELECT AVG (grade) FROM choice WHERE sno = '" + t4 + "'",com);
  int n = Convert. ToInt32(com.ExecuteScalar());  //返回记录数
  this. Label7. Text = this. TextBox4. Text  +  "的" +  this. DropDownList3.SelectedItem. Text +
    "分" + n"分"
}
IF (this. DropDownList2. SelectedItem. Value. Equals("1") &.& this. DropDownList3. SelectedItem.
  Value. Equals("0"))
{
  SqlCommand com  = new SqlCommand("SELECT MAX(grade) FROM choice c LEFT OUTER JOIN student s ON
    c. sno = s. sno WHERE s. classno = '" + t4 + "'AND c. cno = '" + t6 + "'",con); int n = Convert.
    ToInt32(com.ExecuteScalar());
  this. Label7. Text = this. TextBox4. Text  + "的" + this. DropDownList3. SelectedItem.Text +
    "为"  +  n +  "分";
  SqlCommand com1 = new SqlCommand("SELECT COUNT( * )FROM choice c LEFT OUTER JOIN student s ON
    c. sno = s. sno WHERE s. classno = '" +  t4  +  "' AND c. cno = '"  + t6 + "' AND grade <'60'",con);
  n =  Convert. ToInt32(com2. ExecuteScalar());
}
IF ( this. DropDownList2. SelectedItem. Value. Equals("1") &.& this. DropDownList3. SelectedItem.
  Value. Equals("1"))
{
  SqlCommand com = new SqlCommand ("SELECT AVG(grade) FROM choice c LEFT OUTER JOIN student s ON
    c. sno = s. sno WHERE s. classno = '"  + t4 + "'",com);
  int n = Convert. ToInt32(com. ExecuteScalar());
  this. Label7. Text = this. TextBox4. Text  + "的" + this. DropDownList3. SelectedItem. Text +
    "为" + n + "分";
  SqlCommand com1 = new SqlCommand (" SELECT COUNT( * ) FROM choice c LEFT OUTER JOIN student s
    ON c. sno = s. sno WHERE s. classno = '"  + t4  +  "'AND c. cno = '"  + t6  + "'AND grade > = '85' ",
    com);
  n = Convert.ToInt32(com1.ExecuteScalar());
  this.Label9.Text = n + "人";
  SqlCommand com2 = new SqlCommand("SELECT COUNT( * )FROM choice c LEFT OUTER JOIN
  student s ON c.sno WHERE s.classno = " + t4 + "' + t6 + "'AND grade
  <'60',con);
  n = Convert.ToInt32(com2.ExecuteScalar());
  this.Label1.Text = n + 人;
  con.Close();
```

第 5 步：管理员操作模块中的学生选课管理主页面代码的编写

选课管理页面中"课程名称"下拉列表框的数据在页面初始化事件 Page_Load ()中进行绑定。绑定内容为数据库中的所有课程名，当选择某一个课程时，"教师姓名"下拉列表框中显示相应的任课教师，此时单击"选课学生总数"按钮，若选课的总人数超出预订人数，管理员有权删除选课时间靠后的同学，通过 DataGrid 控件的"删除"列即可直接完成。

后台支持类(studentcourse. aspx. cs)的主要相关代码。

页面载入时对下拉列表框和数据网格控件的绑定：

```
Protected void Page load (object sender, EventArgs e )
IF (! IsPostBack)
SqlConnection con = new SqlConnection (SqlConnection (System. ConfigurationManager. AppSettings
  ("dsn"). ToString());
con . Open ();
SqlCommand com1 = new SqlCommand ("SELECT c . cname ,c. cname , c. cno FROM teaching t LEFT OUTER JOIN
  course c ON t .cno = c. cno ", cno);
SqlDataReader dr = com1. ExecuteReader();
this. DropDownList1. DataTextfield = "cname"
this. DropDownList1. DataBind()valuefield. = "con"
this. DropDownList1. DataSource = dr
this. DropDownList1. DataBind();
dr. Close ();
SqlDataAdapter sda = new SqlDataAdapter();
sda. Fill (ds,"t1")
this sqlcourse dg1. Datasource
SqlCommand com2 = new SqlCommand ();
this. DropDownList2. data  = textfield  = "tname"
this. DropDownList2 DataTextField + "tname"
this. DropDownList2 DataSource = dr1;
this. DropDownList2 DataBind()
con. Close();
```

"选课学生总数"按钮单击事件：

```
Protected void Button5 Click (object sender, EventArgs e )
SqlConnention con  = new SqlConnecting("SELECT COUNT( * )FROM choice WHERE cno = '" + this.
DropDownList1. Selectedvalue + '",con)
int n = Convert. ToInt32 (com. ExecuteScalar());
this. Lable7. Text = "所选课程的总人数为" + n"
```

通过对上述几个模块的实现，我们可以模仿着来设计班级管理子模块和教师管理子模块。如果要实现这些功能，关键要清理各数据表之间的关系，再通过 SQL 语句返回正确的结果，最后利用 ASP. NET 中的控件显示即可。其他管理页面采用 DataGrid 控件的 DataSet 数据集的绑定返回所有学生信息，分页显示，并可以对学生信息进行添加、修改、查找或删除。

在此页面中，"查询学生"按钮的 Click 事件把 Panel 的 Visible 属性重设为 true，用来显示输入查询条件的表格。根据提示，用户输入查询条件，"确定"按钮的 Click 事件通过生成 SQL 语句实现查询功能，查询的结果最终显示在 DataGrid 控件 Dgdstudent 中，在该控件中设置“编辑”和“删除”列，提供数据的修改、删除操作。在“显示所有信息”控件的 Click 事件 Btn_all_Click()中完成 DataGrid 控件 Dgdstudent 的数据绑定操作，使其显示所有学生信息。同时令容纳查询条件的 Panel 控件的 Visible 属性设为 false，因为此时系统不接受直接的查询条件，只有当触发“查询学生”按钮的 Click 事件后才能重新显示查询条件。

学生信息维护页面的后台支持类(student. aspx. cs)的主要代码。

页面加载事件中进行数据绑定：

```
Protected void Page Load(object sender,EventArgs e)
{
IF(! IsPostBack)
{
   SqlConnection con = new SqlConnection(System. Configuration. ConfigurationManager. AppSettings
     ["dsn"]. ToString() )
     con. Open()
   SqlCommand com = new SqlCommand( " SELECT s. sno, s. sname, s. ssex, s. sbirthday, s. sscore, c.
     classname FROM student s LEFT OUTER JOIN class c ON s.classno",con);

   SqlDataAdapter sda = new SqlDateAdapter( );
   Sda. SelectCommand = com;
   DataSet ds = new DataSet( );
   Sda. Fill (ds , "t1");
   this. stu_dg1. DataKeyField = "sno";            //要设置才可以查找控件
   this. stu_dg1. DataSource = ds. Tables ["t1"]. DefaultView;
   this. stu_dg1. DataBind( );
   con. Close ( )
   this. Panel1. Visible = false;                   //要放在 POSTBACK 里边,表示第一次执行有效
   this. Panel1. Visible = false;
}                                                   //DataGrid 里的数据要用样式表固定
}
```

“添加新生”按钮单击事件：

```
Protected void Button1_Click (object sender,EventArgs e)
{
   this. Panel2. Visible = false;
   this. Panel1. Visible = true;
}
```

“编辑”记录事件，需要重新绑定：

```
Protected void stu_dg1_EditCommand (objest source,DataGridCommand EventArgs e)
{
   this. stu_dg1. EditItemIndex = e. Item. ItemIndex;
   SqlConnection con = new SqlConnection (System. Configuration. Configuration. ConfigurationManager.
     AppSetting["dsn"]. ToString( ))
   com. Open( );
   SqlCommand com = new SqlCommand ("SELECT s. sno ,s. sname ,s. ssex, s. sbirthday ,s. sscore ,
   c. classname FROM student s LEFT OUTER JOIN class c ON s . classno = c. classno" ,con );
   SqlData Adapter sda = new SqlData Adapter ( )
   Sda. Select Command = com;
```

```
    DataSet ds = new DataSet ( )
    sda .Fill ("ds,"t1)
    This.stu_dg1.Data Source = ds.Tables ["t1"]. Default View;
    This stu_dg1.Data Bind ( )
    con.Close ( );
}
```

“取消”按钮单击事件：

```
Protected void stu_dg1_CancelCommand (object source ,DataGridCommand EventArgs e)
{
    This .stu _dg1 .EditItemIndex = - 1
    //控件再绑定
}
```

【实操练习】

1. 完成校园网系统主页面(登录)的代码编写。
2. 完成管理员操作模块中的学生信息管理主页面的代码编写。
3. 完成管理员操作模块中的课程信息管理主页面的代码编写。
4. 完成管理员操作模块中的成绩信息管理主页面的代码编写。
5. 完成管理员操作模块中的学生选课管理主页面的代码编写。

任务三：其他页面的代码编写

【任务说明】

本任务主要是掌握控件的使用方法，掌握数据连接的一般方法，掌握判断用户登录的一般方法，掌握 DataGrid 等数据控件的使用方法，理解使用 DataGrid 的作用和原理，掌握数据绑定的方法，理解事件编程的方法，掌握数据库编程在程序中的作用。

【任务分析】

完成本任务，需通过以下步骤。

1. 学生操作模块中的所选课程浏览页面的代码编写。
2. 学生操作模块中的成绩查询页面的代码编写。

【实施步骤】

第 1 步：学生操作模块中的学生选课浏览页面的代码编写

学生在学生课程管理系统首页登录后，首先进入学生操作总页面，学生可做相关的操作，例如修改密码、查看可选课程、进行选课、查询成绩等。单击(选课浏览)按钮可以进入学生选课页面窗体。

此页面会按本年度的所有选修课程编号查询某门课程进行列表，让学生浏览本学期待选课程的相应重要信息，可通过课程编号查询某门课程。

DataGrid 数据控件在页面初始化事件 Page_Load * ()中进行绑定,内容为数据库 course 表中现存的所有选修课程。

在该页中选课主要通过每个课程右边的复选框来实现,复选框利用模板添加,使用 DataGridItem 的 FindControl 方法得到选取课程的标记,当单击(确定选取课程)按钮时将当前学生的信息以及选中的课程信息一并写入临时的数据表 st_course 中,为以后的查询提供便利。在设计 st_course 表时要注意字段的长度,当写入时显示异常"(SqlException (Ox80131904):将截断字符串或二进制数据。语句已终止。)"的主要原因是字段长度不匹配。如出现常见的异常"对象名' **** '无效",很可能是表名写错或者字段名写错。了解这些异常可以快速地解决问题的本质。

如果选择时发现课程太多,翻页比较麻烦,可以利用顶部的查询功能来找到所指定的课程名称,此功能通过对 course 表的查询实现,可以利用 LIKE 关键字实现模糊查询。

学生选课页面后台支持类(stselectcourse. aspx. cs)的主要相关代码。

在页面载入时数据绑定 course 表:

```
Protected void Page_Load(object sender,EventArgs e)
 {
 IF(! IsPostBack)
 {
    SqlConnection con = new SqlConnection
  (System.Configuration.ConfigurationManager.AppSettings["dsn"].ToString());
  con.Open();
  SqlCommand com = new SqlCommand("SELECT cno,cname,credits FROM course",con);
  SqlDataAdapter sda = new SqlDataAdapter();
  DataSet ds = new DataSet();
  sda.Fill(ds,"t1");
  This.DataGrid1.DataSource = ds.Tables["t1"].DefaultView;
  This.DataGrid1.DataBind();
  con.Close();
}
}
SqlConnection con = new SqlConnection(System.Configuration.ConfigurationManager.AppSettings
["dsn"].ToString());
con.Open();
SqlCommand com = new SqlCommand("SELECT * FROM student WHERE sno = '" + sno + "'",
con);
SqlDataReader dr = com.ExecuteReader();
dr.Read()
this.Label1.Text = dr[1].ToString();
this.Label2.Text = dr[0].ToString();
this.Label3.Text = dr[2].ToString();
this.Label4.Text = dr[3].ToString();
this.Label5.Text = dr[4].ToString();
this.Label6.Text = dr[5].ToString()
con.Close();
SqlConnection con = new SqlConnection(System.Configuration.ConfigurationManager.AppSettings
  ["dsn"].ToString());
con.Open();
```

```
SqlCommand com = new SqlCommand("SELECT cno,cname,credits FROM st_course WHERE sno = '" + sno + "'",
con1);
SqlDataAdapter sda = new SqlDataAdapter();
sda.SelectCommand = com1.;
DataSet ds = new DataSet();
sda.Fill(ds,"t1");
this.DataGrid1.DataSource = ds.Tables["t1"].DefaultView;
this.DataGrid1.DataBind();
con1.Close();
```

第 2 步：学生操作模块中的成绩查询页面的代码编写

单击“成绩查询”按钮可进入学生成绩查询页面，查看所选课程的成绩。依据 choice 表和 st_course 表的关系使用左连接语句(LEFT OUTER JOIN ON)进行查询。

以下是学生所修课程浏览页面后台支持(stscore.aspx.cs)的主要相关代码：

```
SqlConnection con1  = new SqlCommand(System.Configuration.ConfigurationManager. AppSettings
["dsn"].ToSring();
con1.Open();
SqlCommand com1. = new SqlCommand("SELECT c . cno , cname ,c.credits,s.grade FROM st_course c
LEFT OUTER JOIN choice s ON c.cno = s.cno AND c.sno = s.sno WHERE c. sno  = '" + sno + "'",con1);
SqlDataAdapter sda = new SqlDataAdapter();
Sda. SelectCommand = com1.;
DataSet ds = new DataSet()
Dsa.Fill(ds,"t1");
This.DataGrid1.DataSource = ds.Tables["t1"].DefaultView;
This.DataGrid1.DataBind();
con1.Close();
```

此系统完全是入门级使用，随着用户对数据库操作能力的增强，可以实现更多的功能。以上给出了系统主要功能模块的界面设计及较为简单的代码分析，但有些编写实际上相差不大的功能，比如修改密码的页面可以总结上述模块自行设计，从而进一步理解 SQL 语句的作用。

【实操练习】

1. 完成学生操作模块中的学生选课浏览页面的代码编写。
2. 完成学生操作模块中的所选课程浏览页面的代码编写。
3. 完成学生操作模块中的成绩查询页面的代码编写。

参考文献

[1] 明日科技. SQL Server 从入门到精通[M]. 北京：清华大学出版社，2012.

[2] 杨建荣. Oracle DBA 工作笔记. 北京：中国铁道出版社，2016.

[3] 赵振洲. 数据库恢复技术案例教程[M]. 北京：机械工业出版社，2013.

[4] 软件开发技术联盟. MySQL 自学视频教程[M]. 北京：清华大学出版社，2008.

[5] 朱如龙. SQL Server 2005 数据库应用系统开发技术[M]. 北京：机械工业出版社，2006.

图书资源支持

感谢您一直以来对清华版图书的支持和爱护。为了配合本书的使用，本书提供配套的资源，有需求的读者请扫描下方的“书圈”微信公众号二维码，在图书专区下载，也可以拨打电话或发送电子邮件咨询。

如果您在使用本书的过程中遇到了什么问题，或者有相关图书出版计划，也请您发邮件告诉我们，以便我们更好地为您服务。

我们的联系方式：

地　　址：北京海淀区双清路学研大厦 A 座 707

邮　　编：100084

电　　话：010－62770175－4604

资源下载：http://www.tup.com.cn

电子邮件：weijj@tup.tsinghua.edu.cn

QQ：883604（请写明您的单位和姓名）

资源下载、样书申请

书圈

用微信扫一扫右边的二维码，即可关注清华大学出版社公众号“书圈”。